［新版］独ソ戦史

ヒトラーvs.スターリン、死闘1416日の全貌

山崎雅弘

朝日文庫

本書は二〇〇七年三月、学習研究社より刊行されたものに
大幅に加筆しました。

新版まえがき

本書は、二〇〇七年三月に学研M文庫から出版された拙著『完全分析　独ソ戦史』に加筆修整した、増補新版である。

独ソ戦とは、第二次世界大戦のヨーロッパ戦域において、最も大規模な地上戦が繰り広げられたドイツとソ連の戦争を指す用語で、一九四一年六月のドイツ軍によるソ連への奇襲攻撃と共に始まり、一九四五年五月のソ連軍によるベルリン占領によって終結した。

ヨーロッパの第二次大戦は、ドイツとイタリアを中心とする「枢軸国」陣営と、それに対抗するイギリス、フランス、ソ連、そして日本軍の真珠湾攻撃で参戦したアメリカなどの国から成る「連合国」陣営によって戦われた。

主な戦域としては、独ソ戦の舞台である「(ドイツから見た)東部戦線」と、英仏両軍およびアメリカ軍がフランス、ベルギー、オランダでドイツ軍と戦った「西部戦線」、独伊両軍と連合国軍が地中海とその周辺で激戦を繰り広げた「北アフリカ戦線」「イタリア戦線」などがあるが、その中でも東部戦線(独ソ戦)は、戦域の広大さでも投入された兵士の数でも、史上空前とも言える規模の巨大な戦争だった。

例えば、独ソ戦の期間中における一日当たりの平均戦死・行方不明者数(ドイツ軍は東部戦線のみ)は、独ソ両軍とドイツの同盟国(ルーマニア、ハンガリー、フィンランドなど)を合わせて、一万人に達していた。二日で二万人、三日で三万人、という凄まじいペースで、参戦各国の軍人が、戦場や後方地帯で命を落とし続けたのである。

これらの事実が物語るように、独ソ戦は独裁者アドルフ・ヒトラーの君臨するナチス・ドイツの命運を事実上決した、第二次大戦のヨーロッパ戦域で最も重要な戦いだった。ドイツが第二次大戦で敗北を喫した最大の理由は、独ソ戦でソ連に敗れたことであり、もしソ連軍がドイツ軍に屈服していたなら、二十世紀の歴史の流れは大きく変わっていた。

本書は、独ソ戦についての予備知識のない読者にも興味を持って読み進んでもらえるよう、戦争全体の経過を俯瞰的にわかりやすく解説した概説書である。

新版では、一九四一年のモスクワ攻防戦や、一九四二年のスターリングラード攻防戦、一九四三年のクルスク大戦車戦、一九四四年のバグラチオン作戦(白ロシア解放作戦)についての記述に情報を加筆し、一九四五年にハンガリー戦域で実施されたドイツ軍の最後の大規模攻勢「春の目覚め作戦」についての説明を新たに追加した。

本書の執筆に際しては、東西冷戦終結後に公表された多数の新事実を織り込みつつ、それ以前に出版された内外の膨大な文献にも新たな角度から光を当て、従来の類書における記述や解釈を全面的に見直す形で、事実関係の記述を行った。
独ソ戦の勃発に至る経緯や、独ソ両軍の最高首脳レベルでの戦略構想、軍集団から師団に至る作戦レベルでの両軍の動き、そしてスターリングラードやクルスクなどの重要会戦で勝敗を分ける一因となった戦術レベルでの戦い方まで、多くの情報を盛り込んだが、このテーマに興味を持ち始めたばかりの方から、既に知識を豊富にお持ちの方まで、幅広い読者の方に満足していただける本に仕上げることができたのではないかと思う。

それでは、独ソ戦とはいかなる戦いだったのか。相互不可侵条約を締結して、一時的に同盟関係となったドイツとソ連は、なぜそれからわずか二年ほどで、全面戦争を始めることになったのか。ドイツの独裁者ヒトラーと、ソ連の独裁者スターリンは、自国の軍人にどんな命令を下し、独ソ両軍の部隊はいかにして激闘を繰り広げたのか。

それを知る前に、まずは一九三九年八月の「独ソ不可侵条約」締結をめぐる経緯と共に、ヒトラーとスターリンの屈折した関係に光を当ててみたい。この二人は、史実では直接顔を合わせる機会がなかったとはいえ、政治思想的には似た点が少なからず存在する上、独ソ開戦から終戦まで一貫して、両陣営の最高指導者であり続けたからである。

［新版］独ソ戦史●目次

第七章　ベルリンに翻る赤旗（一九四四年六月〜一九四五年五月）——303

本文図版作製・山崎雅弘

第一章

独ソ両軍の戦争準備

（一九三九年八月～一九四一年五月）

《一時的に手を結んだヒトラーとスターリン》

◆独ソ不可侵条約の衝撃

一九三九年八月二十四日、全世界を驚愕《きょうがく》させる声明がモスクワで発表された。

それまでの数年間、敵意に満ちた言葉の応酬を繰り返し、水と油のように相容れぬ存在と見なされていたドイツ第三帝国（ナチス・ドイツ）とソ連邦が、前日の二十三日（条約文書に記された日付で、実際の調印は翌二十四日の午前二時頃）に有効期限十年の相互不可侵条約を締結したのである。

この「独ソ不可侵条約」締結に至るまでの外交的な道のりは、多少の紆余《うよ》曲折があったとはいえ、事態の重大さを鑑みると異様なほどに短かいものだった。例えば、調印から一週間後に第二次世界大戦を引き起こすことになるこの歴史的な外交文書には、両国政府の正式な国璽《こくじ》がなく、封蠟《ふうろう》すら付けられていなかった。なぜなら、ソ連側が作成した条約草案の内容がドイツ側に伝えられたのは、公式調印日からわずか三日前の八月二十日であり、それを手の込んだ外交文書に仕立てる時間的余裕が存在しなかったからである。

それでは、ヒトラーがドイツで政権の座に就いて以来の宿敵であった独ソ両国は、いかにして関係改善の糸口を見つけたのだろうか？

最初に歩み寄りを見せたのは、ソ連側だった。一九三九年四月十七日、ドイツ駐在ソ連大使アレクセイ・メレカーロフはドイツの外務次官エルンスト・フォン・ヴァイツゼッカーとの会談中、さりげなく次のようなメッセージを相手の脳裏に刻み込んだ。

「イデオロギーの相違は、これまでソ連とイタリアの関係に何の悪影響も及ぼしておらず、したがってソ連とドイツの関係においても障害とはならないはずである。ソ連がドイツとの正常な関係を築くことを否定する理由はどこにもないし、そこからさらに良好な関係へと発展しても何ら不思議ではない」

この段階では、ドイツ側もソ連政府の真意を疑い、具体的な対応を見せることはなかった。だが、五月三日にソ連の外相マクシム・リトヴィノフがスターリンによって罷免され、ヴャチェスラフ・モロトフ首相の外相兼任が告知されると、ヒトラーとドイツ政府首脳は、スターリンが本気でドイツとの関係改善を考慮していることを理解した。

リトヴィノフ外相の存在こそ、ドイツ政府のソ連への接近を妨げる障壁に他ならなかったからである。

親英派で西欧的な価値観に通じたリトヴィノフは、集団安全保障という観点から、英仏両国との緊密な協調関係を築くことで、ドイツの脅威に対抗しようと尽力してきた人物だった。しかも、リトヴィノフはヒトラーが敵視するユダヤ人だった。ユダヤ人のリトヴィノフがソ連の外相である限り、ドイツ政府は国内でのユダヤ人迫害政策との整合性を保つため、ソ連との外交関係を築けないことになる。だが、その障壁は取り除かれた。

この日以降、ドイツの新聞におけるソ連批判は急激にトーンダウンし、独ソ両国外務省の実務担当者による水面下での接触が開始された。ヴァイツゼッカーは五月三十日、ソ連駐在ドイツ大使フリードリヒ・フォン・デア・シューレンブルクに宛てて、次のような電報を送信した。

「わが国は、ソ連との間で明確な交渉を開始することを決定した」

◆ドイツと英仏を天秤にかけるスターリン

ベルリンとモスクワでほぼ同時に開始された関係改善の交渉は、最初は経済協力という名目で進められ、八月十九日には両国政府間で「独ソ通商条約」が締結された。だが、ソ連産の原料資材とドイツ製工業製品の相互取引に関するこの実務者協議の影では、より重大な意味を持つ政治的駆け引きが、緊迫した空気の中で繰り広げられていた。

ドイツ側は、六月十五日に駐独ブルガリア公使ドラガノフからの「伝聞」という形で、ソ連政府がドイツとの不可侵条約の締結を望んでいることを把握していた。一方、ソ連側もまた、同月末にイタリア外相チアノから駐伊ソ連大使への「伝聞」として、ドイツ政府が不可侵条約の締結を前向きに検討しているとの情報を入手していた。

こうして、独ソ両国の間には「相思相愛」とも言える状況が生まれつつあったが、しかしスターリンの前には別の「求愛者」の姿もあった。リトヴィノフ外相の置き土産とも言うべき、英仏両国との同盟関係を模索する交渉が、依然として続いていたのである。

リトヴィノフ解任直後の五月十四日以降、新外相モロトフは英仏両国との間で、第三国からの侵略に対する相互援助条約の内容について協議を進めていた。だが、英仏両国政府は一九三八年のミュンヘン協定でヒトラーに譲歩してチェコ（ズデーテン地方）を見捨てた経歴を持っていたため、スターリンは有事の際に英仏両国がどれだけの兵力を敵国（ドイツ）に向けて投入するつもりなのかを確かめようとした。

八月十二日、ドラックス提督とドゥーマン将軍を長とする英仏軍事使節団がモスクワに到着すると、ソ連赤軍の参謀総長ボリス・シャポシニコフ元帥はさっそく相手の「懐具合」に探りを入れた。

「我々は、侵略国に対して狙撃兵一二〇個師団と戦車一六個師団、火砲五〇〇〇門、航空機五〇〇〇機を投入する用意がありますが、そちらは？」

この質問に対し、英国使節団の一人がこう答えた。

「さしあたり、歩兵五個師団と機械化一個師団です」

この回答は、ソ連との交渉に対する英仏両国政府の熱意のなさを如実に物語っていた。ポーランドに対するドイツの圧力が日に日に強まっていたこの時期、英仏軍事使節団は、貨客船でのんびり十一日間かけてソ連入りした後、レニングラードからモスクワまで六日を費やして列車で移動していた。しかも、使節団を率いる両名は英仏両軍の中でも地位の低い人物で、ソ連側が要求した政府高官の派遣は英政府によって拒絶されていた。

一方、英仏両国の代表がモスクワでスターリンと会っているのを見て焦りを募らせたドイツ外相ヨアヒム・フォン・リッベントロップは、八月十六日に駐ソ大使シューレンブルクに緊急電報を送り、至急モロトフと会見して以下のメッセージを伝えるよう強い調子で命じた。

「ドイツはソ連と不可侵条約を締結し、もしソ連政府が希望するなら、その期限を二十五年間とする用意がある。ドイツ外相は、八月十八日の金曜以降、総統（ヒトラー）から委任された全権を持っていつでも空路でモスクワに飛ぶ準備ができている」

◆二人の独裁者が交わした電報による会話

英仏とドイツが見せた「誠実さ」の違いは、その背後にある軍事力の裏付けの差とも相まって、スターリンの心を一方に大きく傾かせた。八月二十日、モロトフはシューレンブルクと会い、ソ連側で作成した不可侵条約の草案を手渡した。

同じ日の午後四時三〇分頃、ヒトラーは政権掌握以来の「宿敵」スターリンに宛てて、以下のような内容の電報を打電させた。

「モスクワのスターリン閣下。私は、モロトフ氏より手交《しゅこう》された、貴国との不可侵条約の締結についての提案を了承いたします。ただ、差し迫った必要により、それに関するいくつかの問題を速やかに明確化したいと希望します。それゆえ、私は八月二十二日の火曜日、あるいは遅くとも同二十三日の水曜日までに、閣下がわが外相（リッベントロップ）と接見されることを望みます」

翌八月二十一日の夜一〇時前、ヒトラーはスターリンからの返電を受け取った。

「ドイツ国首相ヒトラー閣下。お手紙ありがとうございます。私は、独ソの不可侵条約が両国間の政治的関係を改善に向かわせる転機となることを希望します。ソ連政府は私に、リッベントロップ氏のモスクワへの来訪を了解したと通告するよう委任しました」

ドイツ側がソ連との不可侵条約締結を急いだ背景には、ダンツィヒ回廊の領土問題に起因する隣国ポーランドとの対立関係が一触即発の域に達しつつあり、ポーランドとの全面戦争を開始するに当たって、東方からの軍事的脅威をとりあえず排除したいという思惑が存在していた。一方のソ連側もまた、極東の満洲国＝モンゴル国境地帯で発生した日本軍との大規模な国境紛争（ノモンハン事件）の進展に頭を悩ませており、ドイツとの不可侵条約締結には、日独両国によるソ連挟撃の可能性を取り除く方策という側面があった。

かくして、八月二十三日の午後四時過ぎ、リッベントロップを乗せた飛行機がモスクワに到着した。午後六時頃、ソ連政府のあるクレムリン宮殿に招かれ、そこで初めてスターリンと面会したリッベントロップは、国際情勢全般についての意見交換を慎重に行った後、独ソ不可侵条約締結に伴う新たな「独ソ国境線」の画定交渉に入った。

この時点では既に、ドイツ軍のポーランド侵攻は既定の事実として双方に認識されており、東西に分割されるポーランドとバルト三国、それにルーマニア東部のベッサラビア地方と北部ブコヴィナにおける境界線の位置を規定する秘密議定書が、条約正文に付帯されることで合意に達していた。午後八時過ぎ、リッベントロップはこれらの要点に関してヒトラーの了承を得るためいったん席を離れ、ベルリンへと電話を繋《つな》がせた。約三時間の休憩後、総統の承認を得た彼が交渉に復帰し、日付が変わった二十四日の午前二時頃、両国の外相モロトフとリッベントロップが、独ソ不可侵条約の最終文書に署名した。

それから一週間後の九月一日、ドイツ軍は国境を越えてポーランド領になだれ込み、第二次世界大戦の幕が切って落とされた。ポーランド東部を「分け前」として受け取る確約をヒトラーから得ていたスターリンは、英仏による対ソ宣戦布告を避けるために公然と火事場泥棒的な行動をとることを控えていたが、約半月後の九月十七日、あらかじめ作成されていた計画に従い、ソ連軍部隊をポーランド領内へと進駐させた。

しかし、わずか三か月ほどの期間に慌ただしく築かれた、ヒトラーとスターリンの同盟関係の基盤は、誰もが予想したように、脆弱《ぜいじゃく》きわまりないものだった。一九四〇年に入ると、独ソ両国はそれぞれの流儀で、相手国との全面対決を想定した戦争準備を開始し、独ソ関係は次第に、不可侵条約締結以前の「疑心暗鬼」へと逆戻りしていくことになる。

《ドイツ軍のソ連侵攻計画》

◆ヒトラーの対ソ開戦構想

ドイツ第三帝国の総統アドルフ・ヒトラーが、いつどのようにして、ソ連との戦争を開始する具体的な方針を固めたかについては、大きく分けて二つの説が存在する。

一つは、彼が一九三三年の政権掌握以前から一貫して、ロシア＝ソ連の征服をドイツがとるべき国家政策の最終目標と見なしていたという説で、その根拠としてヒトラー自身が獄中で口述筆記させた政策構想の著書『わが闘争』（刊行は一九二五〜二六年）の記述が挙げられてきた。そこには、ドイツ国家の将来的な「生活圏（レーベンスラウム）」の形成と維持に、ロシアおよびウクライナの豊富な天然資源を活用するとの構想が記されており、ヒトラーは最初からソ連との戦争を見越して国力の増強を進めてきたとする説は、第二次大戦の終結以後、特に米英ソの連合国において根強く語られてきた。

だが、側近の空軍大臣ヘルマン・ゲーリングや後に軍需相となるアルベルト・シュペーアなど、当時の第三帝国の首脳が終戦直後に生々しく証言したように、ヒトラーは短期的な情勢判断に基づいて、それまでの政策方針を根底から覆すような場当たり的な行動をとることも多かった。交渉開始からわずか三か月で締結された独ソ不可侵条約をめぐる経緯は、その代表的な例とも言え、ヒトラーの対ソ戦構想は、一九四〇年の対英戦の行き詰まりを打開するための方便として彼の脳裏に「再浮上した」ものだとする二つ目の説もまた、一定の説得力を持つものと見なされている。

いずれにせよ、対ソ戦に強い関心を持ち始めたヒトラーの意向を察したドイツ陸軍が、ソ連侵攻作戦の本格的な計画立案に着手したのは、一九四〇年七月三日のことだった。この日、参謀総長フランツ・ハルダー上級大将は、参謀本部作戦部長フォン・グライフェンベルク大佐に、ソ連への軍事侵攻に関する主要な問題点の予備的研究を命じたのである。その後、陸軍の上層部では極秘裏に、対ソ攻撃の研究が幾つものチームで並行して進められ、またヒトラー自身も一九四〇年七月三十一日以降、ソ連との戦争に関する自説を会議で披露していた。ヒトラーの発言記録から推察する限り、七月初旬の時点ではまだ具体的な対ソ侵攻の決意は表面化していなかったが、同年六月十四日にルーマニア東部のベッサラビアと北部ブコヴィナ地方が、七月二十一日にはエストニア、ラトヴィア、リトアニアのバルト三国が、相次いでソ連邦へと併合されたことで、ソ連赤軍の脅威がバルト海沿岸の東プロイセンとドイツへの重要な石油供給国ルーマニアへと及び、ヒトラーの発言における対ソ戦構想は次第に現実味を帯びたものへと変わっていった。

ギュンター・フォン・クルーゲ元帥（一九三九年九月より第4軍司令官）ら主要な将官の執務机には、コレンクールの回想録をはじめとするナポレオンのロシア遠征（一八一二年戦役）に関する研究書が山積みにされ、ドイツ陸軍の将軍たちはナポレオンが成し遂げられなかった野望に挑戦することへの興奮と不安を、ひしひしと味わっていた。しかし意外なことに、これらの対ソ攻撃研究の中で、ソ連邦の首都モスクワを、来るべき侵攻作戦における「占領すべき戦略目標」と明確に位置づけているものは少数だった。

ドイツ第18軍参謀長のエーリヒ・マルクス少将が、八月五日にハルダーに提出した対ソ侵攻計画「東方作戦の草案」（通称マルクス案）では、モスクワの占領・奪取は「ソ連邦の経済的・政治的・精神的な中核であるがゆえに、かの国の国家としての調整・統合機能を喪失させる効果をもたらす」ものになるだろうと結論づけられていた。

だが、グライフェンベルク大佐とその部下のファイエルアーベント中佐、同年九月三日に陸軍参謀次長に着任したフリードリヒ・パウルス中将（後に第6軍司令官としてスターリングラードで降伏）らの意見具申を踏まえて、ハルダー自身が同年十一月に作成した侵攻計画案「オットー」（ＯＫＨ案）では、いずれもモスクワの占領それ自体はさほど重視されておらず、単に敵兵力を誘引するための「囮《おとり》」のような位置づけがなされていた。

◆陸軍と国防軍総司令部の作戦研究

ハルダーをはじめとするドイツ陸軍首脳部の構想では、ソ連邦侵攻作戦の主眼は「一夏の短期決戦による敵軍事力の殲滅《せんめつ》」にあり、特定の都市や地域の占領ではなく、可能な限り多くのソ連軍部隊を直接的な戦闘で撃破することに計画の重点が置かれていた。

そして、敵に決戦を強要する上で最も効果的な方策は、敵が最も陥落を恐れる地点に対して直接的な軍事的脅威を及ぼすことであるとの考えから、首都モスクワを目指す攻勢軸を形成して、その正面に敵兵力を誘引した上で包囲殲滅する計画を策定したのである。

一九四〇年十二月五日、ハルダーはベルリンの帝国官房に赴き、陸軍総司令官ブラウヒッチュ元帥や国防軍総司令部総監カイテル元帥、同統帥部長ヨードル砲兵大将らが列席する中で、陸軍の侵攻計画案をヒトラーに上申した。ヒトラーは、大筋で陸軍の「オットー」計画に合意を与え、ただちに侵攻作戦の訓令起案をヨードルに命じた。

これを受けて、国防軍総司令部では、陸軍とは別に研究を進めていたフォン・ロズベルク中佐による対ソ侵攻計画案「フリッツ」（ロズベルク案）と、陸軍のオットー計画、そして「レニングラードとウクライナの占領を侵攻作戦の第一目標に位置づけるべし」という総統ヒトラーの意向を考慮しながら、具体的な侵攻計画の訓令づくりに取りかかった。

それから約二週間後の十二月十八日、ヒトラーは国防軍総司令部から提出された最終計画案に多少の修正を加えて承認し、総統訓令第21号「バルバロッサの場合」として発令した。対ソ戦争の序盤におけるドイツの軍事戦略の基礎となるこの訓令において、敵国の首都モスクワの位置づけは、次のように説明されていた。

「プリピャチ沼沢地《しょうたくち》以北の二個軍集団（北方、中央）の目標は、白ロシアに布陣する敵兵力の包囲殲滅とレニングラードの占領である。この任務が達成された後、交通および軍需工業の中枢であるモスクワ攻略に向けた攻勢作戦を継続する。沼沢地の南部では、ドニエ

ドイツ軍の対ソ侵攻研究
1940年7月3日~12月17日
マルクス案
ヘルシンキ
タリン
レニングラード
バルト海
リガ
ダウガフピルス
ルジェフ
カリーニン
モスクワ
ケーニヒスベルク
ヴィテブスク
ドイツ
北方軍集団
ミンスク
スモレンスク
ツーラ
オリョール
ワルシャワ
ブレスト
ソ連邦
ヴォロネジ
ポーランド(ドイツ)
プリピャチ沼沢地
クルスク
キエフ
ハリコフ
リヴォフ
南方軍集団
ドニエプロペトロフスク
チェルノフツィ
ウマーニ
ロストフ
ハンガリー
キシニョフ
ザポロジエ
オデッサ
ルーマニア
プロエシュチ
黒海
ブカレスト
セヴァストポリ
ノヴォロシースク
N
W
E
S
フィンランド
攻勢第1段階
攻勢第2段階
攻勢第3段階
OKH案
北方軍集団
中央軍集団
南方軍集団

プル川流域の敵兵力殲滅を最優先目標とする。

もし、諸会戦によって早期に敵兵力の撃破という任務が達成された場合には、沼沢地北部では迅速にモスクワに到達できるよう努力すること。

モスクワの占領は、政治的・経済的に決定的な効果をもたらすのと同時に、敵にとって最も重要な鉄道線の中枢を麻痺《まひ》させることになるであろう」

つまり、ヒトラーとドイツ軍首脳部は、少なくとも総統訓令第21号が発令された段階では、モスクワの政治・経済面での重要性は認識しつつも、対ソ侵攻作戦における目標としては、あくまで副次的な位置に留めるとの認識で一致していた。そして、彼らの計画によれば「白ロシアとドニエプル川以西のウクライナでのソ連赤軍の殲滅」という作戦第一段階の終了と共に、東部戦線におけるドイツの勝利は既に決定的となっているはずであり、モスクワ正面へと進撃するか否か、大都市モスクワを陸軍兵力で占領するか否かは、その後で判断しても充分に間に合うレベルの問題だと見なされていたのである。

◆曖昧にされたモスクワ攻撃の優先順位

総統ヒトラーが、レニングラードの占領を対ソ侵攻の優先目標に位置づけた背景には、ドイツ本国と北欧諸国との間に位置するバルト海（ドイツ側呼称では「東海＝オストゼー」）の支配権を盤石なものにしたいという、彼なりの戦略的判断が存在していた。

ドイツの軍需産業は、スウェーデンの鉄やフィンランドのニッケルなど、北欧の国々で産出される鉱物資源に大きく依存しており、その運搬経路であるバルト海は、文字通りドイツにとっての「生命線」とも言えた。そして、もし対ソ戦の開始と同時に、バルト海の端に位置するレニングラードを電撃的に占領することができれば、同市とその沖合の要塞港クロンシュタットを拠点とするソ連艦隊は行き場を失って自沈ないし降伏を強いられ、バルト海の船舶の航行を脅かす脅威は完全に取り除かれるはずだった。

実際、一九三九年十一月三十日から翌四〇年三月十三日までの四か月間にわたって繰り広げられたソ連＝フィンランド戦争（ソフィン戦争＝後述）は、フィンランドに対するソ連側の領土割譲要求に起因して発生した戦いであり、レニングラードをソ連軍の手から奪い取らない限り、フィンランドとバルト海の安全が保障されないことは確実だった。

また、ウクライナで産出される豊富な農産物と鉱物資源を早急にドイツの支配下に置くことで、ドイツの国力をより強固なものにしようという「レーベンスラウム」構想は、先に述べたようにヒトラーの政策構想の中で重要な一角を占めており、軍の上層部と言えども正面から反駁《はんばく》することは事実上不可能な空気が醸成されていた。

以前は国防軍の内部に存在した、ヒトラーの国家指導力に対する不信感は、一九四〇年の対フランス戦での大勝利で宿敵フランスへの第一次大戦の恨みを晴らしたことで雲散霧消し、軍指導部におけるヒトラーの人望は一時的に高まっていたからである。

こうしたヒトラーの構想に対して、陸軍最高統帥部のブラウヒッチュやハルダーは、原則として同意する意向を示し、一九四一年一月三十一日に陸軍総司令部が下達した展開命令においても「レニングラードの奪取とウクライナの占領」が、対ソ戦の第一目標に位置づけられていた。しかし、実際にソ連侵攻作戦の部隊を指揮する北方・中央・南方の各軍集団司令官や、その麾下《きか》に置かれる軍の司令官たちは、総統訓令第21号および陸軍総司令部の展開命令において、モスクワ攻撃の優先順位が曖昧にされているのを見て、大いなる戸惑いを隠すことができなかった。

例えば、中央軍集団が白ロシアで敵兵力の殲滅に成功し、南方軍集団がウクライナでそれに失敗した場合、中央軍集団の第2装甲軍団は、総統訓令第21号の文面にあるように「モスクワ攻略に向けた攻勢作戦を継続する」べきなのか、それとも南方軍集団の「第一目標」を支援するために南へ旋回すべきなのか、現状の文面ではどちらとも解釈できた。

こうした事情から、中央軍集団の司令官フェドーア・フォン・ボック元帥と、そこに配属される第3装甲集団司令官ヘルマン・ホート上級大将は、白ロシアの敵兵力を包囲殲滅した後、同装甲集団が北（レニングラード）に向かうのか東（モスクワ）に向かうのかがはっきりしないとして、繰り返しブラウヒッチュに明確な優先順位を問いただした。

だが、一九四一年三月三十日に開かれた最高首脳会議で、ブラウヒッチュとハルダーは議論の紛糾を恐れて、この問題をヒトラーに確かめようとしたボックの発言を途中で遮《さえぎ》ってしまう。会議の後、ボックはハルダーに対し「本官が陸軍総司令部より受領している命令文によれば、中央軍集団の第2、第3の両装甲集団は、緊密に接触を保ちながら進撃すべし、となっておりますが?」と質問したが、ハルダーは笑いながら「それはあくまで

『気持ちの上での接触』を言っているのだよ」と答えて、明確な回答をはぐらかした。

伝統ある陸軍参謀本部の頂点に立つハルダーが、野戦司令官から提示された作戦遂行上の重要な疑問点の解消にこれほどまでに消極的だった理由については、今まで納得のいく説明はなされておらず、当時のハルダーの日誌からも真相をうかがい知ることは難しい。だが、前年のフランスおよびベネルクス三国への侵攻作戦が、完璧とも言えるほどの大成功を収めたことで、陸軍統帥部には自国の軍事力に対する強い自信が生まれており、そうした楽観的な空気が統帥部の判断にも影響を及ぼしていた可能性は否定できない。

いずれにせよ、対ソ侵攻作戦における戦略目標の優先順位の不明瞭さという問題は、開戦まで解消されることなく放置され、中央軍集団は事実上、明快かつ統一的な戦略目標を持たない「見切り発車」の状態で、侵攻作戦の開始を迎えることとなった。

そして、対ソ侵攻作戦の開始翌月には早くも、この重要な問題が再び表面化し、ドイツ軍の基本戦略を大きく揺るがすほどの大きな波乱を引き起こすことになるのである。

《ドイツ軍の戦力と編制》

◆侵攻兵力の配分

一九四〇年八月五日の「マルクス案」計画では、ソ連侵攻作戦に参加するドイツ軍の兵力を、装甲師団二四個、自動車化歩兵師団一二個、歩兵師団一一〇個、騎兵師団一個の計一四七個師団と見積もっていた。この兵力を、白ロシアとウクライナの中間に跨《また》がる巨大な地形的障害「プリピャチ沼沢地」を境界とする南北二個の軍集団に配分する計画で、北方軍集団には六八個師団、南方軍集団には三五個師団が配属され、残りの四四個師団は最高司令部予備として控置《こうち》される予定だった。

その後、同年十一月の「オットー案」では、侵攻兵力を統括する軍集団司令部の数が二個から三個に増やされ、東プロイセンからレニングラードに向かう北方軍集団、ミンスク経由でスモレンスクを目指す中央軍集団、キエフを目標とする南方軍集団の三個軍集団に、兵力が再配分されることとなった。そして、最終的にヒトラーの承認を受けた「総統訓令第21号」でも、この三個軍集団を基本的な戦略単位とする計画が採用された。

侵攻に投入される師団数は、北方軍集団が二六個師団（装甲三個、自動車化歩兵二個、歩兵二一個）、中央軍集団が四九個師団（装甲九個、自動車化歩兵六個、歩兵三三個、騎兵一個）、南方軍集団が三九個師団（装甲五個、自動車化歩兵三個、歩兵三〇個、山岳兵一個）、各軍集団戦区で後方警備を担当する保安師団九個、および戦略予備として装甲二個、自動車化歩兵一個、歩兵二〇個、山岳兵一個の計一四七個師団と定められた。

そして、ドイツの同盟国であるルーマニア軍の一四個師団と、ハンガリー軍の一個軍団（実質二個師団相当）、フィンランド軍の一四個師団、およびフィンランド領内からの出撃を許可されたドイツ軍歩兵・山岳兵三個師団（指揮系統上はフォン・ファルケンホルスト上級大将の「ノルウェー派遣軍」に所属）が、ドイツ軍の主戦線での侵攻開始に続いてソ連領内へと侵入する計画となっていた。

フィンランドは、ルーマニアやハンガリーとは異なり、当初はドイツとイタリアを中心とする「枢軸同盟国陣営」には与《くみ》していなかったが、先のソフィン戦争で失った地域（一九四〇年三月十二日にモスクワで締結されたソフィン戦争の和平条約において、同国は屈辱的な領土の譲渡を強いられていた）の回復を目指して、ヒトラーの対ソ侵攻作戦に協力する意向を示していた。北海とソ連内陸部を結ぶ、戦略的に重要な港湾であるムルマンスクからレニングラードに至る北極圏一帯は、酷寒での作戦経験が乏しいドイツ軍の将兵にとっては未知の戦場であり、この戦線を担うフィンランド軍の存在は、貴重な援軍と言えた。

また、攻勢正面の南翼を担うルーマニア軍は、作戦開始当初はドイツにとって最重要の石油産出地プロエシュチを敵の反撃から護るため、防御的な任務しか付与されていなかったが、ソ連崩壊の暁《あかつき》には一九四〇年六月に同国が手放したベッサラビアと北部ブコヴィナ地方の回復に加え、ウクライナの一部（港湾都市オデッサとその北部のブーク川流域を含む「外ニストリア」地方）をルーマニアに割譲するという約束がなされていた。

これらの地上兵力による攻勢を空から支援するため、計三個の航空艦隊（ルフトフロッテ：航空軍に相当）が東部戦線に展開し、北方軍集団にはケラー上級大将率いる第一航空艦隊、中央軍集団にはケッセルリング元帥の第二航空艦隊、南方軍集団にはレール上級大将を長とする第四航空艦隊が、それぞれ配属された。

ドイツ空軍は、保有する航空機総数（四三〇〇機）の約六五パーセントに当たる二七〇〇機を対ソ侵攻作戦のために準備したが、このうち最も多数の機が配備されたのは中央軍集団の第二航空艦隊（一五〇〇機）で、南方軍集団の第四航空艦隊には七五〇機、北方軍集団の第一航空艦隊には四〇〇機が配備された（残りの端数はノルウェー方面に配備）。

◆ドイツ軍前線部隊の編制内容

ドイツ軍の対ソ侵攻作戦において、最も重要な役割を担うのは、強靱《きょうじん》な戦車を装備する装甲師団だったが、ここでもドイツ陸軍の保有する戦車の半数以上が、ミンスクおよびスモレンスク方面を指向する中央軍集団に配属された。

一九四〇年の対フランス戦当時、計一〇個あった装甲師団の半数以上は、戦車大隊二個

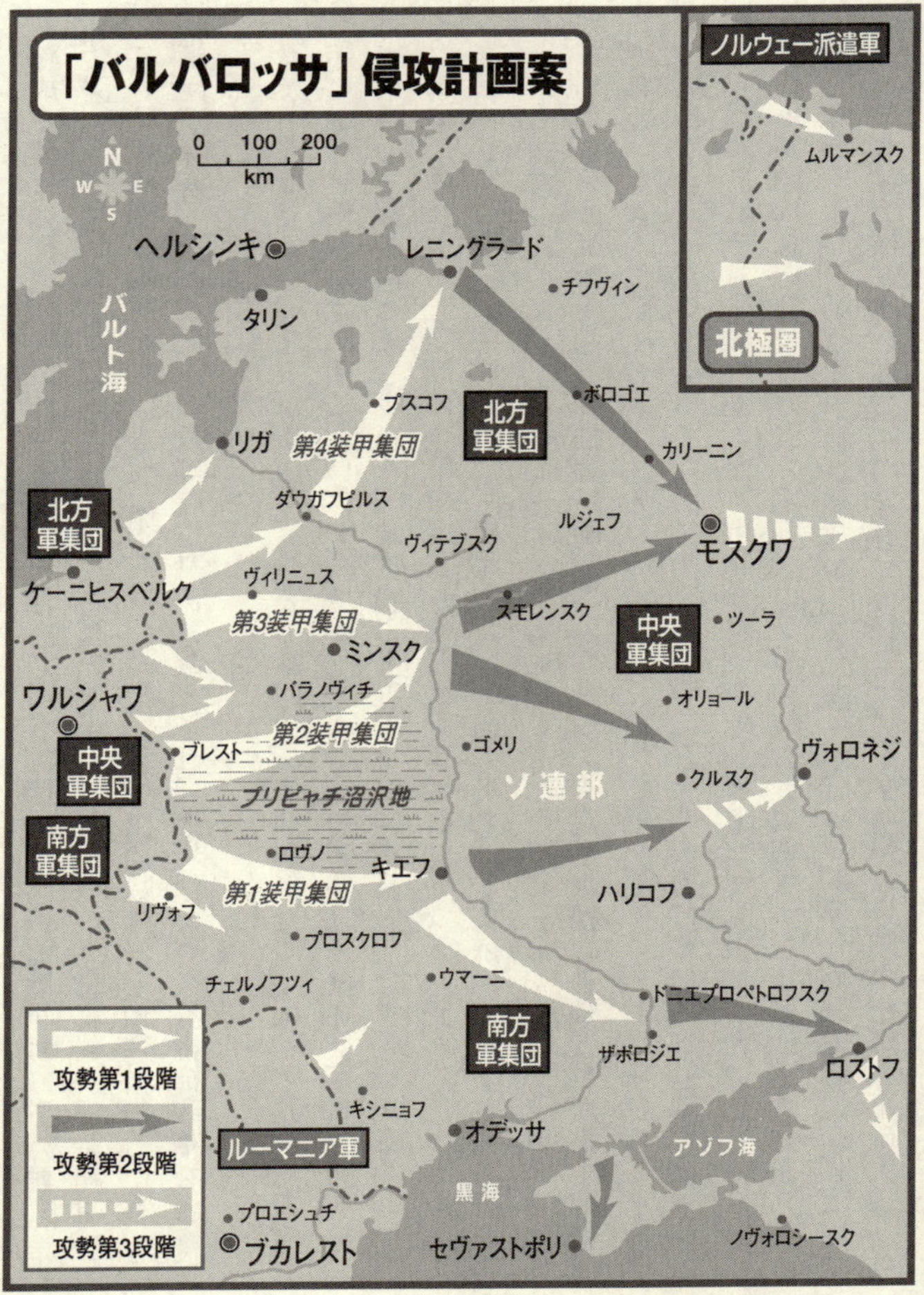

「バルバロッサ」侵攻計画案
0 100 200
km
N
W
E
S
ノルウェー派遣軍
ムルマンスク
北極圏
ヘルシンキ
レニングラード
チフヴィン
タリン
バルト海
プスコフ
北方
軍集団
ボロゴエ
リガ
第4装甲集団
カリーニン
北方
軍集団
ダウガフピルス
ルジェフ
モスクワ
ヴィテブスク
ヴィリニュス
ケーニヒスベルク
スモレンスク
中央
軍集団
ツーラ
第3装甲集団
ミンスク
バラノヴィチ
オリョール
ワルシャワ
第2装甲集団
中央
軍集団
ブレスト
ゴメリ
ヴォロネジ
ソ連邦
クルスク
プリピャチ沼沢地
南方
軍集団
ロヴノ
キエフ
ハリコフ
第1装甲集団
リヴォフ
プロスクロフ
ウマーニ
チェルノフツィ
ドニエプロペトロフスク
南方
軍集団
ザポロジエ
ロストフ
攻勢第1段階
キシニョフ
攻勢第2段階
オデッサ
ルーマニア軍
アゾフ海
黒海
攻勢第3段階
プロエシュチ
ブカレスト
セヴァストポリ
ノヴォロシースク

から成る装甲連隊二個（計四個大隊）を保有し、各師団の平均保有戦車は二五八輛《りょう》だった（最も多かったのは第5装甲師団の三二七輛）。しかし、対ソ戦の準備に伴い、戦略単位としての装甲師団の数を増やす必要に迫られた結果、装甲師団数は一七個に増加したものの、各師団が保有する戦車大隊の数は二〜三個に減らされ、平均保有台数も指揮戦車を含めて一九二輛と、六〇輛以上も減少していた。

軍集団別で見ると、北方軍集団所属の装甲師団は一個師団当たり平均一七八輛を保有していたが、装備戦車は師団ごとにばらつきがあった。南方軍集団所属の装甲師団は、一個師団平均で一四六輛と最も少なく、装備戦車も五センチ砲を搭載したⅢ号戦車（当時のドイツ軍で最強）は、五個師団合計で二五五輛しか配備されていなかった。

攻撃の主軸となる中央軍集団に所属する装甲師団の場合、一個師団平均で二一五輛を持ち（最も多かったのは第7装甲師団の二六五輛）、とりわけハインツ・グデーリアン上級大将率いる第2装甲集団の五個装甲師団には、五センチ砲搭載型のⅢ号戦車が集中的に配属されていた（五個師団合計で三八一輛）。第3装甲集団所属の四個装甲師団は、戦車台数こそ多かった（軍集団全体で九四二輛）ものの、五センチ砲搭載型のⅢ号戦車は一輛もなく、代わりにチェコ製の38（t）戦車が計一二七輛割り当てられていた。

各装甲師団は、定数で一万五六〇〇人の兵員を持ち、二個ないし三個戦車大隊から成る装甲連隊一個と、自動車化歩兵二個連隊（各二個大隊）、自動車化砲兵連隊（二個大隊で一〇・五センチ榴弾砲を計二四門保有）、自動車化偵察大隊、自動車化対戦車砲大隊、高射砲大隊、工兵中隊と、各種の後方支援部隊で構成されていた。

これらの装甲部隊が敵の前線を突破した後、穿《うが》たれた開口部から後続し、残敵掃討と包囲陣の形成などの役割を担う転進兵力として、自動車化歩兵師団が配属されていた。各自動車化歩兵師団の兵員数は、定数で一万六四〇〇人、二個自動車化歩兵連隊（各連隊は三個大隊編成）と二個オートバイ大隊、自動車化砲兵連隊、自動車化偵察大隊、自動車化対戦車砲大隊、工兵大隊、および各種の後方支援部隊という編成だった。

機動力を持った装甲師団と自動車化歩兵師団が、前線を突破するのと時を同じくして、ソ連軍防衛線の正面では、多数の歩兵師団が砲兵の支援を受けながら強襲と包囲攻撃を仕掛け、また機動部隊の脆弱な側面と後方を防御する手筈《てはず》となっていた。各歩兵師団は、それぞれ三個大隊から成る歩兵連隊三個と、一個砲兵連隊、偵察大隊、対戦車砲大隊、工兵大隊、および各種の後方支援部隊を持ち、師団の兵員定数は一万七七三四人だった。

各軍集団司令部と師団の間には、中間の指揮系統として軍（Armee）司令部と歩兵主体の軍団（Armeekorps）または装甲軍団（Panzerkorps）司令部が存在し、軍団司令部には通常二〜四個歩兵師団（装甲軍団の場合は通常二個装甲師団と一個自動車化歩兵師団）が配属され、軍司令部には同じく二〜四個軍団／装甲軍団が所属していた。

装甲軍団を統括する軍司令部は、独ソ開戦当時には装甲集団（Panzergruppe）司令部と呼ばれており、作戦運用の面では軍と同格の地位が与えられていたが、独自の後方補給網を持たず、補給に関しては隣接する軍（例えば、第2装甲集団の場合は第4軍）の輸送手段に依存する形となっていた。これらの装甲集団は、対ソ侵攻作戦開始後の一九四一年十月五日から八日に随時「装甲軍（Panzer Armee）」へと昇格し、固有の補給段列を持つことでより効率的な進撃を行えるよう、兵站《へいたん》管理のシステムが整備された。

◆バルカンの政変と対ソ侵攻計画の変更

ヒトラーとブラウヒッチュ、ハルダーが初めて対ソ戦について話し合った一九四〇年七月三十一日の段階では、ソ連侵攻作戦は翌一九四一年新春に開始するとの大まかな日程が構想され、後の総統訓令「バルバロッサの場合」では一九四一年五月十五日という具体的な日付が定められた。だが、その直前に、彼らの計画を大きく狂わせる事件が発生する。バルカン半島のユーゴスラヴィアで、反枢軸勢力のクーデターが成功したのである。

一九四一年三月二十五日、ユーゴスラヴィア政府は枢軸側の日独伊三国同盟（防共協定）に加盟し、ユーゴ政府は枢軸国に敵対する国家とは国交を断絶するとの態度を表明していた。ところが、第一次大戦でドイツと戦った経験を持つ、ユーゴ軍のセルビア人幹部たちは、この政府の決定に激しく反発。翌三月二十六日の深夜にクーデターを敢行して、ユーゴ空軍の前司令官ドゥシャン・シモヴィッチ将軍を首班とする新政権を樹立した。

シモヴィッチは、ただちに三国同盟からの脱退を宣言したのみならず、四月五日にはあろうことかドイツの潜在敵国ソ連との間で、不可侵条約を締結してしまう。対ソ侵攻をこれから開始しようというドイツ軍にとって、戦線の背後に突然現れた「ソ連の同盟国」は、即座に除去しなければならない「脇腹に突きつけられた短剣」のような存在だった。一九四一年四月六日、ドイツ空軍の爆撃と共に、枢軸軍（ドイツ・イタリア・ハンガリー各軍）のバルカン侵攻作戦が開始され、開始から一週間後の四月十二日にはユーゴの首都ベオグラードがドイツ軍によって占領された。だが、この予期せぬ侵攻作戦の遂行は、ドイツ軍の対ソ侵攻作戦に、きわめて大きな影響を及ぼすことになる。

ユーゴ侵攻作戦の緊急決定に伴い、ソ連邦侵攻作戦の開始日は、ただちに一か月後の六月二十二日へと変更された。しかし、南方軍集団の攻勢で重要な役割を担うはずの第1装甲集団と、中央軍集団の第二梯団《ていだん》を形成するはずだった第2軍の部隊は、バルカンでの作戦終了後、予定日までに対ソ侵攻の出撃陣地へと帰着することができなかった。また、輸送トラックやその交換部品など、対ソ侵攻用に蓄えてあった備品類の一部をバルカンで消耗してしまったため、ドイツ軍の補給部隊は当初予定していたよりも少ない数の車輌で、膨大な物資の運搬をやりくりしなくてはならなくなった。

そして、この侵攻開始の遅れは、天候悪化の予想される十月初頭までの五か月間という対ソ作戦における事実上のタイムリミットから、丸々一か月以上もの時間を差し引かせる結果となった。だが、陸軍の上層部は、この日程変更に伴う基本戦略の見直しを行おうとはしなかった。抜本的な戦略変更を行うために費やせる時間が、ほとんど残されていないことに加えて、ユーゴスラヴィアとギリシャの電撃的制圧という新たな勝利が、対ソ戦に対する楽観論をドイツ軍内部でより強化する効果をもたらしていたからである。

《スターリンの対独戦構想》

◆ソ連赤軍参謀本部の対独戦計画

ヒトラーをはじめとするドイツ政府および軍の上層部が、着々とソ連侵攻の準備を進めていた時期に、ソ連政府と赤軍の首脳部は、どのような動きを見せていたのだろうか。

ドイツ国防軍と同陸軍参謀本部が、ソ連侵攻作戦の計画案を複数のチームで研究していたのと同様、ソ連赤軍でも対ドイツ戦に関するいくつもの計画案が、並行して立案・研究されていた。だが、これらの計画案の中で、防御的な内容を持つものは少数であり、大半はソ連側からドイツおよびその同盟国に対して攻撃を行う形の戦争を想定していた。

ソ連赤軍の参謀本部で、ドイツを仮想敵国とする本格的な戦争計画の研究が開始されたのは、ヒトラーがドイツで政権を握ってから二年が経過した、一九三五年九月のことだった。当時のソ連赤軍で不動の地位を確立していたミハイル・トハチェフスキー元帥は、ソ連の共産主義体制を声高に批判するヒトラーへの警戒感を日に日に強め、いずれドイツと衝突する日が来るのは避けられないと確信していた。同年冬に参謀本部で実施された、トハチェフスキーの提案による図上演習のシナリオ（状況設定）は「ブルジョワ・ポーランドと手を組んだドイツがソ連領内へと侵攻する」という内容だった。

一九二五年十一月十三日から二八年五月五日まで、労農赤軍本部（後の赤軍参謀本部）で参謀長を務めたトハチェフスキーは、空挺部隊の創設や空軍・戦車機動部隊の運用などに関する独創的な理論を次々と発表し、赤軍を世界第一級の軍隊に育てあげるという壮大な事業で成果を挙げつつあった。彼の発案で、ソ連赤軍は世界に先駆けて第11と第45ヴォルィンスクの二個機械化軍団を編成したが、その日付はドイツ軍が最初の装甲師団を創設する一九三五年十月十五日から三年半も早い、一九三二年三月十一日だった。

トハチェフスキーとその同僚たちが研究していた対独戦計画において、作戦面での中核に位置づけられていたのは、「縦深《じゅうしん》作戦（Glubokaya Operatsiya）」と呼ばれる機動戦の概念だった。陸上部隊のあらゆる兵科を自動車化し、敵の最前線に対する攻撃と同時に、その背後に控える後方の二次防衛線に対しても、連続的な突破攻撃を実施して、短時間のうちに戦闘地域の「縦深」を制圧する、というのが、縦深作戦構想の骨子だった。

一九三六年九月七日から十日にかけて、ソ連赤軍は白ロシア軍管区で四日間にわたる縦深作戦の一大軍事演習を実施した。この行事は、アパナセンコ中将を長とする西軍と、コヴチューク中将の率いる東軍による大規模な作戦・戦術演習を、演習監督官のヴォロシーロフ元帥と当時の参謀総長エゴーロフ元帥、国防次官トハチェフスキー元帥、予備教育局長セデャーキン大将、自動車・対戦車局長ハレプスキー大将、空軍長官アルクスニス大将らが監督評価するという形式で進められ、機械化旅団の機動攻撃や、戦術空軍による地上支援、空挺旅団によるパラシュート降下の実演なども演習項目に含まれていた。

こうしたトハチェフスキー時代の戦争計画案はいずれも、ソ連赤軍の戦闘能力（練度）が、ドイツ軍のそれに匹敵するとの想定に基づくものだった。しかし、彼らの後を継いだ赤軍の首脳部は間もなく、自らの組織が抱える重大な問題に直面することになる。

独ソ不可侵条約の締結直後の一九三九年十一月、レニングラード北部地域の領土割譲要求を拒絶したフィンランドに対し、圧倒的な兵力を投入して軍事侵攻（ソフィン戦争）を開始したソ連赤軍は、各国の軍事関係者を戸惑わせるほどに拙劣《せつれつ》な戦いぶりを見せ、彼らの持つ戦闘能力がきわめて低いことを全世界に露呈してしまったのである。

◆表面化する大粛清の後遺症

一九三九年十一月三十日から、計一〇五日間にわたって繰り広げられたソフィン戦争において、ソ連赤軍は八万四九九四人の戦死・病死者と、二四万八〇九〇人の負傷者、合計すると三三万三〇八四人という甚大な人的損害を被《こうむ》った。フィンランド側の損害は、戦死者二万四九二三人と負傷者四万三五五七人であり、和平交渉ではソ連側の要求が受け入れられたとはいえ、損害比率では実に五対一という予想外の大苦戦を強いられていた。

世界有数の軍事大国であるはずのソ連赤軍が、小国フィンランドを相手とする限定戦争で、これほど凄まじい損害を被った最大の要因は、一九三〇年代の後半にスターリンが断行した赤軍幹部の「大粛清（政治的理由による抹殺）」にあった。西欧的な価値観を身につけたソ連赤軍の有能な将官たちに、自らの地位を脅かされることを危惧《きぐ》したスターリンが、先手を打って情け容赦のない実力行使に打って出たのである。

一九三七年六月十一日の夜、ソ連赤軍の増強と近代化に多大な貢献を果たしたトハチェフスキー元帥をはじめ、イオナ・ヤキール上級大将やイェロニム・ウボレーヴィチ上級大将など、当時の赤軍で指導的な役割を担っていた最高幹部八名が「ドイツのスパイ」という罪を着せられて銃殺された。この事件をきっかけに、赤軍の組織内部では一九三九年の初頭まで粛清の嵐が吹き荒れ、三万人以上の将校が殺害または収容所送りにされた。

その結果、五人中三人の元帥、四人中三人の上級大将、一二人中一二人の大将、六七人中六〇人の中将、一九九人中一三三人の少将、三九七人中二二一人の准将、一〇人中一〇人の海軍大将、一五人中九人の海軍中将が、弁明すら許されないまま、処刑場で銃殺された。ソフィン戦争が開始されたのは、それからわずか半年後のことだった。

スターリンの指示に基づいて行われた大粛清で、元帥や将官はもちろん、師団長や連隊長レベルでも深刻な人材不足に陥ったソ連軍は、実戦経験のない肩書きだけの「師団指揮官」や「軍団指揮官」に部隊の指揮を委ねたが、戦車と歩兵の効果的な連携や、地形に応じた前線部隊の展開法、戦術上の要点などを知らない彼らは、ソフィン戦争でも無造作に配下の小部隊を戦場に投入し、人的損害と兵器の損失を鰻登《うなぎのぼ》りに上昇させてしまった。

この結果に驚いたスターリンは、ソフィン戦争終結から一か月後の四月十四日から十七日にかけて、クレムリンの一室に赤軍の全首脳部を召集し、実戦で露呈した自軍の戦術面および兵器面での弱点についての徹底的な検証と、それに基づく改善提案を行わせた。とりわけ重視されたのは、フィンランド軍の戦術を手本とする冬季戦の戦訓だったが、既存戦車の弱点を踏まえた新型戦車の開発構想や、砲撃支援の改善案なども論じられた。

だが、指揮系統の根幹を破壊された近代国家の巨大な軍隊組織を、大規模な実戦経験を積むことなく、わずか数年の形式的な訓練だけで立て直すことは不可能だった。第一次大戦とロシア内戦の従軍経験を持つ、豊富な専門知識を備えた大勢の逸材が、その貴重な軍事上のノウハウと共に闇へと葬られたことで、ソ連赤軍内部における組織上の進化はいったん断ち切られ、軍事科学分野での研究レベルも大きく後退させられることになった。

そして、能力的な裏付けを伴わず、飛び級のような形で昇進させられたソ連赤軍の新たな将官にとって、トハチェフスキーらが研究していた軍事教義（ドクトリン）は、自らの指揮で実践するにはあまりにも高度すぎる概念だった。彼らが、与えられた階級にふさわしい資質を身につけるには、独ソ開戦以後に彼らが直面することになる数多くの苛酷《かこく》な実戦経験と、それに伴う下士官兵の膨大な犠牲が必要とされたのである。

◆対独戦を覚悟していたスターリン

ソフィン戦争終結後の一九四〇年六月から七月にかけての時期、スターリンは先に述べたように、独ソ不可侵条約の秘密議定書でソ連の影響圏に入ることを認められた東欧の諸地域（バルト三国、ベッサラビア）およびルーマニア領の北部ブコヴィナを、ソ連邦とい

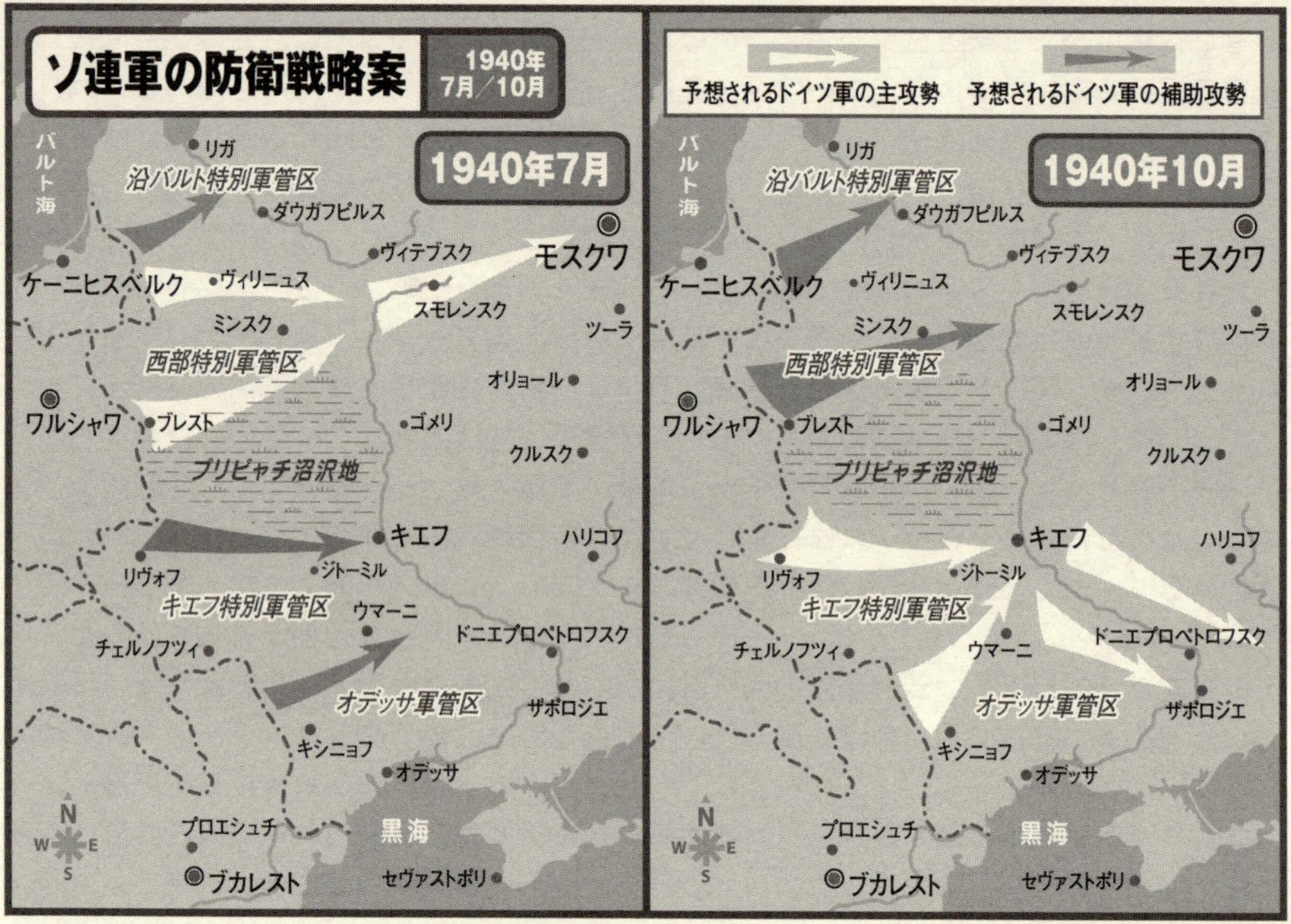
ソ連軍の防衛戦略案
1940年
7月／10月
予想されるドイツ軍の主攻勢
予想されるドイツ軍の補助攻勢
1940年7月
バルト海
リガ
沿バルト特別軍管区
ダウガフピルス
ヴィテブスク
モスクワ
ケーニヒスベルク
ヴィリニュス
スモレンスク
ミンスク
ツーラ
西部特別軍管区
オリョール
ワルシャワ
ブレスト
ゴメリ
クルスク
プリピャチ沼沢地
キエフ
ハリコフ
リヴォフ
ジトーミル
キエフ特別軍管区
ウマーニ
ドニエプロペトロフスク
チェルノフツィ
オデッサ軍管区
ザポロジエ
キシニョフ
オデッサ
プロエシュチ
黒海
ブカレスト
セヴァストポリ
1940年10月
バルト海
リガ
沿バルト特別軍管区
ダウガフピルス
ヴィテブスク
モスクワ
ケーニヒスベルク
ヴィリニュス
スモレンスク
ミンスク
ツーラ
西部特別軍管区
オリョール
ワルシャワ
ブレスト
ゴメリ
クルスク
プリピャチ沼沢地
キエフ
ハリコフ
リヴォフ
ジトーミル
キエフ特別軍管区
ウマーニ
ドニエプロペトロフスク
チェルノフツィ
オデッサ軍管区
ザポロジエ
キシニョフ
オデッサ
プロエシュチ
黒海
ブカレスト
セヴァストポリ

う巨大な枠組みへと併合することに成功していた。これらの領土拡張は、スターリンがドイツとの間で発生するであろう将来的な戦争を見越して、緩衝地帯を確保するために行った戦略的な方策だとする見方が一般的である。

しかし、与えられた「分け前」を食い尽くすと、ソ連政府のドイツに対する態度から、長期的な友好関係を前提とした融和的な「外交的配慮」が姿を消し、逆に新たな獲物をドイツ政府に要求する高飛車な姿勢へと転じていった。

同年十一月十日、ソ連外相モロトフはドイツ政府の招聘《しょうへい》に応える形で、ドイツの首都ベルリンを訪問した。ヒトラーは、数回にわたり行われたモロトフとの会談において、日独伊の三国同盟にソ連も参加するよう誘いをかけ、ドイツに対するスターリンの本心を読み取ろうとした。しかし、ソ連側が見せた態度はヒトラーを激怒させるものだった。

モロトフは、三国同盟への加盟の前提として、黒海から地中海への出口に当たるトルコ領ボスポラスおよびダーダネルス両海峡をソ連海軍の軍艦が自由に通行できる権利の保障と、フィンランド国内に駐留中のドイツ軍部隊（一九四〇年四月のノルウェー侵攻作戦に伴う派兵）の即時撤退、ルーマニアの隣国ブルガリアのソ連による保護領化、およびイギリス政府がドイツに屈服した暁における、カフカス（コーカサス）地方からペルシャ湾に至るイランに対するソ連の「領土的野心」に対する承認をドイツ側に要求した。

これらの挑戦的な要求が、ヒトラーによって拒絶されると、スターリンは表面的にはドイツに対する融和的な姿勢を見せ、ソ連領に併合したバルト三国のドイツ系住民に対する補償として一億五〇〇〇万マルクの支払いをドイツ政府に申し入れた。しかし、一九四〇年十一月のベルリン会談で交わされた非妥協的な言葉の応酬を通じて、ヒトラーとスターリンは共に、相手国との戦争がもはや時間の問題となったことを強く認識した。

ヒトラーが対ソ侵攻作戦の総統訓令第21号「バルバロッサの場合」を承認した十二月十八日から二日後の十二月二十日から五日間にわたり、後に対独戦で最も重要な役割を果たすことになるゲオルギー・ジューコフ上級大将らソ連赤軍の最高幹部がモスクワで大規模な秘密会議を開き、来るべき対ドイツ戦争を想定した研究論文の発表と討論を行った。

この会議でジューコフが担当した論文の議題は「現代の攻撃作戦の性格」だったが、他にも白ロシア軍管区司令官のドミトリー・パヴロフ上級大将が発表した「現代の攻撃作戦における機械化軍団の活用」や、防空軍（ＰＶＯ）司令官ルイチャゴフ中将の「攻撃作戦と制空権確保のための空軍力」など、ドイツに対するソ連赤軍の攻撃を想定した内容の研究論文が数多く発表され、それぞれの要点に関して活発な意見交換が行われた。

独ソ両軍の上層部における予備的研究という分野では、ドイツとソ連の全面戦争は、一九四〇年十二月には既に始まっていたのである。

《迫り来る戦争の足音》

◆赤軍の図上兵棋演習と戦争準備

前年十二月に行われた対独戦の研究論文発表会の成果を踏まえて、ソ連赤軍の最高幹部と政府首脳は、一九四一年一月二日から、五日間にわたる本格的な図上兵棋《へいぎ》演習を実施した。この兵棋演習で仮想ドイツ軍を指揮したジューコフは、白ロシア軍管区司令官パヴロフの率いる仮想ソ連軍を、戦車と航空機を活用した包囲攻撃で完全に撃破した後、クレムリンで開催された兵棋演習の報告会で、こう提言した。

「白ロシアの国境陣地は、国境線に近すぎて、作戦的に極めて不利な配置になっていると思います。特にビャリストクの突出部でその傾向が強く、ブレストとスヴァルキの両地区から突入した敵部隊は、ビャリストク突出部の後方へと容易に進出できます。ですから、国境の陣地はより後方に拡げて縦深を深く築くべきではないかと、私は考えます」

しかし、ジューコフの提言は、ソ連赤軍の長老ヴォロシーロフによって遮られた。

「現在の国境陣地は、最高会議（ソ連政府）の承認を得て築かれているのだぞ！」

スターリンや党の要人たちが想定する対ドイツ戦のイメージは、仮想ドイツ軍の電撃的な圧勝という兵棋演習の結果に直面してもなお、大きく変わることはなかった。攻撃的姿勢を重視する赤軍幹部の認識とは異なり、クレムリンの政府高官が想定した対独戦のシナリオとは、ドイツ側の先制攻撃でソ連侵攻が開始された後、国境から五〇ないし七〇キロの地点で敵の進撃を食い止め、それからソ連軍の機械化部隊による大反撃を開始して、敵をソ連領内から一掃し、さらにポーランド領内へとなだれ込むというものだった。

同年一月七日から五日間にわたって実施された第二回目の図上兵棋演習では、このシナリオに沿った形で盤上の戦いが推移した。演習の終了が宣言された時点で、仮想ソ連軍は国境から一二〇キロもドイツ側の領内（南部のルーマニアやハンガリーも含む）へと進撃しており、この結果はスターリンと共産党の最高幹部を大いに満足させた。

一九四一年二月一日、スターリンに赤軍の新参謀総長へと抜擢《ばってき》されたジューコフは、アレクサンドル・ヴァシレフスキー少将をはじめとする参謀本部の俊英スタッフと共に、対ドイツ先制攻撃を含めた攻勢計画の立案を進める一方で、国境の防衛整備を徐々に固めていった。ドイツに対する攻撃と防御の戦略的な計画案は、一九四〇年五月から参謀本部の作戦部長第一代理を務めていたヴァシレフスキーの手で進められ、同年七月にはドイツ軍が白ロシアに主力部隊を投入するとの想定で、戦略的な防衛計画案が作成された。

ところが、スターリンや国防人民委員（国防相）セミョン・ティモシェンコ元帥は、ドイツ軍がソ連侵攻を実施するとすれば、その主力部隊は白ロシアではなくウクライナに向けられるはずだとの認識を抱いていたため、ヴァシレフスキーはすぐに計画案の修正を命じられた。ドイツ軍の予想侵攻兵力の重点を西部ウクライナに設定する形に書き直した、参謀本部の新たな戦略防衛計画案は、一九四〇年十月十四日付でスターリンによって承認され、以後のソ連側における戦争準備は、この防衛計画案に沿う形で進められた。

一九四一年二月十二日、参謀本部の戦略防衛計画案に基づく形で、ソ連赤軍の新たな動員計画（通称MP41）が、スターリンに提出された。この動員計画は、同年七月一日に完了する予定となっていたが、赤軍参謀本部直属の諜報機関GRU（情報管理総局）などを通じて、ドイツ側が対ソ侵攻の準備を着々と進めているとの情報が入り始めると、参謀本部としてもそれに対する対応策を講じなくてはならなくなった。

一九四一年五月十五日、ヴァシレフスキーは「ドイツ側の侵攻準備が整う前に、先手を打ってドイツ軍を攻撃する」という内容の戦略的な攻勢計画案の草稿を作成した。戦後になってヴァシレフスキーの個人用金庫から見つかったこの手書きの草稿によると、ソ連側は各兵科合わせて二五八個師団の兵力を投じてポーランド領内に侵攻し、両翼包囲でドイツ軍の主力を殲滅する計画となっていた。

しかし、現在までに旧ソ連とロシアで公表された当時の文書や記録から判断する限りにおいて、この「敵の先手を打つ」形での攻勢計画案が、クレムリンで本格的に討議された形跡はなく、手書きの草稿をタイプ打ちで「清書」した書類が実際にスターリンへ提出されたかどうかもわかっていない。いずれにせよ、ソ連赤軍は、これ以降も動員計画MP41に従い、将来の対独戦に備えた戦略レベルでの兵力移動を、ゆっくりと行い続けた。

ソ連側の対独戦計画では、戦争開始の先手を相手に取られても、その後の戦いで充分に戦局を巻き返せるはずだった。だが、こうした想定は、自軍に対する過大評価と、敵軍への致命的とも言える過小評価に基づくものであったことが、間もなく明らかになる。

◆ソ連軍前線部隊の編制内容

正式名称を「労働者農民赤軍（RKKA）」と称するソ連赤軍において、独ソ戦全体を通して主役の座を占めたのは、膨大な数の歩兵（狙撃兵）部隊だった。だが、独ソ戦の初期段階においては、新旧の雑多な戦車を装備した機械化軍団が、ドイツ軍の装甲部隊に対する局地的な反撃の要《かなめ》としての重責を担っていた。

機械化軍団（Mekhanizirovannyi Korpus）が初めて創設された一九三二年以降、ソ連赤軍内では同軍団の部隊構成についての見直しが何度か行われ、一九三九年末にはソフィン戦争における運用法の失敗が原因で、いったんは機械化軍団を廃止するとの決定が下されていた。しかし、一九四〇年五月、西の大国フランスがドイツ軍の電撃的な侵攻によって征服されると、そのあまりにも鮮やかな作戦運用に赤軍指導部は大きな衝撃を受けた。

遅ればせながら、戦車部隊の集中運用こそが戦争の鍵を握っていると認識したスターリンは、慌てて機械化軍団の再編を指示し、同年八月に第一陣として八個機械化軍団の編成を開始、一九四一年二月にはさらに十二個の機械化軍団の編成が着手された。

この新設機械化軍団は、二個戦車師団と一個自動車化狙撃兵師団の計三個師団に各種の支援部隊（オートバイ連隊、自動車化工兵大隊、自動車化通信大隊など）を編入した大規模な編制で、軍団の兵員定数は三万六〇八〇人、戦車の定数は一〇〇〇輌以上という強力な部隊だった。しかし、戦車部隊を統合的に管理運用できる指揮官の不足と、戦車生産能力の限界から、機械化軍団の編成は断続的にしか進捗《しんちょく》しておらず、ほとんどの軍団は慢性的な兵員および装備の不足という問題を抱えていた。

また、各機械化軍団に割り当てられた戦車台数には大きなばらつきがあり、西部国境沿いの四軍管区（沿バルト特別、西部特別、キエフ特別、オデッサ）に配備された計一八個機械化軍団の配備戦車総数は八八三四輌で、一個軍団当たりの平均は四九一輌だったが、このうちの約二割は修理が必要な状態にあり、しかも配備が開始されたばかりの新型戦車（T34中戦車およびKV1、KV2重戦車）については乗員の操縦訓練もほとんど行われないまま、車庫の奥へと大事にしまい込まれていた。

一九四一年六月一日の時点で、西部国境沿いの四軍管区に配備されていた新型戦車の台数は、T34（特記がない限り76ミリ砲搭載型）が八三二輌、KVが四六九輌だったが、乗員の訓練を完了して実際に運用されていたのは、それぞれ三八輌（五パーセント）と七〇輌（一五パーセント）に過ぎなかった。宝の持ち腐れとも言えるこのような管理運用上の不手際は、ドイツ軍の侵攻開始と共に、ソ連赤軍の破滅的な大敗を招く一因となった。

一方、ソ連赤軍の主戦力である狙撃兵師団（Strelkovaya Diviziya）は、狙撃兵（歩兵）三個大隊から成る狙撃兵連隊三個と、一個ないし二個の砲兵連隊、それに各種の支援部隊

（高射砲大隊、工兵大隊など）から成り、兵員の定数は平時で一万二九一人、戦時で一万四四八三人だった。だが、西部国境沿いの四軍管区における独ソ開戦時の狙撃兵師団の平均人員数は、八九〇五人（戦時定数の約六割）で、ドイツ軍の歩兵師団と比較すると兵員数で半分に満たなかった。これらの狙撃兵師団のほとんどは、二ないし三個師団ごとに狙撃兵軍団（Strelkovyi Korpus）司令部の指揮下に置かれていた。

独ソ開戦と同時に、各軍管区はそれぞれ方面軍（Front）に改編されたが、各軍管区内の軍（Armiya）と軍団（Korpus）司令部はそのまま戦時にも継承された。各方面軍は、二〜四個の軍（正式呼称は「各科統合軍 Obshchevoiskovaya Armiya」）で構成され、各軍には二〜六個の狙撃兵、騎兵ないし機械化軍団が所属していた。

ロシア内戦以来、ソ連赤軍の花形部隊であった騎兵軍団（Kavaleriiskii Korpus）は、定数九二四〇人から成る騎兵師団二個ないし三個で編成されていたが、各騎兵師団の兵士は戦闘時には馬を降りて戦う「乗馬歩兵」に過ぎず、装備と戦術運用法の両面において、既に時代遅れの存在となっていた。機関銃の技術的進歩により、サーベルを掲げて敵に突進する戦術は逆に自軍の人的損害を増やす結果となり、視界の極端に悪い冬季の降雪時を除けば、東部戦線で騎兵部隊が攻撃力を発揮できる戦場はほとんど存在しなかった。

◆クレムリンに押し寄せる警告

ドイツ側の対ソ侵攻準備が着々と進展するのに従い、全世界に張りめぐらされたソ連側の諜報網は、独ソ戦争の勃発が間近に迫っていることを示す情報を山のように入手して、それをモスクワのソ連当局へと転送した。こうした諜報活動の中で、最も有名なのは、在日ドイツ人ジャーナリストの肩書きを持つ凄腕諜報員リヒャルト・ゾルゲの報告である。GRUの第四指導部（中東・極東担当）に所属する諜報員だったゾルゲは、駐日ドイツ大使館付駐在武官（後に駐日大使へ昇格）のオイゲン・オット中佐をはじめとするドイツ軍武官から情報を聞き出し、無線でモスクワへと通報した。彼は、ヒトラーがバルバロッサ計画を承認した一九四〇年十二月十八日には早くも、ドイツ軍の対ソ侵攻計画に関する第一報をモスクワに転送していたが、ドイツ国内で活動していた女性諜報員イルゼ・シュテーべもまた、総統訓令第21号に関する報告をゾルゲとほぼ同時期に打電している。

一九四一年に入ると、ゾルゲの一派はほとんど毎週のように情報を送り続けた。四月二十六日には、具体的なドイツ軍の作戦計画についての詳細なリポートを打電。そして五月十五日には「侵攻開始は六月二十日から二十二日」と伝え、五月十九日には「侵攻兵力は一五〇個師団から成る九個軍」と報告。開戦一週間前にも「六月二十二日」の日付をあらためて送信した。

もちろん、ソ連の諜報員はゾルゲ以外にも数多く存在した。後にクルスクへのドイツ軍の攻勢情報を通報したことにより、ゾルゲに次ぐ知名度を得ることになる「ルシー」ことルドルフ・レスラーは、ベルリンで知り合った反ナチのドイツ陸軍高官らを通じてスイス国内で情報を収集し、六月中旬には侵攻の日付や作戦計画等の情報をモスクワに送っている。また、「ドーラ」の暗号名を持つハンガリー人アレクサンデル・ラドも、スイス国内で書店経営の傍ら秘密諜報活動に従事し、二月二十一日には一〇〇個師団を超えるドイツ軍部隊が東部国境に展開予定との情報を、モスクワのGRU本部へと通報していた。

彼らと同じくGRU所属の諜報員レオポルト・トレッペルが欧州全域に展開した諜報網「赤いオーケストラ」は、空軍元帥ゲーリングの寵愛《ちょうあい》を受ける航空省将校ハッロ・シュルツェ＝ボイゼンや、経済省参事官で科学者のアーフィト・ハルナック博士、外務省参事官ルドルフ・フォン・シェリハら、ドイツの政府機関の中枢に近い人物を通じてドイツ軍の対ソ侵攻計画に関する情報を入手する一方、ブリュッセルのGRU支部長ヴィクトル・ソコロフとも連携して、広範囲にわたる精度の高い情報をモスクワに送り続けた。

ルーマニアの「ABCグループ」、ブルガリアのヴラジーミル・ザイモフ、チェコのレオニード・ミハイロフなどのGRU要員たちも、ヒトラーの対ソ侵攻の準備状況を刻々と打電した。また、これらの諜報員を統轄するGRU局長フィリップ・ゴリコフは、三月二十日、ドイツ軍のソ連侵攻を想定した詳細な報告をスターリンに提出した。

公式の外交ルートを通じた警告では、一九四一年三月に米国務長官コーデル・ハルが、四月には英首相ウィンストン・チャーチルが、それぞれ自国の情報機関が収集したドイツ軍の対ソ侵攻に関する具体的な情報を、ソ連側に伝えている。

その他、ドイツ駐在ソ連武官ヴァシリー・トゥピコフ少将とニコライ・スコルニャコフ空軍大佐、イギリス駐在武官イワン・チェルヌイ少将、ヴィシー仏駐在武官イワン・ススロパロフ少将、ハンガリー駐在武官アレクサンドル・サモーヒン少将ら大使館付武官からの報告も、ドイツ軍による対ソ侵攻計画の概要を知らせる具体的なものだった。

だが、スターリンはこれらの警告を全て無視して、実際にドイツ軍の侵攻が開始される瞬間まで、ソ連赤軍にドイツ軍の侵攻への本格的な準備を行わせることを拒絶し続けた。

一体、彼の脳裏にはどのような考えが存在していたのだろうか？

《スターリンは「愚か者」だったか》

◆独ソ戦史における最大の謎

独ソ開戦直前期のソ連政府首脳部における軍事的・政治的な判断や状況認識は、現在までの研究により、その大半が明らかとなっている。だが、最も重要な核心とも言えるひとつの問題についてだけは、今なお研究者による推測の域を出ていない。

それは、ドイツ軍の侵攻開始を目前に控え、各方面から戦争の勃発を予告する情報が充分すぎるほどの精度で届けられていたにもかかわらず、ソ連邦の独裁者スターリンが有効な戦争準備の方策を赤軍の前線部隊に下さなかった「真の動機」という問題である。

一九四〇年代後半から八〇年代前半までの、いわゆる「東西冷戦」の時代には、悪名高い独裁者スターリンの政策判断に対する西側研究者の評価は、芳しいものではなかった。実際、二〇世紀の後半に出版された、独ソ戦に関する研究書の大半は、各方面から寄せられた警告に対してスターリンが耳を塞ぎ、戦争に対する備えを怠った理由について、特に明確な根拠を明示することなく、独裁者特有の頑迷さや自己過信、あるいは対独戦を回避できると信じたスターリンの愚かさ・浅はかさであったと簡単に説明している。

確かに、一九四一年の五月から六月にかけて、スターリンがドイツとの関係を改善しようと努力していた事実は、旧ソ連の公文書や証言で裏付けられている。例えば、一九四一年五月四日、スターリンは人民委員会議議長（首相）の座をモロトフから取り上げて自らが後任となったが、この突然の首相就任は、ドイツ政府との折衝に自らが乗り出す意向をドイツ側に明確に示すための「外交的なシグナル」であったとの解釈が有力である。

だが、外交面での融和策がもたらした成果の有無はともかく、ドイツ側がソ連を攻撃する「口実」として利用できるような「偶発による交戦」を回避するために、赤軍の前線部隊に一切の臨戦態勢をとらせなかったという説明は、軍事的な行動原理という点では何の説明にもなっていないばかりか、独ソ戦前後の時期におけるスターリン自身の行動や発言という歴史的事実とも全く整合しておらず、充分な説得力を備えた説とは言い難い。

例えば、一九三九年九月のドイツ軍によるポーランド侵攻や、同年十一月におけるソ連軍の対フィンランド戦争開始に際し、ドイツとソ連は共に、敵側が先に自国を攻撃したという事件を捏造《ねつぞう》していたことが、今では明らかにされている。それを考慮すれば、わずか二年前に開戦口実を「捏造」した経歴を持つスターリンが、敵に口実さえ与えなければ戦争勃発を回避しうると信じていたという説明は、論理的には成り立たないからである。

スターリンの不可解な行動についての解釈には、右に掲げた「ドイツ側に対する場当たり的な宥和策の結果だった」とする説とは別に、「独ソ間の緊張を高めようとするイギリスの謀略をスターリンが警戒したことによる過剰反応だった」とする仮説も存在する。

当時のソ連は、ドイツと英仏両国の戦争を遠くから眺めて漁夫の利を得る立場にあり、一九四〇年六月にフランスが崩壊した後は、イギリス一国がヒトラーに立ち向かっている状況だった。そのため、国家存亡の危機に立たされたイギリスが、英国本土上陸に向けたドイツ軍の戦争努力を東方へと逸《そ》らす目的で、ソ連によるドイツへの侵攻計画や、ドイツによるソ連への侵攻計画という流言を世界各地で広めて、独ソ両国政府に相手国への疑心暗鬼を生じさせ、遂には両国を戦争状態へと追いやろうと画策しているに違いない、とスターリンが警戒していたというのが、この仮説の要旨である。

◆スターリンを混乱させた二つの出来事

ソ連崩壊直後に刊行された、内務人民委員部（NKVD：独ソ戦当時のソ連側秘密情報機関）幹部の回想録によれば、彼らは一九四一年の初頭から戦争勃発の直前まで、イギリスの秘密諜報機関SIS（別名軍事情報第6部：MI6）が欧米の主要都市で流布していた「噂」をキャッチし、分厚いファイルに綴じ込んでクレムリンに提出していた。

その「噂」の内容とは、「ドイツの英国本土侵攻作戦の開始に合わせて、ソ連は背後からドイツに攻め込む準備を進めている」または「ソ連は近い将来にポーランド南部に対して先制攻撃を仕掛ける」というものだった。

もし、これをヒトラーが本気で信じて英国本土上陸を放棄し、攻撃の矛先を東方に向けるようなことがあれば、ソ連にとっては大きな損失である。それゆえ、スターリンはこれらの「噂」が事実無根であることをヒトラーに示すために、不必要なほど融和的で無防備な姿勢を見せざるを得なかったのだという仮説は、異常なほどに猜疑心《さいぎしん》の強かったスターリンの性格を考えれば、論理的には一定の整合性を備えているようにも見える。

だが、ドイツ側の対ソ侵攻意図という難問に対するスターリンの情勢判断は、戦争直前の同時期に発生した二つの出来事によって、さらに混乱させられることとなった。

一つは、一九四一年五月十日に起こったヒトラーの腹心ルドルフ・ヘスによる、英国への単独亡命飛行である。対ソ戦を目前に控えたこの時期に、副総統ヘスが危険を冒してまでイギリスへと渡った理由については、ヘス自身の個人的な友人を通じて英政府との間で和平交渉を行おうとしたとする説が有力（この事件に関する英政府の公文書はいまだ非公開となっている）だが、スターリンがヘス渡英という重大事件をどう解釈したかについて、信頼できる記録は今のところ見つかっていない。

そして、もう一つは駐モスクワのドイツ大使シューレンブルクが、本国の指示とは無関係に独自の判断で行った、独ソ戦の勃発を避けようとする個人的な努力だった。シューレンブルクは、ヒトラーの承諾を受けることなく、一九四一年五月五日から十二日までに計三回の秘密会合をソ連外務省高官と開き、その席で「スターリンが私的な書簡をヒトラーと日伊両国の首脳に送付すれば、独ソ戦争は回避できるはずだ」と提案していた。

このシューレンブルクの提案に対して、スターリンがどのような反応を示したかについても明確な記録がなく、提案の影響力についても判然としない部分が残る。一説には、独ソ開戦直前の五月中旬にヒトラーとの間で実際に書簡を交換したとも言われる（ジューコフ側近の証言）が、その裏付けとなる文書や書簡の実物はまだ見つかっていない。

だが、謀略に長けたスターリンが、実体のよくわからない一連の政治的事件や、諜報機関から寄せられる情報を「深読み」しすぎた結果、事態を必要以上に複雑に解釈してしまい、その結果として史実のような不可解で非合理的な振る舞いを見せたという可能性は、きわめて低いにせよ完全に否定することはできない。人間の行動を引き起こす動機は、必ずしも論理的・合理的に整然と説明できるものであるとは限らないからである。

◆対独「先制攻撃計画」説の登場

二〇世紀末にソ連崩壊という歴史的事件が発生した際、新生ロシアへの政治的転換期において、旧ソ連時代の機密情報が西側の研究者に対して広く公開された時期があった。先に述べた、当時のソ連赤軍による対ドイツ先制攻撃計画に関するメモや草稿も、多くはこの時期にロシアの公文書館で「発見」され、光を当てられたものである。

こうした新史料を駆使して、当時の事実関係についての全面的な見直し作業を行った一部の歴史家は、ヴァシレフスキーによる先制攻撃計画案の草稿とスターリンの消極的態度を結びつけ、スターリンはソ連軍の攻撃予定日（一九四一年七月ないし八月）まで開戦を遅らせるために、軍事的な予防措置を全くとらなかったのだとする仮説を提示した。

しかし、開戦直前のソ連赤軍の内情に目を向けてみれば、彼らが一九四一年六月から数か月以内に、ポーランドやルーマニアへの全面的な軍事侵攻を行う準備を進めていたとの仮説とは全く合致しない状況証拠を、数多く見つけることができる。

まず、独ソ戦が勃発した当時、ソ連軍の機械化部隊と後方支援部隊は、兵員や補給物資を輸送するためのトラックの不足に苦しんでおり、各軍管区が保有するトラック総数の約三割は、何らかの修理を必要としていた。例えば、キエフ軍管区に展開した第212自動車化狙撃兵師団（第19機械化軍団所属）の場合、有事には兵員輸送用のトラックを民間から徴発する予定になっていたため、独ソ開戦直後に実施された反撃に参加する際、兵士の多くは最前線を目指して一九〇キロ以上の距離を徒歩で踏破しなくてはならなかった。

各装輪車輌が装着しているタイヤも、長い間交換されていないために摩耗が激しく、ソ連軍の輸送部隊と自動車化部隊は、大規模攻勢に必要となる膨大な補給物資を前線へと定期的に輸送することなど望むべくもない悲惨な状態にあった。

ドイツ軍はソ連への侵攻開始に際し、東部国境地帯に膨大な数の補給物資を集積したのに加えて、前線部隊に弾薬や燃料を補給するために大量の輸送トラックを準備していた。北方軍集団を例にとれば、東プロイセン領内にあるティルジットとグンビンネンの倉庫に二万八〇〇〇トンの弾薬と四万五〇〇〇トンの食糧、そして四万トンの燃料を備蓄し、二万トンの総積載能力を持つトラック輸送部隊が同軍集団に配属されていた。

一方、ソ連側も同じようにして、独ソ開戦直前期に大規模な補給物資の集積所を国境付近にいくつも開設したが、その理由はドイツ軍の場合とは大きく異なっていた。ソ連軍の内部では、前記したように補給物資を各部隊に運ぶためのトラックが致命的なほどに不足していたため、前線付近の部隊に弾薬や燃料を供給するためには、物資を至近距離に集積して、トラックの移動距離を限界まで短縮しておかなくてはならなかったのである。

ちなみに、国境線を挟んだ独ソ双方の領土では、使用している鉄道線のゲージ（軌道＝レール二本の間隔）が異なっており、国境沿いの停車場から先では相互の乗り入れは不可能だった。史実では、ソ連領内に侵入したドイツ軍は軌道の変換作業に手こずり、補給物資の鉄道輸送を効果的に行うことができず、これがドイツ軍の進撃（特に北方軍集団）にブレーキをかける効果をもたらした（次章で詳述）ことはよく知られている。

また、ソ連軍の先制攻撃計画においては、ドイツ南方軍集団と対峙《たいじ》するキエフ軍管区の配備部隊が攻勢の主力を担うはずだったが、同軍管区に展開する狙撃兵師団と機械化軍団は共に、既に述べたように人員と装備の両方で定数を大きく割り込んだ状態にあり、段階的な動員が進められていたとはいえ、定数を満たすには数か月以上を要する状況だった。

果たして、スターリンは本当に、ドイツに対する全面的な軍事侵攻作戦を、一九四一年七月六日（先制攻撃計画説の先駆的研究者ヴィクトル・スヴォーロフの説に基づく対独侵攻開始予定日）または十五日（同じくミハイル・メルチューホフの説による開始予定日）に実施するつもりだったのだろうか？

◆開戦に間に合わなかった戦闘準備命令

軍事的見地から思考実験を進めた場合、ドイツ軍の対ソ侵攻作戦についての具体的な計画内容を探知した後も、ソ連側が敵国に対する「攻撃計画」の準備のみを行い、予想される敵の侵攻に対する備え(防御態勢の強化)を一切放棄するというのは、あまりにもリスクが高く、現実にはありえない選択肢である。

もし仮に、ソ連側が一九四一年七月ないし八月前後にドイツを攻撃する計画を進めている途中の段階で、ドイツ軍が同年六月下旬に対ソ侵攻を開始するとの確実な情報が得られたなら、スターリンと赤軍首脳部がとるべき方策は二つしかない。

一つは、ドイツおよびその同盟国(ルーマニア、ハンガリー)に対する侵攻開始を、六月上旬ないし五月に前倒しすること。もう一つは、ソ連側が定めた攻勢開始予定日の七月ないし八月まで、ドイツ軍の全面的な侵攻を食い止められるだけの予備兵力を、国境から一定の距離を置いた地点で縦深に配備して急造の陣地を構築させ、二か月間程度の「遅滞作戦」を実行させることである。敵が先手を打って自国を攻撃した場合、自軍が反撃に転じるまでの間、敵の侵攻兵力を何らかの物理的な方法で阻止しておかなくてはならない。

しかし、史実でスターリンがとった行動は、このいずれとも異なるものだった。

一九四一年六月十三日、国防人民委員ティモシェンコ元帥は、西部国境地帯に展開する各部隊に戦闘準備をとらせ、防御陣地に展開させるよう進言したが、スターリンは「検討

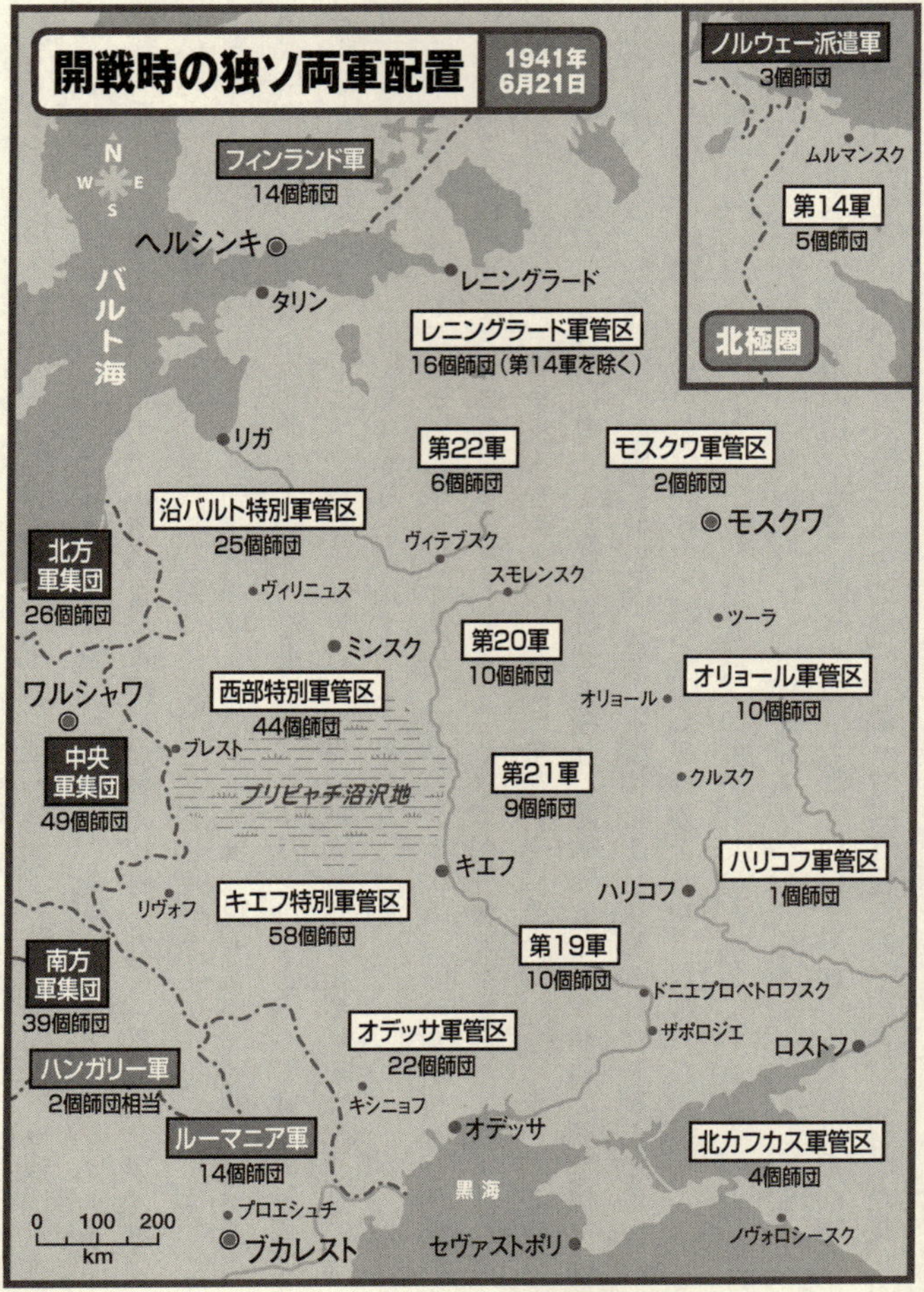
開戦時の独ソ両軍配置
1941年
6月21日
フィンランド軍
14個師団
ヘルシンキ
バルト海
タリン
レニングラード
レニングラード軍管区
16個師団（第14軍を除く）
ノルウェー派遣軍
3個師団
ムルマンスク
第14軍
5個師団
北極圏
リガ
第22軍
6個師団
モスクワ軍管区
2個師団
沿バルト特別軍管区
25個師団
モスクワ
北方
軍集団
26個師団
ヴィテブスク
スモレンスク
ヴィリニュス
ツーラ
ミンスク
第20軍
10個師団
ワルシャワ
西部特別軍管区
44個師団
オリョール
オリョール軍管区
10個師団
中央
軍集団
49個師団
ブレスト
プリピャチ沼沢地
第21軍
9個師団
クルスク
キエフ
ハリコフ軍管区
1個師団
ハリコフ
リヴォフ
キエフ特別軍管区
58個師団
第19軍
10個師団
南方
軍集団
39個師団
ドニエプロペトロフスク
ザポロジエ
ロストフ
オデッサ軍管区
22個師団
ハンガリー軍
2個師団相当
キシニョフ
オデッサ
ルーマニア軍
14個師団
北カフカス軍管区
4個師団
黒海
0 100 200
km
プロエシュチ
ブカレスト
セヴァストポリ
ノヴォロシースク

する」と答えただけで、明確な指示を出そうとはしなかった。翌六月十四日、ソ連国営タス通信は、対ソ国境に集結しているドイツ軍部隊の存在や、世界中で流布している「独ソ開戦間近」との噂を指摘した上で「そのような噂には何の根拠もなく、独ソを戦争状態に追い込もうとする勢力（イギリス）の謀略である」との声明を発表した。

そして、開戦前日の六月二十一日深夜、越境したドイツ軍の脱走兵が、翌朝の対ソ侵攻作戦についての情報をもたらしたとの報せを受けたスターリンは、ようやく戦争の準備に着手した。彼は、午後一一時三〇分に国境付近の防御態勢の強化を指示する次のような命令文書に署名すると、前線の各部隊に伝達するよう命じた。

「一九四一年六月二十二日から二十三日の間に、レニングラード、沿バルト特別、西部特別、キエフ特別、オデッサの各軍管区において、ドイツ軍が奇襲攻撃を実施する可能性がある。しかしわが軍は、戦争拡大を招くような敵の挑発行為に乗ってはならない。各軍管区の部隊は、敵の不意打ちに備えて戦闘部隊を展開し、防御陣地と空軍基地の航空機には偽装を施すこと。防空部隊に臨戦態勢をとらせ、主要都市や目標物の灯火管制を準備すること。ただし、特別の指示がない限り、上記を超える行動をとってはならない」

参謀総長第一代理のヴァトゥーティン中将は、この命令文書を携えてクレムリンから参謀本部に戻り、六月二十二日の午前〇時三〇分に各軍管区への送信を完了した。だが、この命令を受け取った各段階の司令部は、暗号で発信された内容を解読するのに貴重な時間を費やしてしまう。西部特別軍管区司令部は、午前一時四五分に命令内容を理解した後、再び暗号に変換して、午前二時三五分に配下の軍司令部へと転送した。

国境の防備を統括する各軍司令官の手許に命令が届いたのは、現地時間の午前三時前頃だった。軍司令部の将校は、上から伝えられた命令をさらに配下の軍団司令部と師団司令部へと伝達せねばならなかったが、彼らにはもはや、その時間は残されていなかった。

それからわずか一五分後に、ドイツ空軍の爆撃が開始されたからである。

第二章

ドイツ軍の電撃的侵攻

（一九四一年六月～一九四一年十一月）

《白ロシアとバルト三国の電撃戦》

◆ブレスト要塞の攻略

一九四一年六月二十二日の午前二時頃、先のポーランド分割と共に、新たに独ソの国境となったブーク川畔の要塞都市ブレストの傍らを、一本の貨物列車が通過していった。二年前に締結された経済協定に基づき、ソ連産の石油や鉱物、穀物などを満載した列車は、ゆっくりと鉄橋を渡ってブーク川を越え、ドイツ領内へと姿を消した。

それから一時間十五分が経過した午前三時一五分（現地時間）、バルト海から黒海に至る三〇〇〇キロの独ソ国境線で、ドイツ軍の各種火砲七二〇〇門が火を噴き、続いて東部国境に集結したドイツ軍将兵三〇五万人が、戦車三三五〇輛と各種輸送車輛六〇万台、馬《ば》匹《ひつ》六二万五〇〇〇頭を伴って、ソ連領内へと足を踏み入れた。

四年にわたる巨大なる戦争――独ソ戦の火蓋が切って落とされたのである。

二分後の午前三時一七分、ソ連邦の首都モスクワにあるソ連国防人民委員部（国防省）執務室の電話が鳴り響いた。電話の主は黒海艦隊司令官のオクチャブリスキー提督で、所属不明の航空機多数が接近中との報告だった。続いて、西部特別軍管区参謀長クリモフスキフ大将、キエフ特別軍管区参謀長プルカイエフ大将、沿バルト特別軍管区参謀長クズネツォフ大将から次々と電話が入り、各軍管区の諸都市にドイツ軍の航空機が飛来していると報告された。

遂に戦争が始まったと確信したスターリンは、すぐさま国境付近の部隊による反撃開始を命じるようティモシェンコに命じた。午前七時一五分、この反撃命令は国防人民委員部指令第2号として赤軍の全部隊に発令されたが、その頃には前線の各部隊間の通信網はドイツ軍の奇襲攻撃と爆撃によって分断されており、孤立した部隊は全体の情勢を把握することもできないまま、個々の担当地区で必死の防戦を繰り広げていた。

前線付近に配備されていたソ連軍の航空機は、ドイツ空軍の奇襲によって離陸する暇も与えられずに各地の飛行場で撃破され、西部特別軍管区に配備されていた第9混成航空師団の場合、配備機数四〇九機のうち三四七機を初日に失うという大損害を被った。

瞬く間に全戦線の制空権を掌握したドイツ軍は、プリピャチ沼沢地《しょうたくち》以北の戦域で次々と穿《うが》たれた突破口から、装甲師団と自動車化歩兵師団をソ連軍前線部隊の背後へと突進させる一方、国境付近の重要拠点を奪取するための歩兵師団による近接突撃を開始した。

その中でも、特にドイツ軍首脳部の関心を集めていたのが、フォン・ボック元帥率いるドイツ中央軍集団（Heeresgruppe Mitte）の担当戦区に位置するブレスト＝リトフスク要塞の攻略だった。

水路と城壁で囲まれた前時代的な構造のブレスト要塞そのものには、特に戦略的な価値はなかったが、要塞内に据えられたソ連軍の大砲は、中央軍集団の兵站《へいたん》輸送で中心的な役割を担う鉄道線の鉄橋や舗装道路を射程範囲内に収めていた。それゆえ、ドイツ軍はこの要塞を一刻も早く沈黙させる必要に迫られていたが、頑強な要塞の攻撃は近代的な「電撃戦」の戦術とは相容れないもので、ブレスト要塞のソ連軍守備隊を一掃するためには、火砲や航空機の爆撃による支援を受けた歩兵の肉弾突撃を行うしか術はなかった。

ブレスト要塞への総攻撃という大役を任されたのは、シュリーパー少将率いるドイツ軍第45歩兵師団だったが、最初の数日間は、水路で囲まれた要塞島への突入に苦戦して大きな損害を被った。わずか四平方キロのブレスト要塞を破壊するため、第2航空艦隊の爆撃機は六月二十九日に五〇〇キロ爆弾と一八〇〇キロ爆弾を投下してコンクリート製の防御施設を破壊し、六月三十日にようやくブレスト要塞の大部分を制圧することに成功した。

◆グデーリアン装甲集団の快進撃

侵攻第一撃におけるドイツ中央軍集団の全般的な作戦目標は、ビャリストク突出部の正面に布陣した第9軍（シュトラウス上級大将）と第4軍（フォン・クルーゲ元帥）の歩兵師団群が国境付近の敵部隊を拘束しつつ、北翼の第3装甲集団（ホート上級大将）と南翼の第2装甲集団（グデーリアン上級大将）が迅速な突破作戦を行って、白ロシア（ソ連邦を構成する共和国の一つ、現在のベラルーシ）に広く展開するソ連第3軍（クズネツォフ中将）、第4軍（コロブコフ少将）、第10軍（ゴルベフ少将）の三個軍を丸ごと包囲・殲滅《せんめつ》するというものだった。

第3装甲集団に所属する第39装甲軍団（戦車四九四輛）は、開戦と同時に目覚ましい進撃を行い、六月二十二日のうちにアルィトスでニェマン川を渡河、六月二十四日には要衝ヴィリニュスを占領した後、六月二十六日には先頭部隊が白ロシアの首都ミンスクの街へと入った。その隣では、第57装甲軍団（同四四八輛）が、ソ連第3機械化軍団（同六七二輛）の局地的な反撃を粉砕して西ドヴィナ川の上流方向へと進撃を行い、第5軍団と第6軍団は両装甲軍団の背後に残る敵部隊の掃討作戦に従事した。

一方、第2装甲集団の戦区では、第24装甲軍団（同三九二輛）と第47装甲軍団（同四一一輛）が、潜水装置付きのⅢ号戦車を先頭にブーク川を渡河後、ソ連第28狙撃兵軍団が守るブレスト要塞の周辺地域を迂回《うかい》して、ミンスクに向かう街道を東へと突進した。途中、オボーリン少将率いるソ連第14機械化軍団（同五三四輛）の反撃に遭遇したものの、この軍団は旧式の戦車しか保有しておらず、人員充足率は定数の五割、しかも兵士の練度も低かったため、六月二十五日までにドイツ軍との交戦でほぼ全ての戦車を失ってしまった。

苦もなく障害を取り除いた第2装甲集団の二個装甲軍団は、同日中に街道上の街バラノヴィチを占領し、六月二十八日には第47装甲軍団がミンスクで第3装甲集団の先遣部隊と合流、第24装甲軍団はベレジナ川沿いのボブルイスクに進出した。そして、同装甲集団の予備である第46装甲軍団（同一八二輛）もブレスト＝ミンスク街道に沿って前進し、ドニエプル川渡河作戦に備えてミンスク周辺で待機させられた。

この二個装甲集団の間隙部では、ドイツ第9軍所属の第8軍団、第20軍団、第42軍団が北側から、第4軍所属の第7軍団、第9軍団、第43軍団、第13軍団が南側から、装甲軍団の穿った突破口から前進して、歩兵二〇個師団でソ連第3、第4、第10軍の主力部隊を締め上げる巨大な包囲環を形成した。

これに対し、ソ連西部方面軍は第11機械化軍団（同一二四三輌）、第6機械化軍団（同一〇二二輌）、第13機械化軍団（同二九五輌）を用いて包囲陣の突破を試みたものの、制空権をドイツ側に握られている状況下では満足な連携攻撃もできず、逆に急降下爆撃機の執拗な空襲で分散させられたところを各個撃破されてしまった。

ソ連軍戦車兵の多くは、配属されたばかりの新型戦車（T34およびKV）の操作法を充分に会得しておらず、誤った操作で内部機構を破損させるなどの理由により、せっかくの新型戦車を戦わずして放棄するという悲惨な事態が各地で続発していた。

結局、ソ連第3、第4、第10軍は、一部の兵員が装備を捨てて第2装甲集団と第4軍の間隙部からプリピャチ沼沢地方面へと脱出したが、戦闘部隊としての組織は事実上失われ、開戦時には六二万七〇〇〇人を擁していたソ連西部方面軍は、わずか一週間の戦闘で地図上から消滅した。約二〇万人の将兵が、装備を失って東へと敗走し、二八万七〇〇〇人が敵の捕虜となり、二五八五輌の戦車と一四四九門の火砲がドイツ軍の手に落ちた。

そして、西部方面軍（旧西部特別軍管区）司令官のパヴロフ上級大将は、惨敗の責任を負わされて六月二十九日にモスクワへと召喚され、勲章と階級剝奪《はくだつ》の上で銃殺された。

◆ドイツ北方軍集団の突進

レニングラードの迅速な占領という戦略目標を与えられた、フォン・レープ元帥率いるドイツ北方軍集団（Heeresgruppe Nord）には、北から順に第18軍（キュヒラー上級大将）、第4装甲集団（ヘープナー上級大将）、第16軍（ブッシュ元帥）の計三個軍、二六個師団（予備部隊含む）の兵力が割り当てられていた。このうち、序盤の作戦で最も重要な役割を担ったのが、第4装甲集団に所属する第41と第56の二個装甲軍団だった。

対ソ侵攻作戦「バルバロッサ」の第一段階における第4装甲集団の任務は、国境とレニングラードのちょうど中間付近を流れる西ドヴィナ川（ドイツ側呼称デュナ川）の橋梁を迅速に奪取して、後続の補給部隊が滞りなく川を渡ることのできる経路を確保しておくことだった。大規模な軍隊の補給路として使用可能な鉄道橋は、リガとダウガヴピルス（同デュナブルク、ソ連側呼称ドヴィンスク）の二か所しかなく、もしソ連軍がこれらの鉄橋をドイツ軍が到着する前に爆破してしまったなら、ドイツ軍は架橋のために余分な日数を費やすこととなり、ソ連軍に川沿いの防衛線を構築する時間を与えるのみならず、レニングラードへの電撃的侵攻という当初の計画が根底から揺らいでしまうことになる。

そのため、ラインハルト装甲兵大将の第41装甲軍団（戦車三九〇輛）は、ティルジットからシャウリアイへと通じる街道を突進した後、西ドヴィナ川の渡河点であるクルストピルス（ドイツ側ヤコプシュタット）へ向かい、フォン・マンシュタイン歩兵大将率いる第

56装甲軍団（同二一二輛）はアリョーガラを通過していったん東へと進撃した後、カウナス＝デュナブルク街道を利用してデュナブルクに入るという計画が立案された。

一方、ドイツ軍の攻勢を受けて立つフョードル・クズネツォフ中将率いるソ連北西方面軍（旧沿バルト特別軍管区）は、第一線にソベンニコフ少将の第8軍（狙撃兵五個師団と第12機械化軍団）およびモロゾフ中将の第11軍（狙撃兵八個師団と前出の第3機械化軍団）を配し、第二線として西ドヴィナ川とタリンの間にベルザーリン少将の第27軍（狙撃兵五個師団）を控置《こうち》していた。しかし、第一線と第二線の間は二〇〇キロ以上も離れており、歩兵のみで編成されたソ連第27軍は、ドイツ軍部隊が第一線を突破した時、その穴を素早く塞ぐための機動的な対応力を持たなかった。

一九四一年六月二十二日の作戦開始初日、マンシュタインの第56装甲軍団は教科書通りの奇襲突破作戦を成功させ、機動力を活かした迅速な進撃により、その日の夜には国境から八〇キロのアリョーガラを占領した。一方、ラインハルトの第41装甲軍団は、アリョーガラ西方のロッシェニエという村の付近でソ連第3および第12機械化軍団の大規模な反撃に遭遇し、東部戦線で最初の本格的な戦車戦が繰り広げられた。

この戦いでは、ソ連第3機械化軍団（クルキン少将）が保有する新型重戦車ＫＶ１型とＫＶ２型が少数ながら初めてドイツ軍の前に登場し、独軍の主力戦車が装備する五センチ砲や短砲身七・五センチ砲、対戦車部隊が装備する三・七センチ砲の砲弾を頑強な装甲でことごとく跳ね返して、第41装甲軍団に一時的な恐慌を引き起こした。しかし、ドイツ側

バルバロッサ作戦（北）
1941年6月22日
~7月9日
ドイツ軍の攻勢
0 50 100
km
N
W
E
S
ラドガ湖
レニングラード
フィンランド湾
タリン
ガッチナ
ムガ
キャルドラ
ナルヴァ
キンギセップ
チュードヴォ
ルガ川
ペイプス湖
ルガ
ノヴゴロド
ピャルヌ
タルトゥ
クレッサーレ
リガ湾
プスコフ
ドノ
ヴェンツピルス
バルト海
第41
装甲軍団
オストロフ
リガ
リェパヤ
クルストピルス
（ヤコプシュタット）
北西方面軍
クズネツォフ中将
第56
装甲軍団
ヴェリキエ・ルキ
第41
装甲軍団
第18軍
メーメル
シャウリャイ
ソ連邦
ダウガフピルス
（デュナブルク・ドヴィンスク）
西ドヴィナ川
第4装甲集団
第57
装甲軍団
ポロツク
ヴィテブスク
ケダイニャイ
第56
装甲軍団
ティルジット
第39
装甲軍団
ケーニヒスベルク
第16軍
カウナス
ヴィリニュス
オルシャ
ニエマン川
西部方面軍
パヴロフ上級大将
北方軍集団
レープ元帥
スヴァルキ
第3
装甲集団
ボリソフ
第47
装甲軍団
モギレフ
東プロイセン
（ドイツ）
リダ
ソ連
3個軍
壊滅
ミンスク
第46
装甲軍団
ドニエプル川
第9軍
グロドノ
ボブルイスク
ビャリストク
バラノヴィチ
ポーランド
（ドイツ）
第24装甲軍団
ジュロビン
第2
装甲集団
ワルシャワ
第4軍
ルニネツ
ピンスク
ブレスト
中央軍集団
ボック元帥
ブーク川
プリピャチ沼沢地
6月21日の戦線
6月29日の戦線
7月2日の戦線
7月9日の戦線

は機動力を駆使した包囲戦術と、空軍の高射砲大隊が持つ八・八センチ高射砲の水平射撃でようやくこの怪物戦車を仕留め、四日間にわたる激戦に終止符を打つことができた。

◆早くも露呈した兵站面の不安

ドイツ北方軍集団の先頭を進むマンシュタインの第56装甲軍団は、作戦開始五日目の六月二十六日、ソ連兵に偽装した特殊部隊「ブランデンブルク連隊」の助けを借りて、デュナブルクの重要な鉄道橋と道路橋を使用可能な状態で占領（鉄道橋はソ連側の爆破により一部損壊したものの通行は可能）し、レニングラードを目指すドイツ軍は最初の関門を突破した。だが、一日平均七〇キロという目覚ましい進撃を見せた第56装甲軍団は、それから五日間、橋頭堡《きょうとうほ》から一歩も動けないまま、停止することを余儀なくされてしまう。

その理由は、後続の歩兵部隊と補給段列が、第56装甲軍団の早すぎる進撃に全く追随できていないことにあった。とりわけ深刻だったのは、兵站面での状況悪化だった。歩兵の移動速度については、追いつくまでしばらく待つことで解決できたが、補給物資の輸送システムが有効に機能していないという問題は、北方軍集団の作戦継続能力を根本から脅かすことを意味したからである。

バルバロッサ作戦におけるドイツ軍部隊の補給は、参謀本部に所属する「兵站総監部在外機関」と呼ばれる実務組織によって管理されており、北方軍集団担当の「在外機関」責任者トッペ少佐は、一日当たり三四本の列車を運行する必要があると計算した。しかし、侵攻開始後に実際に走らせることができたのは、一八本前後に過ぎなかった。

鉄道の利用が滞った原因はいくつも存在した。前述した通り、ドイツとソ連では線路の軌間が異なっており、機関車や貨車の相互乗り入れを可能にするためには、ソ連側の軌間をドイツ式に変更しなくてはならなかったが、七月十日までに北方軍集団戦区で変更できたのは、わずか四八〇キロ分に過ぎなかった（西ドヴィナ川と国境の中間に存在する鉄道線は、進撃方向に沿った幹線だけでも六〇〇キロ以上）。また、複数の路線が「接続」せずに「交差」している（つまり直接の乗り入れが不可能で、貨車から貨車へと積み荷を載せ替えなくてはならない）という線路網の貧弱さのために、物資の積み替え駅では深刻な渋滞が発生し、ただでさえ負担の大きい輸送部隊の人員をさらに混乱させていた。

だが、ドイツ北方軍集団に与えられた時間は刻一刻と経過しており、いつまでも事態の改善を待っているわけにもいかなかった。輸送機による燃料の空輸を受け取った第4装甲集団の二個装甲軍団は、七月二日の午前三時、レニングラードへの進撃を再開した。

その頃、北方軍集団のさらに北に位置する北極圏の戦線では、六月二十二日にフィンランド領からソ連領内へと足を踏み入れたドイツ軍のノルウェー山岳兵軍団が、一週間以上かけて苛酷な起伏地を踏破した後、七月上旬からソ連第14軍（フロロフ中将）に所属する二個狙撃兵師団と交戦していた。しかし、満足な道路もない場所で、糸のような補給線に頼る山岳兵軍団の攻撃はすぐに先細りとなり、七月十七日にはムルマンスクまで四五キロの地点で停止を余儀なくされ、間もなく攻撃中止が決断された。

フィンランド戦線の中央部では、ムルマンスク港からソ連内陸部へと通じる重要な鉄道線を遮断する任務を帯びたドイツ第36軍団とフィンランド第3軍団が、ソ連第42狙撃兵軍団の二個狙撃兵師団に攻撃を仕掛けたが、いずれも大きな前進は成し遂げられず、やはり補給物資の枯渇《こかつ》によって作戦の停止を強いられていた。

一方、ラドガ湖の北側で六月二十九日に攻撃を開始した、カレリア軍（ハインリクス中将）に所属するフィンランド軍の三個軍団（第5、第6、第7）は、ソ連第7軍（ゴレレンコ中将）の三個狙撃兵師団を大きく後退させることに成功した。そして、ラドガ湖の西側では、フィンランド軍の第2および第4軍団が、ソ連第23軍（プシェンニコフ中将）に所属する第19狙撃兵軍団と第50狙撃兵軍団を攻撃し、レニングラードに向けて戦線を少しずつ押し進めていった。

《ウクライナでのソ連軍の反撃》

◆重荷を背負わされた南方軍集団

ドイツ軍の三個軍集団のうち、最も南に位置するゲルト・フォン・ルントシュテット元帥のドイツ南方軍集団（Heeresgruppe Süd）は、侵攻の第一段階において、西部ウクライナを横断してキエフ市を攻略するという作戦目標を割り当てられていた。だが、彼らは他の軍集団と比較すると、軍事面における不利な条件をいくつも背負わされていた。

まず第一に、南方軍集団の戦区では、強力な装甲部隊を侵攻第一撃に投入することができなかったこと。同軍集団に配属されていた装甲部隊の多くは、前記したユーゴスラヴィアとギリシャでのバルカン侵攻作戦に従事しており、当初の予定期日までにポーランド南部の出撃地点へと移動することができなかった。そのため、南方軍集団戦区での第一撃は、第6軍と第17軍の歩兵部隊だけで実行しなくてはならなくなった。

第二に、攻撃の中核を担う装甲集団が一個しか割り当てられず、またルーマニア領内に配備されていた第11軍は七月一日まで防御任務に就くよう命じられていたため、中央軍集団が白ロシアで成功させたような形で、リヴォフ突出部に対する大規模な挟撃作戦を行うことは不可能だったこと。これは、敵兵力の早期撃滅というバルバロッサ作戦全体の戦略目標を考えれば、きわめて重大な意味を持つハンデだと言えた。

第三に、ソ連側が開戦当時に保有していた戦車総数の約四分の一（四五二五輛）、新型のT34とKVに限れば実に半数以上（七五八輛）が、ドイツ南方軍集団に対峙するキエフ特別軍管区（開戦後、南西方面軍に改組）に配備されていたこと。これらの敵戦車部隊の多くは、装備不足や指揮官の経験不足などの理由から、本来の戦闘力を発揮できない状態だったが、それでも迅速な進撃を要求されるドイツ軍にとって、狭い地域に集中配備されている大量の敵戦車部隊は、彼らの勢いを減殺する「鋼鉄の障害物」に他ならなかった。

そして第四に、開戦前夜の六月二十一日、ドイツ国防軍の脱走兵が国境のブーク川を泳ぎ渡ってソ連側に投降し、翌朝に実施される侵攻作戦の内容を通報していたこと。これにより、国境付近のソ連軍部隊は限定的ながら臨戦態勢を整えており、南方軍集団戦区では北方や中央軍集団戦区のような戦術レベルでの奇襲効果を得ることができなかった。

この戦区を管轄するソ連南西方面軍司令官のミハイル・キルポノス大将は、最前線から報告されるドイツ軍部隊の集結情報を吟味した上で、この投降兵が現れる一週間以上前からドイツ側の侵攻開始を予見しており、国境に面した部隊の態勢強化を繰り返しスターリンに進言していた。結局、この進言は聞き入れられず、キルポノスは不本意な形で開戦を迎えることとなったが、それでも他の戦区に比較すれば、ソ連軍部隊の指揮系統は奇襲による麻痺《まひ》に陥ることもなく、国境を越えたドイツ軍部隊は事前の予想を上回る、ソ連軍の頑強な抵抗に遭遇することとなった。

フォン・ライヘナウ元帥率いるドイツ第6軍の第17軍団と第44軍団は、六月二十二日の未明、重砲による準備砲撃に続いてゴムボートでブーク川を渡河し、ソ連軍の国境警備部隊と激しい銃撃戦を繰り広げながら、後続の第1装甲集団のために対岸の橋頭堡を確保することに成功した。午後になると、フォン・クライスト上級大将の第1装甲集団に所属する第48装甲軍団（戦車一四三輌）と第3装甲軍団（同一四七輌）、第29軍団が、対岸に進出してソ連軍の二個狙撃兵軍団（第15と第27）に襲いかかり、ソ連第5軍（ポタポフ少将）の戦線は大きく東へと圧迫された。

これに対し、キルポノスは開戦初日の未明に発令された国防人民委員部指令第2号に続く、新たな攻撃命令（指令第3号）に従い、反撃の準備に取りかかった。キルポノスは、スターリン直々の指令により「最高司令部代表」という肩書きでモスクワから急遽《きゅうきょ》、南西方面軍司令部へと派遣されたジューコフと相談した上で、第8、第9、第15、第19、第22の五個機械化軍団に、それぞれの反撃開始地点への移動を命令した。

しかし、ソ連南西方面軍に所属するこれらの機械化軍団は、装備戦車の数こそ多かったものの、すぐに実戦へと投入できる状態にはなかった。第9機械化軍団（戦車二八六輌）と第19機械化軍団（同二七九輌）は、保有する戦車師団二個のうち一個のみが臨戦態勢にあり、第15機械化軍団（同七三三輌）の場合は戦車を支援する第212自動車化狙撃兵師団と軍団砲兵を輸送する車輛をほとんど持たない状況にあった。

また、兵員の充足率も、第9機械化軍団と第19機械化軍団は共に定数の三割以下で、それぞれ実質的には一個戦車師団程度の戦闘力しか保持していなかった。

◆東部戦線で最初の大規模戦車戦

それでも、敵の進撃に直面したソ連南西方面軍に選択の余地は残されていなかった。キルポノスとジューコフは、開戦時の展開位置から二〇〇～四〇〇キロの行軍を経て、各地から戦場に到着した戦車部隊を再集結させ、六月二十六日の午前九時に第1装甲集団と第6軍の前線部隊に対する大反撃を実施させた。

まず、楔形《くさびがた》で東に向けて突出したドイツ軍部隊の北翼には、ロコソフスキー少将の第9機械化軍団とフェクレンコ少将の第19機械化軍団がロヴノ周辺で攻撃をかけ、南翼からはカルペゾ少将率いる第15機械化軍団とリャブイシェフ中将の第8機械化軍団がブロディ付近からドイツ第6軍の側面に突進する。そして、第22機械化軍団はルーツク北方でドイツ軍突出部の根元付近で戦線を突破し、第1装甲集団の背後を脅かす手筈となっていた。

非力な三・七センチ対戦車砲以外に、有効な対戦車兵器を持たないドイツ第6軍の歩兵師団は、ソ連軍の第8および第15機械化軍団が装備する新型戦車（T34およびKV1）に対抗できず、大きな損害を被った。だが、ソ連側もまた部隊間の連携のまずさから、初期の戦果を拡大することに失敗し、ドイツ軍を西へと退却させることはできなかった。

翌二十七日、ソ連側は再び態勢を整えて、ドイツ軍の前線部隊に襲いかかった。だが、

バルバロッサ作戦（南）
1941年6月22日
~7月9日
ポーランド
ブーク川
プリピャチ沼沢地
0 50 100
km
ルブリン
コヴェリ
サルヌイ
第6軍
コロステニ
ドニエプル川
南方軍集団
ルントシュテット元帥
ルーツク
ロヴノ
第1
装甲集団
キエフ
ラヴァ・ルースカヤ
シェペトフカ
ジトーミル
ファストフ
リヴォフ
ペレムィシュリ
テルノポリ
南西方面軍
キルポノス大将
プロスクロフ
第17軍
ソ連邦
ヴィニツァ
ジメリンカ
スタニスラフ
ウマーニ
ウジゴロド
カメニェツ・ポドリスク
ハンガリー
第8軍団
チェルノフツィ
ペルヴォマイスク
サトゥマレ
第11軍
ベリツィ
ルーマニア
第3軍
スチャワ
南部方面軍
チュレーネフ上級大将
ハンガリー
デジ
パシュカーニ
ヤッシ
キシニョフ
チラスポリ
クルジュ
バカウ
オデッサ
ルーマニア
第4軍
プルート川
ブラショフ
ガラツィ
イズマイル
ルーマニア
ブライラ
トゥルチャ
N
W
E
S
ドイツ軍の攻勢
ブザウ
ソ連軍の反撃
プロエシュチ
ブカレスト
6月21日の戦線
6月29日の戦線
7月9日の戦線
黒海
コンスタンツァ
ドナウ川
ジョルジュ

戦場に飛来したドイツ空軍の急降下爆撃機（シュトゥーカ）によって、戦いの流れは一変した。ソ連軍の戦車部隊は、行動の自由を奪われて混乱するうちに、陣形を立て直したドイツ軍の猛攻を受けて、劣勢に転じた。結局、六月二十九日までの四日間にわたり、ルーツクからロヴノに至る狭い地域で繰り広げられた大戦車戦は、僅差でドイツ軍の勝利に終わり、ボロボロになったソ連軍の機械化軍団は東のジトーミル方面へと脱出していった。

ドイツ第6軍と第1装甲集団の南では、フォン・シュトルプナーゲル歩兵大将の第17軍に所属する第4軍団と第49山岳兵軍団、第52軍団が、ソ連第6軍（ムズィチェンコ中将）所属の第6狙撃兵軍団と、第26軍（コステンコ中将）所属の第8狙撃兵軍団に対する攻撃を行い、六月三十日までに要衝リヴォフを占領することに成功した。この地区でも、ソ連側は第4機械化軍団（同八九二輛）による反撃を敢行したが、リヴォフの奪回には成功せず、ソ連第6軍と第26軍の生き残りは東方への退却を余儀なくされていた。

七月一日に入ると、ルーマニア領内に配置されていたドイツ第11軍（フォン・ショーベルト上級大将）の七個歩兵師団が、ルーマニア第3軍の騎兵および山岳兵軍団、第4軍団と共に攻撃を開始して国境のプルート川を押し渡り、前年にルーマニア領からソ連領となったばかりの北ブコヴィナ地方とベッサラビアを守る、チュレーネフ上級大将のソ連南部方面軍（オデッサ軍管区から改組）の右翼に襲いかかった。

ルーマニア方面からの攻撃が一定の成功を収めたことで、ソ連側はリヴォフ方面に突出していた戦線の縮小を余儀なくされ、第26軍の所属部隊はプロスクロフ周辺まで後退した。

そして、長い戦線を維持する必要のなくなったドイツ側は、浮いた歩兵師団群を第1装甲集団の側面へと投入できるようになり、ソ連側が増援として前線に投入した第7狙撃兵軍団も、ドイツ軍装甲部隊の迅速な前進を阻止することはできなかった。

七月七日、第48装甲軍団はビェルディチェフを占領し、四日後の七月十一日には、第3装甲軍団の先遣隊がキエフからわずか十数キロの地点まで進出した。この両軍団の進撃により、ソ連第5軍と第6・第26軍の間に楔が打ち込まれ、ウクライナの首都キエフの陥落はもはや時間の問題かと思われた。キエフ市を守る外郭陣地は、六月二十九日に構築が決議されたばかりで、七月八日に第一期工事が終了していたものの、その防御効果はきわめて不完全なものだったからである。

しかし、ソ連側も必死だった。七月十五日、第3装甲軍団の左側面後方に位置するコロステニ付近で、ソ連第5軍の生き残りが大規模な反撃作戦を開始し、第3装甲軍団に追随していたドイツ第29軍団は大損害を受けて退却を強いられた。この反撃に危機感を覚えたドイツ側は、キエフ攻略を一時延期し、左翼のコロステニ周辺と右翼のヴィニツァおよびウマーニ周辺に展開する敵兵力の包囲殲滅を優先する作戦へと方針を変更した。

◆ソ連政府と赤軍の戦時体制確立

前線でソ連赤軍の将兵が必死の防戦を繰り広げていた頃、モスクワのクレムリンでは、長きにわたる対独戦を戦い抜くための戦時体制づくりが急ピッチで進められていた。

ドイツ軍の侵攻開始という第一報が届いて以降、スターリンはティモシェンコやジューコフら赤軍の実務を担当する責任者から指揮権を奪うことはせず、戦局の推移を見守り続けた。開戦二日目の六月二十三日に、赤軍の最高統帥部として「総司令部大本営（スタフカＧＫ）」の創設が決議されたが、その議長に任命されたのは実質的な最終決定権を握るスターリンではなく、国防人民委員のティモシェンコだった。

スターリンは開戦から一週間の間、前線から絶え間なく寄せられる敗北の報せに憤慨しつつも、クレムリンで通常どおりの執務を続けていた。彼はまだ、ドイツ軍とソ連赤軍の間に存在する圧倒的な戦闘能力の差を認識しておらず、先の図上演習で見られたように、やがて赤軍の反撃が始まり、戦場は西へと移動してゆくだろうと予想していたのである。

ところが、六月二十八日に西部方面軍が壊滅して白ロシアのほぼ全域がドイツ軍の手に落ちると、スターリンは激昂《げっこう》して「わしは指導部から手を引く」と言い残して、クレムリンを出てモスクワ郊外の別荘へと帰ってしまう。そして翌二十九日、予告もなく突然国防人民委員部に姿を現した彼は、数人の党幹部を引き連れてまっすぐティモシェンコの執務室へと向かった。そこには、ティモシェンコのほか、前線視察を終えて二十六日夜にモスクワへと戻っていた参謀総長ジューコフと、大勢の参謀将校たちの姿もあった。

「戦況はどうなっておるのだ？」

スターリンの問いに、ティモシェンコは答えた。

「現在、前線からの情報を分析中ですが、確認を要する点がいくつかありますので、今すぐにはご報告できる状態にはありません」

これを聞いたスターリンは、厳しい口調で言い放った。

「おまえは単に、本当のことをわしに報告するのが怖いだけだろうが！　おまえらは白ロシアを失った！　そしてまた新たな失敗をしでかして、我々を驚かそうというのか！　ウクライナはどうなっておる？　バルト方面は？　いったいおまえらは、前線を指揮しているのか、それとも単に自軍の損害を数えて記録しているだけなのか？」

その言葉を聞いて、ジューコフが口を挟んだ。

「どうか我々に仕事を続けさせてください、同志スターリン。我々の任務は、まず前線の指揮官たちを助けることで、その上で状況のご報告を……」

スターリンは、ジューコフの弁明を最後まで聞かずに遮《さえぎ》り、感情を爆発させた。

「何が参謀本部だ！　何が参謀総長だ！　初日から慌てふためきやがって！　何も掌握できておらんじゃないか！　ここは誰が司令しているんだ！　この役立たずの負け犬が！」

想像を絶する困難な状況に全力で立ち向かっているにもかかわらず、理不尽な叱責《しっせき》を浴びせられたジューコフは、悔し涙を流しながら、別室へと引きこもってしまった。絶望的な空気に満たされた国防人民委員部を後にしたスターリンは、別荘へと向かう自動車の中で、落胆した面持ちでこう呟《つぶや》いた。

「我々は、レーニンが残してくれた偉大な遺産を、全部台無しにしてしまった……」

六月三十日、クレムリンへも行かず、別荘で呆然《ぼうぜん》となっていたスターリンの許へ、モロトフとベリヤ、ヴォロシーロフなど六名のソ連政府の要人が現れた。彼は、この破滅的な事態を招いた張本人である自分を逮捕するために党の幹部が来訪したものと確信し、失脚への恐怖に大きく目を見開いて身構えた。しかし、モロトフが来意を告げると、次第にスターリンの表情も緩んでいった。六月三十日付で創設を決定した戦時最高指導部「国家防衛委員会（GKO）」の議長に就任してほしい、というのがその主旨だった。

「わかった。引き受けよう」

この日を境に、スターリンは戦争指導の第一線に復帰し、七月三日には国民全てに対独戦争への積極的な参加を呼びかけるラジオ放送を自ら行った。七月十日、総司令部大本営は「最高司令部大本営（スタフカＶＫ）」へと改組され、スターリン自身が議長に就任した。それと同時に、緒戦での壊滅的な敗北によって混乱した指揮系統を整理するため、北西・西部・南西の各総軍司令部（方面軍より上位に位置する戦域統括司令部）が新設され、ヴォロシーロフ、ブジョンヌイ、ティモシェンコの三元帥が司令官に任命された。

上級司令部の再編と並行して、機械化部隊をはじめとする前線部隊の指揮系統も大きく変更された。七月十五日、運用面での柔軟性に欠ける軍団司令部は原則的に廃止され、軍司令部に五～六個師団を直轄させる方式へと移行していった。また、機械化軍団に所属していた戦車師団や自動車化狙撃兵師団も師団（後に旅団）単位で軍司令部に直属することとなり、各部隊の司令部には「軍事委員（コミッサール）」と呼ばれる共産党員が実質的な副司令官として配属された。七月十六日付で発令された、前線部隊への軍事委員の配属は、スターリンの意に反する作戦の実行が事実上不可能になったことを意味していた。

そして七月十九日、スターリンが国防人民委員の職務をも兼任することが決定され、ソ連軍の指揮系統は事実上一本化された。開戦から三週間を経て、独裁者スターリンはソ連赤軍の全軍を掌握する最高司令官として、対独戦の陣頭に立ったのである。

《スモレンスク会戦とキエフ包囲戦》

◆バルバロッサ第二段階の目標

一九四〇年十一月から十二月にかけて、陸軍参謀次長のパウルス中将が兵棋演習《へいぎ》を繰り返しながら作成したドイツ軍の作戦日程表によれば、まず開戦から二十日目（史実の日程では七月十一日）までに西ドヴィナ川〜スモレンスク〜ドニエプル川の線まで到達し、そこで前線部隊の休養と補給中継点構築のために約三週間停止した後、第二次の攻勢作戦を遅くとも四十日目（七月三十一日）までに開始することになっていた。

しかし、頑強なソ連軍の抵抗に遭遇した北方・南方軍集団はもとより、順調に前進しているかに見えた中央軍集団ですら、広大なロシア奥地から絶えることなく登場するソ連軍部隊との熾烈《しれつ》な戦闘に巻き込まれている現状では、予定していた部隊の休息など行えるはずもなく、補充や車輌の修理も充分に行える状況にはなかった。

この状況を見て、ヒトラーと陸軍総司令部は七月四日の秘密会議を皮切りに、中央軍集団の第二次攻勢をどこに向かわせるかについての議論を何度も行った。

七月八日の会議では、ヒトラーが「レニングラード攻撃を優先する当初の計画は一時中断し、第3装甲集団を第2装甲集団と共にモスクワ方面へと向かわせ、両翼包囲によって敵の残存兵力を殲滅する」という計画案を主張したのに対し、参謀総長のハルダーは四日後の七月十二日に「モスクワへの進撃は一時棚上げして、第3装甲集団は北のレニングラードへ、第2装甲集団は南のキエフ方向へと向かわせるべきだ」との意見をブラウヒッチュに披露している。

その後、ハルダーはグデーリアンやホートなど中央軍集団の野戦司令官からの強い進言を受けて自説を撤回し、「現在の攻勢の勢いが衰えぬうちに敵の首都モスクワを目指して進撃を継続すべきだ」との計画案をヒトラーに提案した。だが、いったんはモスクワ進撃案を視野に入れていたヒトラーは、南方軍集団の苦戦を見て再び総統訓令第21号の基本構想（敵軍事力の殲滅）に考えを戻し、キエフ周辺に集結しているソ連軍大部隊の包囲殲滅と、軍事経済上の意義を持つウクライナの占領を優先すべきだとして譲らなかった。

北（レニングラード）か、東（モスクワ）か、それとも南（ウクライナ）か。前線部隊がソ連軍との攻防戦を続ける最中、激しい論争が約七週間にわたって繰り返され、遂にヒトラーは八月二十一日に決定を下し、次のような総統訓令が全軍に下達された。

「冬の到来より前に達成すべき目標は、モスクワの占領ではなく、クリミアおよびドニェツ地方（ウクライナ東部）の確保である。従って、第2装甲集団は、南方軍集団の進撃を支援するために、キエフの敵突出部を北面から包囲殲滅すべし」

この命令を聞いて愕然《がくぜん》としたグデーリアンは、二日後に自ら総統大本営に乗り込んで激しく抗議したが、決定を覆すことはできなかった。この総統訓令によって、中央軍集団のモスクワ進撃は一時延期され、第2装甲集団は南方のデスナ川流域へと向かうことが決定した。

◆要衝スモレンスクの攻防

ヒトラーとドイツ軍首脳部が、モスクワ進撃の是非に関する激論を繰り返していたのと同じ頃、彼らの敵であるソ連側では、ドイツ軍のモスクワへの進撃を警戒して、予備兵力と増援の大半をスモレンスクからモスクワに至る街道へと送り込む作戦を進めていた。

国境のブレストからミンスク、スモレンスクを経てモスクワへと通じる街道は、本来なら白ロシアの西部方面軍によって守られるはずだった。しかし、同方面軍の所属部隊が、開戦からわずか一週間で壊滅させられたことで、モスクワの最高総司令部大本営（スタフカＶＧＫ：八月八日に最高司令部大本営から改組、スターリンが引き続き最高総司令官。以後「スタフカ」と略）は手持ちの戦略予備と動員間もない狙撃兵師団群を、手当たり次第にスモレンスク周辺部へと投入することを余儀なくされた。

西ドヴィナ川とドニエプル川に挟まれた狭い回廊部に位置するスモレンスク街道こそ、モスクワへと通じる西の関門であり、この街道沿いの抵抗拠点を敵に粉砕されれば、首都の防衛は危機に瀕することが確実だったからである。

ドイツ軍がスモレンスクを占領した七月十日の時点で、ソ連側はその周辺地域に第13、第19、第20、第21、第22の五個軍（狙撃兵三九個師団）を展開しており、さらに後方から第32、第33、第34の三個軍が前線へと向かっていた。師団レベルの戦闘では、ソ連軍の狙撃兵師団はドイツ軍装甲師団の敵ではなかったが、ソ連側は戦線を突破したドイツ軍戦車部隊に多方向から散発的な反撃を仕掛け、多大な損害と引き換えに、ドイツ中央軍集団をスモレンスク周辺で足止めすることに成功した。

その後、ドイツ軍がモスクワ方面への直進をあきらめ、第2装甲集団の進撃路を南へと反転させると、スタフカはこの時間的猶予を利用してスモレンスク正面の前線強化を進める一方、スモレンスク東方のヴャジマとその南北のルジェフおよびブリャンスクを結ぶ線に新たな陣地帯を構築して、モスクワ防衛の第二線を形成するよう命令した。これを受けて、ソ連赤軍の重鎮ティモシェンコ元帥によって指揮権を引き継がれた西部方面軍は、南に隣接するエリョーメンコ中将のブリャンスク方面軍（八月十四日に新設）と連携しながら、モスクワ西方から南西に至る地域に縦深《じゅうしん》の防衛陣地を形成しようと試みた。

しかし、スタフカの期待とは裏腹に、ルジェフからヴャジマを経てブリャンスクに至る陣地帯の建設作業は、すぐに大きな問題に直面して、満足な進展が見込めない状況となってしまう。予備の人員と資材が、前線へと優先的に送り込まれてしまったため、充分な人的・物的資源を後方陣地帯の構築へと割り当てることができなかったからである。

結局、ヴャジマとその南北の陣地線は、建設途上の中途半端な状態のまま放置され、後にモスクワ攻勢を再開したドイツ軍によって、簡単に蹂躙《じゅうりん》されてしまうことになる。

◆赤軍の悪夢・キエフ包囲戦

ヒトラーが下した八月二十一日付総統訓令に従い、キエフ東方への進出を命じられたグデーリアンの第2装甲集団は、ソ連軍のブリャンスク方面軍と南西方面軍の境界を切り裂くように進撃し、八月二十六日にはデスナ川を渡河してノヴゴロド・セヴェルスキーに到達、九月三日には鉄道の要衝コノトプを支配下に置いた。このグデーリアンの攻勢と連携して、ドイツ南方軍集団に所属する第17軍の先遣部隊は、八月三十一日にドニエプル下流のクレメンチュグで渡河攻撃を実施し、橋頭堡を確保することに成功していた。

九月十一日、ドイツ第1装甲集団の第48装甲軍団は、クレメンチュグからさらに北へと向けて進撃を開始し、ドニエプロペトロフスクに進出していた第14装甲軍団もそれに続いた。同じ日、スターリンとシャポシニコフ、ティモシェンコは、南西方面軍司令官のキルポノスと連絡をとり、同方面軍の戦線後退についての協議を行った。

スターリンは最初、キエフ北東のコノトプで反撃を行ってプショル川沿いに防衛線を確保するという条件が満たされたなら、随時キエフ市および同市を頂点とする突出部からの撤退を開始してもよいとの案をキルポノスに提示した。しかし、キエフの死守を前提として作戦を進めてきたために、後退予定線や退却計画の立案がまだ出来ていないとのキルポノスからの回答を聞いたスターリンは、キエフ放棄容認に傾きかけていた考えを改め、後退を進言した南西総軍司令官ブジョンヌイの罷免と、キエフ市の死守を命令した。

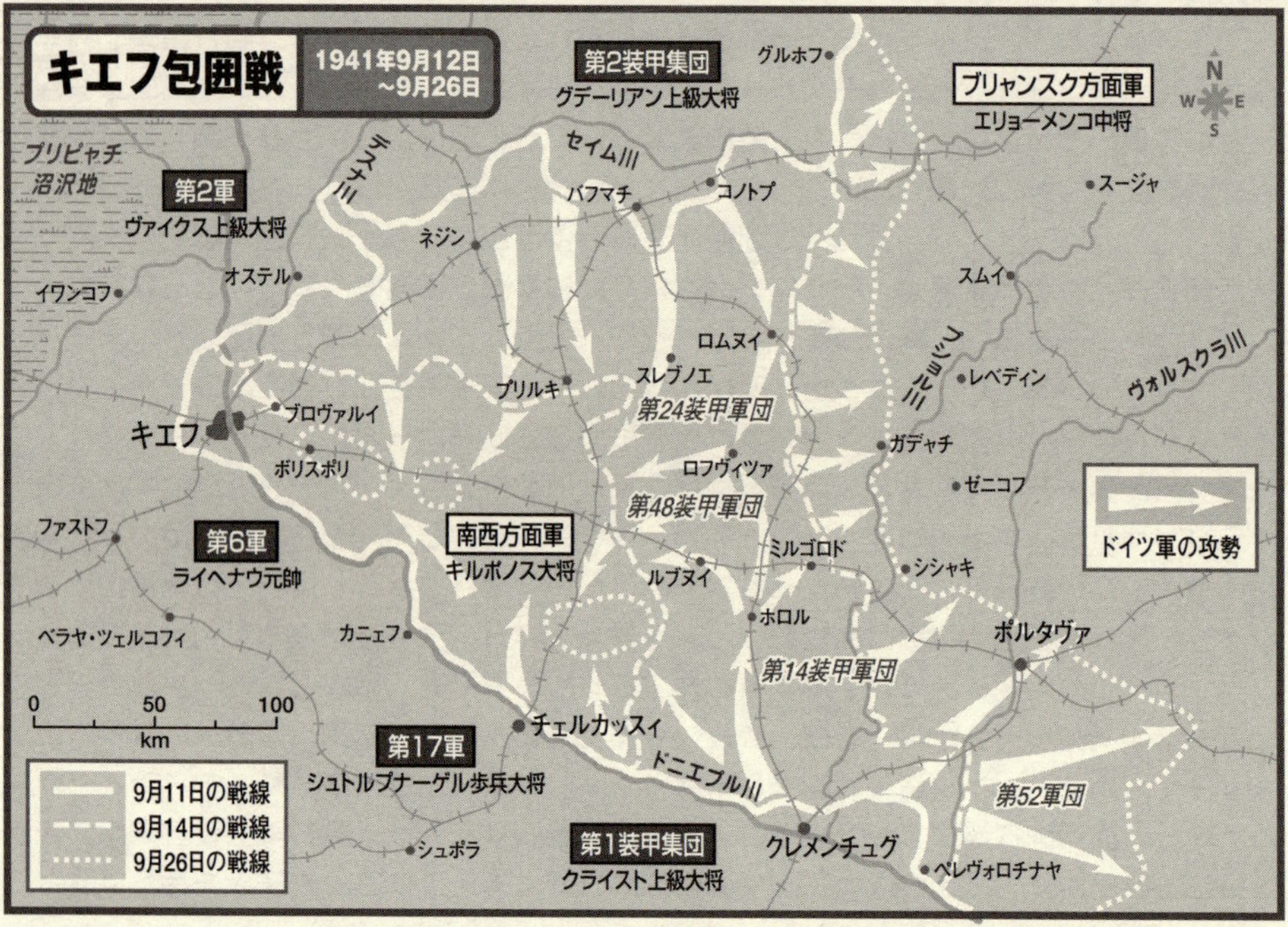
キエフ包囲戦
1941年9月12日 ~9月26日
第2装甲集団
グデーリアン上級大将
ブリャンスク方面軍
エリョーメンコ中将
N
W
E
S
グルホフ
プリピャチ 沼沢地
第2軍
ヴァイクス上級大将
デスナ川
セイム川
バフマチ
コノトプ
スージャ
ネジン
オステル
イワンコフ
スムイ
ロムヌイ
スレブノエ
プリルキ
スラ川
レベディン
ヴォルスクラ川
ブロヴァルイ
第24装甲軍団
キエフ
ボリスポリ
ロフヴィツァ
ガデャチ
ゼニコフ
第48装甲軍団
ファストフ
第6軍
ライヘナウ元帥
南西方面軍
キルポノス大将
ミルゴロド
ルブヌイ
シシャキ
ドイツ軍の攻勢
ホロル
ベラヤ・ツェルコフィ
カニェフ
ポルタヴァ
第14装甲軍団
0
50
100
km
チェルカッスィ
第17軍
シュトルプナーゲル歩兵大将
ドニエプル川
第52軍団
9月11日の戦線
9月14日の戦線
9月26日の戦線
シュポラ
第1装甲集団
クライスト上級大将
クレメンチュグ
ペレヴォロチナヤ

キエフの北東と南東の両方にドイツ軍の装甲部隊が進出したことで、ソ連南西方面軍の側面は危機的な状況に陥ったが、ソ連側は新たな兵力をこれらの地域に送り込むことができなかった。キエフ突出部の正面では、キエフ北方のリュテジ周辺から、クレメンチュグ周辺にかけて、第51、第17、第29、第34、第4、第44、第11、第52のドイツ軍八個軍団が、ソ連軍の第5、第26、第37、第38軍を完全に拘束していたからである。

ソ連南西方面軍司令官キルポノスは、背後で包囲の環が閉じられつつあることを知りながら、独裁者スターリンの逆鱗《げきりん》に触れることを恐れて、キエフからの撤退という決断を先延ばしにし続けた。だが、その代償はきわめて高くついた。九月十五日、スモレンスクから南へと転じたグデーリアンの第2装甲集団の先頭部隊は、ドニエプル川を越えて北進中だったクライスト率いる第1装甲集団の先遣隊とロフヴィツァで合流し、これによってキエフを守る南西方面軍の四個軍が巨大な包囲環へと閉じこめられたのである。

キルポノスが配下の軍司令官に対し、ようやくキエフ放棄と東への撤退を命令した九月十七日には、もはやソ連軍部隊の退路は完全に封じられており、陣地を離れて東へと向かうソ連軍部隊の行動は、すぐに全面的な潰走《かいそう》へと変わった。

九月二十六日、キエフ包囲戦は終結し、五六万六〇〇〇人（狙撃兵三九個師団、騎兵四個師団）のソ連軍将兵と、三〇〇〇門以上の各種火砲、そして八〇〇輛を超える戦車が、ソ連軍の前線から姿を消した。この歴史的な勝利により、中央軍集団と南方軍集団の戦線はほぼ一直線に連結され、新たな攻勢に向けた準備作業が急ピッチで進められた。

　また、ドニエプル川の下流では、キエフ包囲戦がドイツ第6軍の歩兵師団群による掃討段階に入った九月二十三日、ソ連有数の石炭産出地ドニェツ地方に向けた大攻勢の布石として、第1装甲集団所属の第14装甲軍団がドニエプロペトロフスクの北で攻勢を開始し、出撃拠点を確保することに成功していた。

《揺れ動くドイツ軍の戦略目標》

◆レニングラード攻略の中止

キエフ方面でドイツ軍が輝かしい勝利に酔っていたのとほぼ同じ頃、遠く離れた北方軍集団の戦区では、前線のドイツ軍将兵を落胆させる出来事が発生していた。

八月八日、ドイツ第41装甲軍団は降りしきる雨の中、レニングラードを目指す第三次の攻勢を、ルガ川下流のキンギセップおよびイワノフスコエ周辺で開始した。ルガ南東の森林湿地帯で地形に苦しめられていた第56装甲軍団も、第8装甲師団をイワノフスコエ方面に、第3自動車化歩兵と第269歩兵、ＳＳ警察（歩兵）の三個師団をルガ攻略に差し向け、ソ連軍のルガ川防衛線は八月十二日までに数か所で大きな穴を穿たれた。

だが、ドイツ第4装甲集団はその戦果を最大限に活用することができず、またしても進撃の停止を余儀なくされてしまう。今度は、ルガ南東のスタラヤ・ルッサでソ連軍の新たな反攻が開始され、第16軍の戦線に開いた間隙部を埋めるために、第56装甲軍団の急派を求められたことが原因だった。八月十七日、ドイツ北方軍集団司令部は軍集団両翼（第16軍と第18軍）戦区での残敵掃討を優先する命令を下し、これによって第41装甲軍団のみでレニングラードへと突入することは事実上不可能となった。

八月二十一日、第41装甲軍団の先頭部隊は市の外郭防衛線であるクラスノグワルジェイスクに到達、レニングラードまでの距離はわずか三〇キロとなったが、幾重にも築かれた陣地線への総攻撃は、第18軍の歩兵師団が到着するのを待たなくてはならなかった。

　こうして、レニングラードに向かうドイツ軍装甲部隊の進撃は、約二週間周期で活動と停止を繰り返すことを強いられ、そのたびにソ連側に新たな対応をとる時間的余裕を与えることとなった。そして、彼らがようやくレニングラードの目前にたどりついた時には、レニングラードを守るソ連軍の防衛態勢だけでなく、独ソ戦全体の戦略的状況も、作戦開始時とは全く異なった様相を呈していたのである。

　九月六日、ヒトラーの命令で中央軍集団戦区から分派されてきた第39装甲軍団が、第16軍所属の第28軍団と共に、レニングラード南東のノヴゴロド付近で新たな攻撃を開始した。彼らの目的は、二日後に予定されている北方軍集団主力による総攻撃に先立ち、レニングラード市とソ連内陸部を結ぶ交通の要衝シュリッセリブルグを占領して、市内に籠《こ》もるソ連軍を孤立させること。第20自動車化歩兵師団を先頭に立てた第39装甲軍団は、九月八日の早朝にシュリッセリブルグを支配下に置き、これによってレニングラードと外部をつなぐ陸路での連絡線が断ち切られた。

　同じ日、レニングラード市の正面では、第4装甲集団の二個装甲軍団と第18軍の二個軍団（第38、第50）が、同市の防衛陣に対する総攻撃を開始していた。ルガ川とネヴァ川に挟まれた地域には、市民の手で築かれた急造の陣地線が散在しており、ドイツ軍はこれらの障害を取り除きながら一歩一歩前進しなくてはならなかった。

ドイツ軍の前衛部隊が着々とレニングラードに接近しているのを見て危機感を募らせたスターリンは、九月十日にジューコフをこの方面に派遣し、九月十二日付でレニングラード方面軍司令官に任命して、防衛線の強化に当たらせた。七月二十九日に参謀総長を解任された後、スタフカの代理として重要な戦線を巡回してきたジューコフは、レニングラード方面軍司令部への着任と同時に精力的に指揮系統の見直しを行い、戦闘意欲に欠けると判断された指揮官はただちに解任され、その一部は軍紀違反の名目で銃殺された。

九月十一日、第1装甲師団の先遣部隊が市街と港湾を見下ろせるドゥーデルホフの丘陵を占領し、ドイツ軍将兵の士気は最終目標のレニングラード市を目前にして沸き立った。ところが、彼らはすぐに、頭から冷水を浴びせられるような言葉を聞かされる。

翌九月十二日、第4装甲集団をただちにレニングラード正面から引き抜き、モスクワ攻略に投入するために南へ移動させよ、という非情な命令が下されたのである。

◆モスクワ攻撃に賭けるヒトラー

この命令は、言うまでもなく総統ヒトラーによって発せられたもので、一九四一年中のモスクワ占領を企図した新たな大攻勢「台風（タイフン）作戦」に、可能な限り多くの装甲部隊を投入しようというのがその主旨だった。ヒトラーは、キエフ方面での大勝利が見え始めた九月六日、またしても戦略方針の舵《かじ》を大きく切り換え、年内にモスクワを目指す大攻勢を挙行するという新たな総統訓令（第36号）を発令したのである。

ドイツ北方軍集団がレニングラードを年内に占領できる望みを完全に断ち切るこの決定により、ヒトラーが戦略構想として提唱したはずの「レニングラードをまず占領した上でモスクワへの攻撃を行う」という作戦遂行上の優先順位は完全に反古《ほご》にされてしまった。しかし、東部戦線の全般的な戦況は、場当たり的とも言えるヒトラーの方針転換にドイツ軍首脳部が異議を差し挟むことを許さないほどに泥沼化しつつあった。

キエフ包囲戦の完全な成功により、ドイツ軍は白ロシアでの二八万人、スモレンスクでの三一万人、ロスラヴリでの五万人、ウマーニでの一〇万人に続いて、キエフで六六万人という捕虜（いずれもドイツ側発表の数字）を獲得し、総統訓令第21号に示された「敵兵力の包囲殲滅」という作戦の第一目標はほぼ完全に達成された。ハルダーやパウルスら陸軍統帥部が戦前に立てたプランに従えば、この段階で軍事組織としてのソ連軍は事実上壊滅しており、あとは残敵の掃討をしながらモスクワへと兵を進めればよいはずだった。

しかし、現実の展開は、彼らの予想を大きく裏切るものだった。

ドイツ軍の対ソ侵攻兵力の半数近い一四〇万人以上のソ連兵を投降させ、ドイツ軍が対ソ開戦時に保有していた戦車台数三三五〇輛を上回る三三八五輛の戦車を、ミンスクとキエフの二大包囲戦で鹵獲《ろかく》したという特筆すべき戦果を考えれば、ソ連邦はもはや、戦争を継続できる軍事力を保持し得ないはずだった。しかし、それでもなお、ソ連赤軍は強力な兵力をモスクワ前面に保持しており、しかも新たな動員兵力が広大な領土の彼方から絶えることなく湧《わ》き出して、ドイツ軍の行く手へと立ちふさがったのである。

西方の大国フランスの場合、前年五月～六月の決戦において、ドイツ軍の電撃戦で軍隊の主力を包囲された段階で戦意を喪失し、首都パリに戦火が及ぶのを待つことなく、ドイツに対する事実上の降伏を決断した。相前後してドイツ軍の軍門に下ったノルウェーやオランダ、ベルギー、デンマーク、ポーランド、ユーゴスラヴィア、ギリシャも、軍隊の主力が壊滅すれば白旗を掲げて銃を地面に置くという態度を見せていた。ドイツ軍の「電撃戦」は、敵国の軍事力を短期間に壊滅ないし無力化することで、敵国政府の戦意を喪失させるという「精神的ショック」に大きく依存する性質を備えていたのである。

しかし、ユーラシアに跨《また》がる巨大なる国家・ソ連邦に対しては、このような「常識」は通用しなかった。戦術的能力で大きく優《まさ》るドイツ軍が、個々の戦闘でどれだけのソ連軍部隊を撃破しても、一向にソ連という国家が持つ「軍事力」が揺らぐ兆しは見られなかった。

楽観的な予想が次々と覆される事態に直面して困惑したハルダーは、八月十一日、自らの不安を鎮めようとするかのように、日記にこう書き記している。

「我々は明らかにロシアの軍事力を過小評価していた。開戦前、我々は敵兵力を二〇〇個師団と見積もっていたが、既に三六〇個師団が確認されている。彼らは訓練を欠いた烏合《うごう》の衆ではあるが、一ダースの敵を撃破しても、またすぐに別の一ダースが現れてくる。限られた時間という要素は、この戦争では明らかに敵の味方である」

だが、実際問題として、敵兵力の早期殲滅によって戦争を終わらせるという当初の計画案が、楽観論に基づいた「大いなる見込み違い」であったと判明した今となっては、もはや陸軍の野戦司令官たちが繰り返し主張した「モスクワの陥落によるソ連体制の崩壊」という不確かな要素に賭ける以外に、彼らが進むべき道は残されていなかった。

こうして、ドイツ中央軍集団に所属する計七七個師団の将兵は、苛酷な冬の到来を目前に控えた九月三十日、モスクワの征服を目指す大攻勢「台風作戦」を開始したのである。

◆「台風作戦」の開始

中央軍集団司令官ボックが立案した攻勢計画によると、モスクワを目指すドイツ軍の六個軍は、装甲集団（各装甲集団は十月五日〜八日に、固有の補給段列を含む「装甲軍」へと改編される）と野戦軍各一個をペアとする三本の攻勢軸に分けられ、装甲集団が電撃的な突破作戦で敵の防衛線に大穴を穿った後、後続の野戦軍が装甲集団の側面および後方援護をしながら、孤立した敵部隊を各個撃破する段取りとなっていた。

この総攻撃の矢面に立たされることになったのは、西部、予備、ブリャンスクの三個方面軍司令部に率いられた九五個師団のソ連軍部隊だったが、そのほとんどは定数以下の兵員しか持たない応急編成の二線級師団で、戦車の数もドイツ軍の約一七〇〇輛（実働台数は約一〇〇〇輛）に対して三個軍合計で八〇〇輛足らずしかなく、しかもその大半はT26などの軽戦車だった。

九月三十日に、他の戦区よりも一足早く攻勢を開始した第2装甲集団と第2軍は、第一段階ではオリョールとブリャンスクを迅速に占領してブリャンスク方面軍のソ連軍三個軍を包囲殲滅、第二段階では要衝ツーラを経由してオカ川を渡河し、モスクワの背後へと進出する計画となっていた。

攻勢開始から四日目の十月三日、第2装甲集団の第4装甲師団がオリョールの町を占領し、その西側では第17装甲師団が第2軍の歩兵師団と連携して、十月六日にブリャンスクを陥落させた。これにより、ブリャンスク方面軍の退路はいったん封鎖されたが、広大な後背地を支配できるほどのドイツ軍部隊がいなかったため、包囲されたソ連軍部隊の多くは重装備を捨てて、戦線の綻《ほころ》びから東の方角へと脱出していった。

戦線左翼の第3装甲集団と第9軍、および中央部の第4装甲集団と第4軍も、それまでの持久態勢を捨てて、十月二日に攻勢へと転じた。左翼の攻勢軸はルジェフとカリーニンを経て北側からモスクワの背後へと向かい、中央部の攻勢軸はカルーガとマロヤロスラヴェッツを占領した後、正面からモスクワ市内を強襲する計画だった。第3と第4の両装甲集団は、作戦六日目の十月七日にヴャジマで合流して新たな包囲環を閉じ、ソ連西部方面軍と予備方面軍に所属する四個軍（第19、第20、第24、第32）が袋の鼠《ねずみ》となった。

その後、十月六日から局地的に降り始めた秋雨が、やがてみぞれ混じりの小雪へと変わり始めると、舗装されていないロシア中部の道路網は瞬く間に泥沼と化したが、ドイツ軍の進撃を完全に停止させるまでには至らなかった。タイヤやキャタピラを泥にとられて動

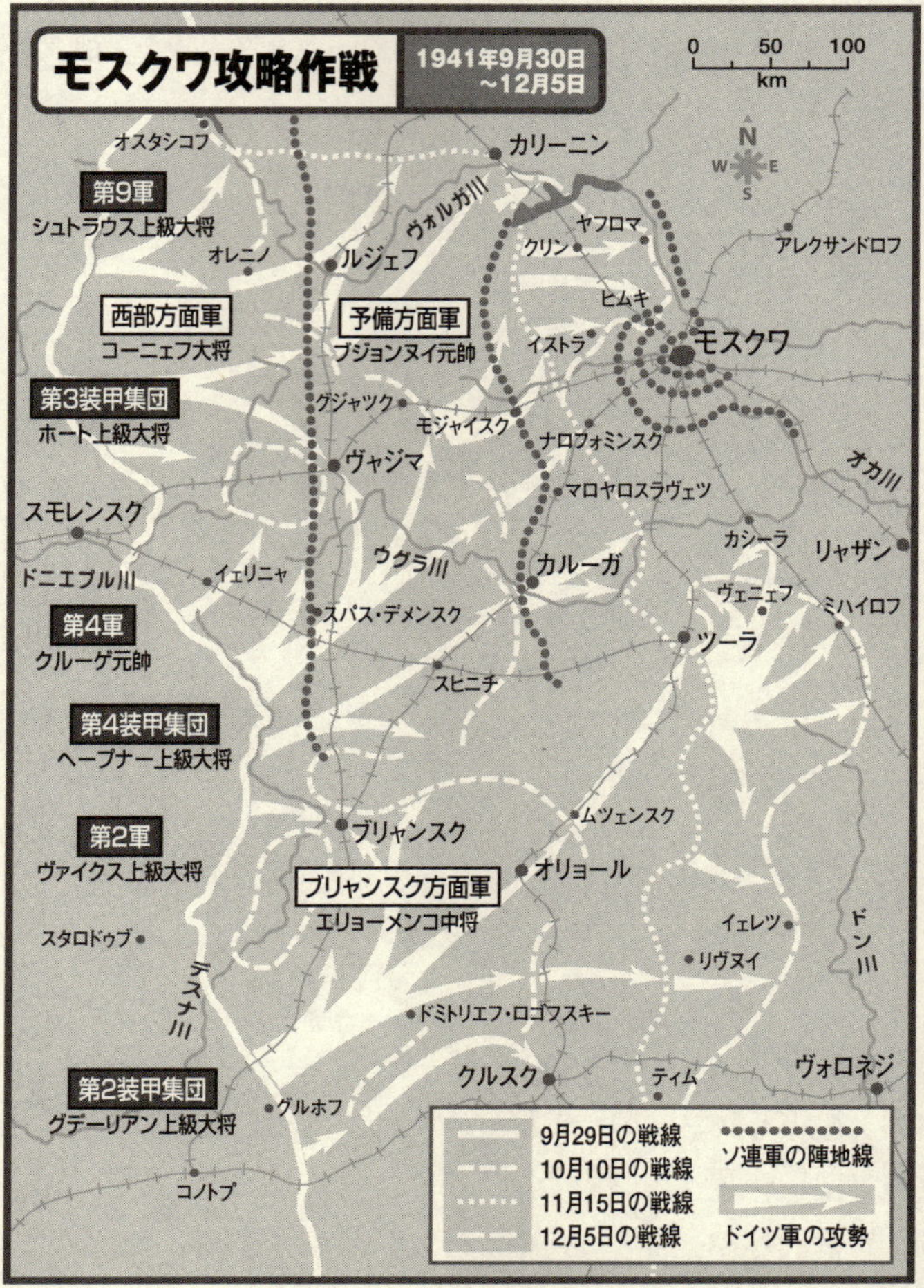

モスクワ攻略作戦
1941年9月30日
~12月5日
0
50
100
km
N
W
E
S
オスタシコフ
カリーニン
第9軍
シュトラウス上級大将
ヴォルガ川
ヤフロマ
クリン
アレクサンドロフ
オレニノ
ルジェフ
ヒムキ
西部方面軍
コーニェフ大将
予備方面軍
ブジョンヌイ元帥
イストラ
モスクワ
第3装甲集団
ホート上級大将
グジャツク
モジャイスク
ナロフォミンスク
ヴャジマ
オカ川
マロヤロスラヴェツ
スモレンスク
カシーラ
リャザン
ウグラ川
カルーガ
ドニエプル川
イェリニャ
ヴェニェフ
ミハイロフ
第4軍
クルーゲ元帥
スパス・デメンスク
ツーラ
スヒニチ
第4装甲集団
ヘープナー上級大将
ムツェンスク
第2軍
ヴァイクス上級大将
ブリャンスク
オリョール
ブリャンスク方面軍
エリョーメンコ中将
イェレツ
スタロドゥブ
ドン川
リヴヌイ
デスナ川
ドミトリエフ・ロゴフスキー
第2装甲集団
グデーリアン上級大将
クルスク
ティム
ヴォロネジ
グルホフ
コノトプ
9月29日の戦線
10月10日の戦線
11月15日の戦線
12月5日の戦線
ソ連軍の陣地線
ドイツ軍の攻勢

けなくなった装甲師団に代わって、歩兵師団が攻撃の前面に立ち、粘土状の地面をかき分けながら、モスクワへの距離を一キロずつ縮めていった。

《首都モスクワの攻防戦》

◆モスクワ死守を決意したスターリン

もはやモスクワ防衛には一刻の猶予も許されないと感じたスタフカは、レニングラード防衛に尽力していたジューコフを十月七日にモスクワへと召喚し、十月十日付で西部方面軍の司令官に任命した。

開戦以来、スタフカの代表として、常に戦局の要となる戦線へと派遣されたジューコフだったが、今回の任務はさらに責任重大だった。彼は、自動車や飛行機を駆使して前線の司令部を精力的に訪れ、現地指揮官を怒鳴り散らして作戦運用上の不備を改善させた。モスクワ郊外では、数十万人の婦人が動員されて、寒空の中、塹壕掘りやバリケードの設置などの土木作業に従事させられていた。

しかし、ジューコフら現場指揮官の必死の努力にもかかわらず、東へと向かう前線の移動を押し止めることはできず、十月十三日にはモスクワから南西一六〇キロにある古都カルーガがドイツ第４装甲軍の歩兵部隊によって占領された。これを知ったスターリンは、もはやモスクワの陥落は時間の問題であると覚悟し、陥落以後の戦争指導を念頭に置いた対策を講じるよう、政府と軍の各部局に指令を下した。

首都モスクワをめぐる情勢は、最も厳しい局面に差しかかろうとしていた。

十月十五日に、ソ連政府のクイブィシェフ（およびクイブィシェフからヴォルガ川を挟んだ対岸に位置する巨大な岩山ジグリの地下壕）への疎開と赤軍参謀本部のアルザマスへの移転が発表されると、モスクワ市民の間ではパニックが起こり、群衆が駅や市の東の出口へと殺到した。十月十七日にはモスクワ市内の重要な建造物に関する爆破準備が命令され、十月十九日にはモスクワ全市に戒厳令が発令された。モスクワ市民の関心は、最高指導者スターリンがいつモスクワを捨てて脱出するかに注がれた。

だが、スターリン自身は長い逡巡《しゅんじゅん》を重ねた末、クレムリンに留まり続けることを決心した。飛行場には専用機が用意され、クレムリンに通じる秘密の地下鉄駅には専用列車が待機して、いつでも独裁者を東方へと脱出させられるよう準備していたが、彼は最後まで首都モスクワに残って、戦争遂行の陣頭指揮を執り続けた。そして、戒厳令下のモスクワでは、徐々に騒動も沈静化し、志願兵による人民義勇兵師団が次々と編成された。

モスクワの各地で騒乱が発生しているのを見たスターリンは、揺らぎつつあるソ連国民の士気を高めて、ドイツとの戦争に立ち向かわせるためには、何かしら戦意高揚のためのイベントをモスクワで行うことが必要だと考え、十一月一日に次のような決定を下した。

「十月革命の記念日には、例年と同様に軍事パレードを実施する。もしパレード中にドイツ軍機の空襲があっても、死傷者は迅速に片づけて、式典を最後まで行うこと。この式典子を大々的に報道させる。わしは前日の記念集会で報告し、パレードでも演説しよう」

十一月六日の夜、地下鉄のマヤコフスキー駅に姿を現したスターリンは、革命二十四周年を記念する演説を行い、翌七日には小雪のちらつく赤の広場で軍事パレードが行われた。

スターリンが予測した通り、この二つの行事が、ソ連国民、とりわけモスクワ市民に与えた心理的影響は大きかった。モスクワで編成された義勇兵は一万二〇〇〇人を超え、一〇万人以上の工場労働者が民兵としての訓練に参加した。もはや市内のパニックは完全に消失し、赤軍の兵士たちは強固な一体感を胸に抱きながら、ドイツ軍の襲来に備えた。

一方、このパレードが行われたのと同じ日、モスクワ一帯の気温が低下して、大地は完全に凍結した。モスクワを目指すドイツ軍の進撃は、燃料と弾薬の欠乏により、十月下旬には停止状態へと追い込まれていたが、途絶えていた補給物資の輸送が部分的ながら再開されると、ドイツ軍の前線部隊はようやく一息つくことができた。しかし、ドイツ本国で準備されていた冬季用の外套《がいとう》や被服類、不凍液入りの冷却水などは、ソ連国内における鉄道網整備の遅延が原因で輸送が後回しにされ、前線にはほとんど届いていなかった。

その結果、ドイツ軍のモスクワへの攻勢は、零下二〇度から四〇度という凄まじい酷寒にもかかわらず、冬季用装備なしで実施しなくてはならなくなったのである。

◆危機的状況に直面した独ソ両軍

十一月十二日から十三日にかけて、陸軍参謀総長ハルダーとドイツ東部戦線の各軍集団および各軍の参謀長が、スモレンスク西方一〇〇キロのオルシャで戦略会議を開いた。議題は、地表が凍結して戦車の活動が可能となった今、新たな攻勢を行うべきか否かというもので、北方と南方の両軍集団参謀長は、冬季戦を行うのに充分な装備を持たない現状では、これ以上の前進は不可能との結論を明確に打ち出した。

しかし、中央軍集団参謀長のフォン・グライフェンベルク中将（対ソ計画立案時の参謀本部作戦部長）は、司令官ボックの強い意向として、モスクワへの攻勢継続は軍事的にも政治的にも必要であるとの報告を行った。モスクワを占領できない可能性はもちろん存在するが、何もせずに酷寒の地で防勢に転じるよりは、モスクワ陥落によってもたらされるであろうドイツの勝利、すなわち戦争終結の可能性に賭けるべきだというのである。

皮肉なことに、モスクワ攻勢の継続を繰り返し提言してきたグデーリアンは、この頃には既にモスクワ陥落の可能性をほとんど諦めており、第2装甲軍の参謀長フォン・リーベンシュタイン中佐は、新たな攻勢の実行をボックに進言しようとはしなかった。グデーリアンが十一月六日の前線視察後にしたためた書簡には、次のような記述が残されている。

「最良の意志も、事実の前には全て砕け散ってしまう。敵に決定的な大打撃を与えうる唯一のチャンスは既に失われ、再び敵に大攻勢をかけるべきか否かは、今の私には判断できない。状況がいかに進展するかは、神のみが知りたもうことだ」

結局、ハルダーはボックの判断を受け入れ、中央軍集団の各軍に対してモスクワ攻勢の再開を命じた。「一九四一年秋季攻勢」と呼ばれるこの作戦は、まず十一月十五日に左翼の第3装甲軍の戦区で開始され、十一月十六日には中央の第4装甲軍、十一月十八日には第2装甲軍の戦区でも、前線部隊が陣地を出て東への前進を開始した。

一方、ドイツ軍がモスクワに向けて新たな大攻勢を開始したことを察知したスターリンは、情勢を悲観して、今度こそモスクワの運命は風前の灯火になったと考え、十一月十九日に前線指揮所のジューコフへと電話をかけて、今後の対応を相談した。

「君は、我々がモスクワを守り切れると本当に確信しているかね？　こんなことを質問するのは、我ながら情けないとは思うのだが」

ジューコフは、敵の攻勢が既に限界に近づきつつあることを察知しており、二個軍と戦車二〇〇輌の増援があれば、モスクワは絶対に守りきれると断言した。この時点で、新たな戦車の増援が得られる見込みは少なかったが、第10軍と第1打撃軍の二個軍がただちに西部方面軍へと編入され、ドイツ軍の攻勢が迫る前線の背後へと配置された。

◆モスクワ目前で跪《ひざまず》いたドイツ軍

中央軍集団に所属するドイツ軍将兵の生命を賭けた、巨大なギャンブルとして開始された「一九四一年秋季攻勢」は、前線部隊の超人的とも言える奮戦によって、戦況地図の上では着実に成果を挙げているかに見えた。

第3装甲軍は、十一月二十四日に北部の要衝クリンを占領した後、十一月二十八日にはモスクワ北方を流れる重要な運河の対岸に橋頭堡を確保した。第4装甲軍は、十一月二十六日にルジェフ＝モスクワ鉄道の中継点イストラを陥落させ、その先頭部隊は十一月三十日にモスクワから八キロのヒムキへと到達した。第2装甲軍の戦区でも、工業都市ツーラをほぼ全周で包囲した上、十一月二十四日にはオカ河畔の古都リャザンまで七〇キロに位置するミハイロフの町を奪取した。

だが、前線で戦うドイツ軍将兵の境遇は、凄絶《せいぜつ》としか評しようのないものだった。最低気温が零下二〇度～四〇度という酷寒の中を移動しながら、外套も防寒手袋も防寒靴も支給されずに攻撃作戦を続けたために、凍傷で手の指や足の肉を失う兵士が続出していたのである。しかも、弾薬や燃料は致命的なほどに不足しており、仮にこの状態で敵の首都を占領できても、厳冬の中でモスクワを維持し続けられる見込みは皆無に等しかった。

前線部隊の窮状を見かねたグデーリアンは、十一月二十三日の午後、ボックに直談判して、モスクワ攻勢の中止と、適切な地形での防御陣地の構築を許可してくれるよう要請した。ボックは、その場でブラウヒッチュに電話をかけ、グデーリアンに前線の状況を説明させた。しかし、ブラウヒッチュは作戦の中止を許可しなかった。納得できないグデーリアンは、連絡将校をハルダーの下へ派遣して同様の直訴を行ったが、結果は同じだった。

一方、戦線のソ連側では、天候の悪化に伴って、極東方面から送り込まれていた狙撃兵師団（通称「シベリア師団」）が、その本領を発揮し始めていた。

ゾルゲをはじめ、日本国内や満洲などを拠点に活動する諜報員からの情報で、日本がソ連に宣戦布告して北進する可能性は少ないと知らされたスターリンは、十月以降極東の精鋭部隊をシベリア鉄道でモスクワ正面へと移送しており、酷寒での戦闘に長けた彼らは、補給不足と消耗で弱体化したドイツ軍の攻勢を各地で阻止していた。

また、モスクワ周辺の前線では、労働者や婦人たちが苦労して建設した幾重もの塹壕線が、ドイツ軍の進撃を食い止める上で大きな効果を発揮し始めており、戦線を守る狙撃兵師団と支援戦車部隊は、この地形効果を最大限に利用して、以前よりも少ない兵力で、縦深のある防衛拠点を構築することができた。

冬季戦用の防寒服や凍結防止剤などを持たずに開始されたドイツ軍の攻勢は、日を追う毎に衰えを見せ、赤軍の小部隊による反撃がドイツ軍を後退させたとの報告が、各地からスタフカへと寄せられ始めた。精神的にも肉体的にも、疲労の極限に達したドイツ軍将兵には、もはやモスクワへの攻勢を継続する余力は残されていなかった。

ようやく、ソ連赤軍が待ちに待った反攻の好機が到来したのである。

第三章
ソ連赤軍の冬季大反攻
（一九四一年十二月〜一九四二年五月）

《モスクワでのソ連軍大反攻》

◆ソ連軍の冬季大反攻準備

モスクワ正面で一九四一年十二月初頭に開始されたソ連軍の冬季大反攻は、あらかじめ周到に準備された作戦ではなかった。スタフカと赤軍参謀本部は、十一月下旬の段階ではまだ、ドイツ軍の最後の力を振り絞ったモスクワへの総攻撃に対処するのが精一杯で、自軍が大規模な反攻作戦を実施できる状態にあるとは考えていなかったのである。

しかし、十一月二十八日に、モスクワ南方のカシーラ地区において、第1親衛騎兵軍団と第112戦車師団、第173狙撃兵師団、第9戦車旅団、第127および第135独立戦車大隊から成る機動集団が、ドイツ軍に対して大規模な機動反撃を実施し、二日間の戦闘で前線を約二〇キロ押し返すことに成功すると、ジューコフは敵の攻勢継続能力はもはや失われたと判断し、すぐに方面軍規模での反攻計画作成を参謀たちに命じた。十一月三十日、スターリンはジューコフの提出した反攻案を承認し、予備兵力の三個軍を彼の手に委ねた。

この冬季大反攻で中心的な役割を期待されたのは、独立戦車旅団と独立戦車大隊、多連装ロケット砲（カチューシャ砲）連隊、そして親衛騎兵軍団の各部隊だった。

独立戦車旅団は、緒戦の敗北により八月に解体された機械化軍団に代わる、戦車部隊の運用単位として編成されたもので、当初は三個戦車大隊から成る九三輌を定数としていたが、戦車台数の不足から、九月には二個大隊で六七輌、モスクワ攻防戦の期間中にはさらに四六輌へと縮小された。一方の独立戦車大隊は、主に狙撃兵師団の火力支援用に投入された小規模編成の部隊で、定数は三六輌、うち五輌はKV1型重戦車が配属されていた。

このほか、八月以前に編成されていた戦車師団の生き残りが三個（第58、第108、第112）、西部方面軍の戦区に展開していた。その装備はほとんど旧式の軽戦車だったが、実戦をくぐり抜けた戦車兵は敵戦車部隊の待ち伏せなどで豊富な経験を積んでいた。

戦車旅団や戦車大隊の装備戦車は、部隊ごとに多少のばらつきはあったが、この頃にはT34やKVの扱いに習熟した戦車兵が多数育っており、とりわけ要衝ツーラの防衛を担う第50軍所属の第11と第32戦車旅団は、グデーリアンの第2装甲軍に所属するドイツ軍第24装甲軍団と互角の戦いを繰り広げるまでに戦術上の技量が向上していた。

一方、装備兵器を秘匿する目的で「親衛迫撃砲連隊」という呼称を付与されていた多連装ロケット砲連隊は、BM8（八二ミリ）およびBM13（一三二ミリ）多連装ロケット砲を装備する火力支援部隊で、ロケット発射機の多くはZIS6型トラックの荷台に乗せられて移動時の便宜が図られていた。これらの「カチューシャ（ソ連兵の名付けた愛称）」は、七月十四日に初めてオルシャ近郊で使用されて以来、ドイツ軍兵士の恐怖の的となっており、ドイツ側では一斉射撃の際に発するオルガンに似た不気味な怪音から「スターリンのオルガン」という渾名《あだな》で呼ばれていた。

カシーラでの反撃で目覚ましい活躍を見せた親衛騎兵軍団は、騎兵師団二個ないし三個から成る騎兵軍団から改組されたばかり（十一月二十六日に第2、第3騎兵軍団が第1と第2親衛騎兵軍団に改組）の部隊で、深い積雪の中では通常の自動車化狙撃兵師団よりも機動力を発揮できることから、敵後方への突破兵力として使用される予定だった。

ちなみに、ソ連軍の「親衛」部隊とは、ドイツ軍の武装親衛隊のようなエリートの選抜部隊として当初から編成されたわけではなく、特定の軍や軍団、師団、旅団などが何らかの戦功を挙げたことに対する褒賞的な意味合いで付与される称号だった。親衛部隊の第一号は、一九四一年八月末のイェリニャ攻防戦での戦功を評価され、九月十八日に第100、第127、第153、第161狙撃兵師団から改編された、第1〜第4親衛狙撃兵師団だった。

ただ、装備と食糧の配給や給与などの条件は通常部隊よりも恵まれており、親衛の称号はその部隊に所属する将兵の士気を大きく向上させる効果をもたらしていた。

◆モスクワ前面から敗走するドイツ軍

ソ連側が反撃に転じる準備を進めていた頃、ドイツ中央軍集団の第4軍戦区では、第20軍団の四個歩兵師団が、十二月一日から四日にかけて、最後の突撃を行っていた。

モスクワ＝スモレンスク街道に近いナロフォミンスクを占領したドイツ第20軍団は、さらに東へと前進を続けようとした。しかし、最低気温は零下三〇度と四〇度の間を行き来し、しかも強風が吹き荒れたことで、体感温度は殺人的とも言えるほどに低下していた。そのため、最前線のドイツ兵は、口々に「もう駄目だ！」と喚《わめ》きながら、敵の銃火ではなく、寒さのために地面にへたり込んだ。軍集団の他の戦区でも、状況は同じだった。パンやバターは石のように硬く凍結し、機関銃や火砲の潤滑油も凍り付いて動作不良が頻発した。機関車やトラックの水パイプが破裂し、補給物資の前線への到着はさらに遠のき、戦車はエンジンの凍結を防ぐために夜通し焚《た》き火に晒《さら》しておかなくてはならなかった。

十二月の訪れと共に、ドイツ軍の各部隊は攻撃力を完全に喪失しており、軍司令部ではモスクワへの攻勢継続をあきらめて、越冬の態勢に移行するための準備を進めていた。

ソ連軍の冬季大反攻が開始されたのは、その矢先だった。

一九四一年十二月五日、まず第一撃としてカリーニン方面軍（コーニェフ大将）の第29軍と第31軍が、反攻の火蓋を切った。一〇個狙撃兵師団と一個騎兵師団から成る兵力で、両翼からカリーニン市周辺のドイツ第6および第27軍団に襲いかかったのである。

続いて翌十二月六日にはジューコフ上級大将率いる西部方面軍の五個軍（第30、第1打撃、第20、第16、第5）と、コステンコ中将が指揮を執る南西方面軍の五個軍（第50、第10、第61、第3、第13）が、モスクワの北と南で同時に総攻撃を開始し、ドイツ軍の第2、第3、第4の各装甲軍は一転して、モスクワを攻めるという立場から、厳冬の中で敵の猛攻を凌《しの》がなくてはならない苦しい立場へと追い込まれていった。

ソ連軍冬季反攻の第一段階において、とりわけ目覚ましい活躍を見せたのは、南西方面軍戦区の第13軍と、臨時編成の方面軍機動集団（第5騎兵軍団、第129戦車旅団、第34自動車化狙撃兵旅団、第1親衛および第121狙撃兵師団）だった。両部隊は、対峙するドイツ第34軍団の二個歩兵師団（第45、第134）をイェレッツの西方で完全に包囲して、戦死者と捕虜を合わせて約一万六〇〇〇人という大損害を与えることに成功した。

いまや、独ソ両軍の戦略的な立場は完全に逆転した。十二月六日、ドイツ中央軍集団の各軍司令官は、モスクワ攻勢の中止を正式に部下へと下達し、敵による包囲を避けるためと、湾曲した戦線を整理して予備部隊を抽出するために、西方向への退却を開始した。

◆ヒトラーの現状死守命令

モスクワ市の南北でソ連軍が大反攻に転じ、自軍の前線部隊が次々と退却していることを知ったヒトラーは、十二月八日に以下のような内容の「総統訓令第39号」を発令し、攻撃態勢から防御態勢への速やかな転換を正式に前線部隊へと指示した。

「東部戦線には驚くほどの速さで厳しい冬が到来し、それに伴う補給上の問題から、やむを得ずわが軍は全ての攻勢作戦を停止し、以下の三点に留意した上で、防勢作戦に転じるものとする。

第一に、敵にとって作戦上または経済上重要な地点を保持すること。第二に、東部戦線の将兵を可能な限り休息させ、体力の回復を図ること。第三に、一九四二年における大規模攻勢の再興に備えて、有利な条件形成に努めること」

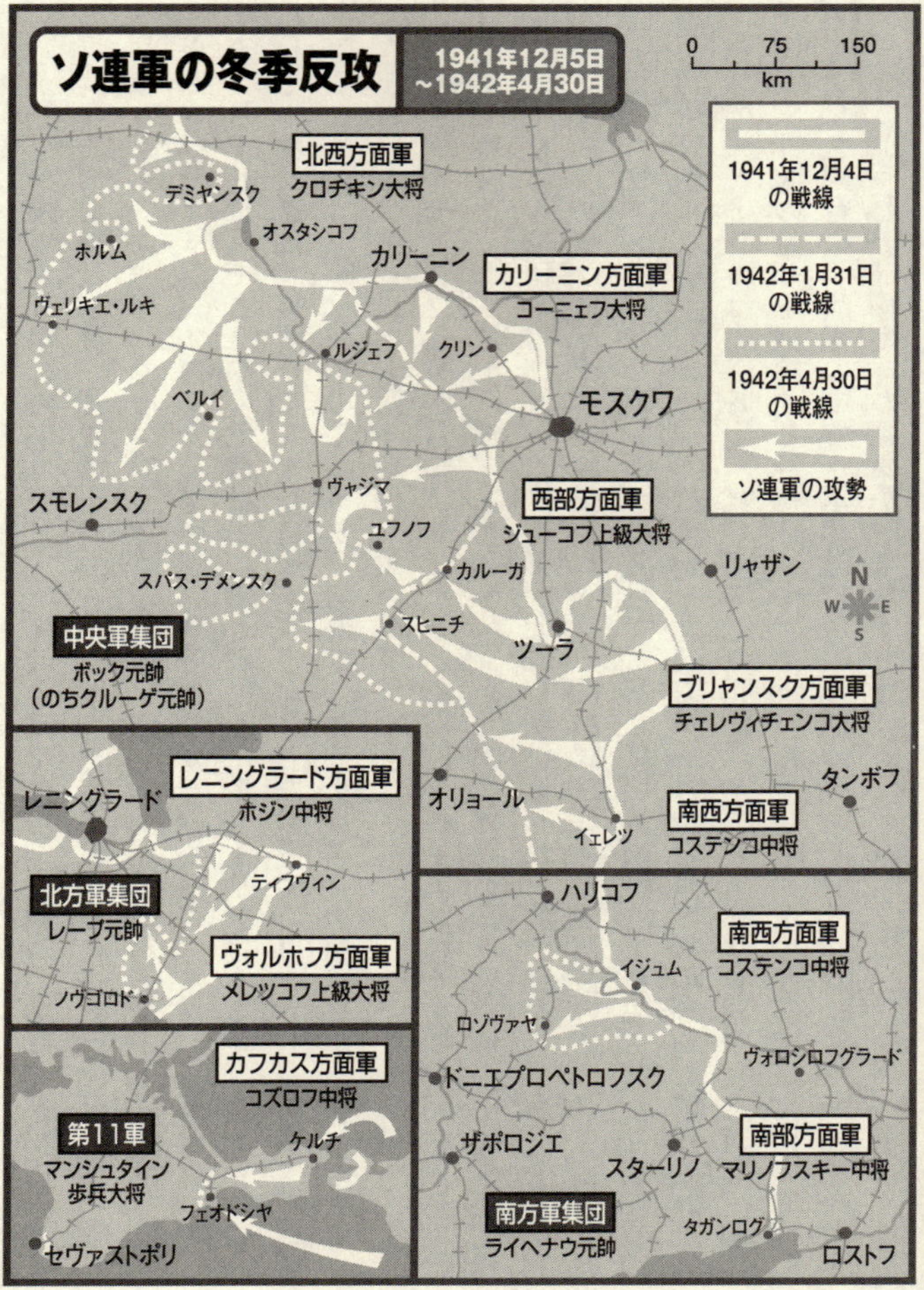

ソ連軍の冬季反攻
1941年12月5日
~1942年4月30日
0 75 150
km
1941年12月4日
の戦線
1942年1月31日
の戦線
1942年4月30日
の戦線
ソ連軍の攻勢
北西方面軍
クロチキン大将
デミヤンスク
オスタシコフ
ホルム
カリーニン
カリーニン方面軍
コーニェフ大将
ヴェリキエ・ルキ
ルジェフ
クリン
ベルイ
モスクワ
ヴャジマ
スモレンスク
西部方面軍
ジューコフ上級大将
ユフノフ
カルーガ
リャザン
スパス・デメンスク
スヒニチ
ツーラ
中央軍集団
ボック元帥
(のちクルーゲ元帥)
ブリャンスク方面軍
チェレヴィチェンコ大将
レニングラード方面軍
ホジン中将
レニングラード
オリョール
タンボフ
南西方面軍
コステンコ中将
イェレツ
ティフヴィン
北方軍集団
レーブ元帥
ヴォルホフ方面軍
メレツコフ上級大将
ノヴゴロド
ハリコフ
南西方面軍
コステンコ中将
イジュム
ロゾヴァヤ
ヴォロシロフグラード
ドニエプロペトロフスク
カフカス方面軍
コズロフ中将
第11軍
マンシュタイン
歩兵大将
ケルチ
フェオドシヤ
セヴァストポリ
ザポロジエ
スターリノ
南部方面軍
マリノフスキー中将
南方軍集団
ライヘナウ元帥
タガンログ
ロストフ

しかし、ソ連軍の攻勢の勢いは、ヒトラーの認識を大きく上回っており、独ソ両軍部隊の対峙する最前線は、潮が退くようにして少しずつ西方へと引き戻された。十二月八日、モスクワから一六キロのクリュコヴォがソ連軍に奪回され、十二月十二日には首都から五〇キロのソリネチノゴルスクからドイツ軍の守備隊が一掃された。

十二月十五日、モスクワの危機は去ったと判断したスターリンは、クイブィシェフに疎開していたソ連政府機関をモスクワに戻すよう命令した。翌十二月十六日、モスクワ北部の要衝カリーニンがソ連軍の手に落ち、南部ではグデーリアンの第2装甲軍が、最大進出地点から一〇〇キロ以上も西へと押し返されていた。

ドイツ軍のモスクワ攻勢が退却に転じたことで、対ソ戦争における早期終結の見込みは完全に失われた。十二月十八日、フォン・ボック元帥は体調不良を理由に、中央軍集団司令官の座を第4軍司令官フォン・クルーゲ元帥に明け渡した。翌十二月十九日、陸軍総司令官フォン・ブラウヒッチュの辞任がヒトラーに承認され、一週間後の十二月二十六日には、グデーリアンが「命令不服従」の名目で、第2装甲軍司令官を罷免された。第4装甲軍の司令官ヘープナーもまた、六日後の一九四二年一月一日に同様の理由で解任された。

そして、ヒトラーは十二月十八日、モスクワ正面の全てのドイツ軍司令官に対し、明確な言葉で部隊の退却を厳禁する「死守命令」を下した。ヒトラーの脳裏には、かつて同じモスクワを舞台に、酷寒の中で自軍部隊に西への退却を命じ、それがやがて全面的な敗走へとつながったナポレオンの悪夢が去来していた。

モスクワ戦でヒトラーが下した「死守命令」については、独裁者特有の頑迷さに起因する、現実を無視した判断であるかのように語られることも多いが、キエフ包囲戦におけるスターリンの「死守命令」と同様、実際の状況はもう少し複雑だった。

ヒトラーは、先に触れた「総統訓令第39号」の中で、中央軍集団の各部隊は「陸軍総司令官（ブラウヒッチュ）の指示する、防御に適した前線沿いに布陣し、戦力回復に努めること」と指示しており、当初は限定的な退却を認める考えを持っていたのである。

この退却許可に関し、ヒトラーは「装甲師団と自動車化歩兵師団を優先的に後方へと下げること。防御線は、雪解けの時期における宿営、防御および補給に関する利点を特に考慮して設定すること。個々の正面における退却のタイミングは、全般的な情勢を踏まえて決定されなくてはならない」との条件をつけており、退却先の新たな前線の具体的な位置設定は、陸軍総司令官のブラウヒッチュに一任していた。

ところが、決裁者であるはずのブラウヒッチュは、ヒトラーが指示した「防御に適した線」を、主体的に決定する能力を持たなかった。彼は、陸軍にもナチ党にも敵のいない温厚な性格で、カイテル元帥のような「ヒトラー追従者」ではなかったが、最近の軍事作戦上の問題について、適否を正しく判断できる知識や自信に欠けていた。

そして、十一月十日に心身の疲労による心臓発作で一度倒れた後、ブラウヒッチュの健康状態は急速に悪化しており、陸軍の「総司令官」に求められる指導力や決断力、そして困難と対決する精神力の発揮を彼に期待することは、絶望的な状況だった。

こうしたブラウヒッチュの「リーダーシップの欠如」により、ドイツ中央軍集団の前線部隊が目指すべき「防御に適した線」が、一向に定まらないことに業を煮やしたヒトラーは、遂に陸軍総司令官ブラウヒッチュを見限る決断を下し、自ら「死守命令」を下した。

つまり、ヒトラーのモスクワ前面での「死守命令」は、直接的にはブラウヒッチュの陸軍総司令官としての能力不足が招いた事態だったのである。

グデーリアンをはじめとする一部の野戦指揮官は、この死守命令に激しく抗議したが、結果的にはこの一見理不尽な命令が、ドイツ軍を救うこととなった。

ソ連軍の冬季反攻は、入念な準備を伴わない場当たり的な作戦であったため、補給物資の輸送が前線部隊の進撃に追いつかず、攻勢の勢いが急速に衰えていったからである。

ドイツ第4軍の参謀長ブルーメントリット少将は、後に回想録の中で、ヒトラーの狂信的とも言える死守命令は「当時のモスクワ前面の状況下では間違いなく正しい決断だった」と書き記している。

だが、ドイツ軍が冬季の後退戦で失った損害は決して少なくなかった。中央軍集団は、十二月上旬から一九四二年一月末までの期間に、三三六一門の重砲と四二六二門の対戦車砲、五八九〇門の迫撃砲を喪失した。一月十三日、凍傷に苦しむドイツ兵を救うため、一三三人の軍医が本国から輸送機で中央軍集団戦区に増派されたが、焼け石に水だった。

一九四一年十一月から一九四二年三月までの冬季戦において、防寒手袋と耐寒靴の不足が原因で凍傷に罹《かか》ったドイツ兵の数は、実に二二万八〇〇〇人に達していたのである。

◆戦況を楽観視しすぎたスターリン

モスクワ正面での反攻が大成功を収めたことに気を良くしたスターリンは、このまま一気にドイツ軍を撃滅できるものと考え、他方面でも攻勢に移るよう指令を下した。

一九四二年一月五日、赤軍の最高幹部をクレムリンに呼び集めたスターリンは、まず参謀総長のシャポシニコフ元帥に、当時のソ連軍が持つ九個方面軍の全てを投入した大反攻作戦の骨子を説明させた。

まず、モスクワ正面の西部、カリーニン、ブリャンスクの三個方面軍と北西方面軍の一部で大攻勢を行い、敵の中央軍集団を撃破する。北翼では、レニングラード方面軍とヴォルホフ方面軍、北西方面軍の主力を用いて敵の北方軍集団に大打撃を与え、レニングラードの包囲を解いて連絡を回復する。そして南翼では、南西方面軍と南部方面軍が敵の南方軍集団を撃退してハリコフとドンバス地方（スターリノ周辺の炭田地帯）を解放し、カフカス（コーカサス）方面軍は黒海艦隊と協力してクリミア半島を敵の手から奪回する。

スターリンは、自信に満ちた口調で、こう宣言した。

「ドイツ軍は、モスクワ前面での敗北で自信を失っている。冬季戦用の衣類も装備も全く持っておらんではないか。今こそ、総攻撃に移行するまたとないチャンスだ！」

ジューコフは、全戦線で充分な攻勢を継続できるほどの兵器装備や補給物資が備蓄されていないことを理由に大攻勢の継続案に反対し、攻勢はモスクワ正面だけに限定すべきだと主張、軍需相のヴォズネセンスキーもこれに同調した。しかし、スターリンは、反対意見には耳を貸さずに会議を終了し、先に確認した攻勢計画の実施を命令した。

こうして戦線の全域で発動された攻勢は、ジューコフらが危惧した通り、どの戦区においても決定的な勝利を収めることなく、中途半端な形で頓挫《とんざ》させられることとなった。

まず、北部のレニングラード方面軍（ホジン中将）とヴォルホフ方面軍（メレッコフ上級大将）、北西方面軍（クロチキン大将）による攻撃は、ヴォルホフ川流域で一定の領土を奪回し、デミヤンスクの敵部隊（第2軍団）を包囲の一歩手前にまで追い込んだが、孤立しているレニングラードとの陸路での連絡を回復することには失敗していた。

中央部のモスクワ正面では、ベロフ少将の第1親衛騎兵軍団と、ドヴァトル少将率いる第2親衛騎兵軍団が、それぞれ西部方面軍戦区の南北で戦線を突破して、ドイツ軍の補給幹線を脅かす位置にまで進出していた。しかし、ソ連側はただでさえ数の少ない貴重な戦車を冬季反攻の初期段階で消耗しており、雪上での機動力を持つ少数の独立スキー大隊を除けば、突破兵力に後続できる部隊を持たなかった。そのため、これらの騎兵軍団はすぐに孤立して、寒風の吹きすさぶ中で敵の占領地をうろうろと彷徨《さまよ》うこととなった。

スタフカは、一九四二年一月以降、騎兵軍団の打撃力不足を解消する目的で、レバシェフ少将の第4空挺軍団の所属部隊を数回に分けてヴャジマ周辺地帯に降下させたが、輸送機の不足や指揮官の不手際により、いずれも小規模な集団でしか着地できず、しかも重火器が欠如していたために、事態の改善にはほとんど寄与することができなかった。

南西方面軍（コステンコ中将）と南部方面軍（マリノフスキー中将）が実施した、ハリコフとドンバス地方への攻勢は、他の戦域と比較すれば割り当てられた兵力も少なく、大きな進展は最初から見込めなかったが、第6、第37、第38、第57の四個軍で一九四二年一月十八日に開始された、ドニェツ川流域のイジュムからスラヴャンスクに至る地域での攻勢は一定の成果を収め、奥行き一〇〇キロほどの細長い突出部を確保することに成功していた。しかし、兵力不足から攻勢発起点の付け根を拡大することができず、ドイツ側は春の雪解けまでの間、両肩に位置するバラクレヤとスラヴャンスクを保持し続けた。

そして、東部戦線最南端のクリミア半島では、一九四一年十二月二十六日にカフカス方面軍（コズロフ中将）がケルチ半島へと上陸した後、その橋頭堡から新たな攻勢を発起して、ドイツ軍とルーマニア軍の部隊を一挙にクリミア半島から駆逐しようとした。だが、この戦区でも兵力と補給物資、とりわけ砲兵用の弾薬の不足から戦果を拡大できず、狭いケルチ半島より西へと部隊を進めることはできなかった（第四章で詳述）。

結局、一九四一年冬から四二年春に実施されたソ連軍の冬季反攻作戦は、スターリンが意図した「ドイツ軍戦線の全面崩壊」を引き起こすことができず、逆にソ連側の予備兵力を無為に浪費する結果に終わった。そして、春の雪解けと共に戦線の移動が停止すると、独ソ両軍首脳部は、戦争計画を根本から再検討する必要に迫られたのである。

《戦略を練り直す独ソ両軍首脳部》

◆ティモシェンコの攻勢計画

開戦から九か月目を迎えた一九四二年三月二十二日、ソ連南西総軍（この時点で南西、南部、ブリャンスクの三個方面軍を統括）の司令官ティモシェンコ元帥は、ハリコフおよびドニェツ川流域における両軍の兵力配置の分析と、敵に対するハリコフ突出部からの反攻計画案を盛り込んだ報告書を、モスクワのスタフカへと提出した。

南西総軍司令部の作成した計画案では、バラクレヤからハリコフ近郊に伸びる突出部の北側面と、スラヴャンスクからドニエプル川の方向に向かう南側面で、同時に攻勢を開始する予定となっており、スタフカの戦略予備をこの地域に集中的に投入して、攻勢参加兵力を増強してもらいたいとの要請が添えられていた。

この報告書を受け取ったスタフカと国家防衛委員会は、三月二十八日から三十日までの三日間にわたる、春季から夏季にかけての戦略方針を検討する首脳会議を開いた。この会議には、ティモシェンコをはじめ南西総軍司令部の幹部も出席し、南西地域での攻勢の重要性と成功の見込みを、スターリンに力説した。

だが、スターリンは予備兵力の不足を理由に、南西総軍の「両面攻勢案」を却下し、代わりに突出部の北側でのみ行うハリコフ攻撃計画を立案するよう、ティモシェンコに言い渡した。スターリンは、ドイツ軍が春の雪解けと共に、ルジェフからヴャジマに至る地域へと装甲部隊を集結させ、再度モスクワに対する大攻勢を仕掛けるのではないかと危惧していた。そのため、モスクワ正面では防御戦の準備を固めて戦略予備の大半をこの付近に控置《こうち》し、ごく少数の予備戦車部隊だけを用いる条件で、攻勢の実施を許可したのである。

この決定に従い、南西総軍は南西方面軍の三個軍と一個作戦集団（臨時編成の機動部隊群）を攻撃主力とする挟撃作戦で、ハリコフ市を攻略するという新たな計画案を作成し、四月十日にスタフカへと提出した。攻撃の主軸となるのは、ハリコフ北東のヴォルチャンスク地域に展開するリャブイシェフ中将の第28軍と、その北に隣接するゴルドフ少将の第21軍、突出部の北側に布陣するゴロドニャンスキー中将の第6軍、そして第6騎兵軍団と第7戦車旅団の混成部隊であるボブキン少将率いる作戦集団で、さらにモスカレンコ少将の第38軍が、第6軍と第28軍の中間地域で牽制《けんせい》攻撃を行う予定となっていた。

スターリンは、この改訂された攻勢案を承認し、攻勢開始日は五月四日と定められた。

◆ハルダーの提出した「青」作戦構想

一九四二年三月二十八日の朝、ソ連側がモスクワでの最高首脳会議を催していたのと同じ頃、ドイツ陸軍の参謀総長ハルダーは、総統ヒトラーに新たな対ソ戦略案を上奏するための重要な戦略計画書を携えて、東プロイセンのラシュテンブルクにある総統大本営「狼の巣（ヴォルフスシャンツェ）」へと向かった。

対ソ侵攻作戦「バルバロッサ」が、彼らの期待を大きく裏切る形で失敗に終わり、ソ連との戦争を対仏戦のような短期決戦で終結させる見込みが失われた以上、ドイツ軍首脳部は対ソ戦の基本戦略を根本から見直すのと同時に、先の「バルバロッサ」作戦とは異なるアプローチでソ連を崩壊に追い込む方策を見出さねばならなくなっていた。

総統大本営に到着したハルダーは、書類鞄《かばん》から機密文書を取り出し、内容をヒトラーと国防軍総司令部総監カイテル元帥をはじめとする少数の列席者に説明した。後に「青（ブラウ）」作戦と命名されることになる、一九四二年度夏季攻勢の計画案である。

ハルダーの説明によれば、参謀本部案としての攻勢の概容は次のようなものだった。まず、ドイツ南方軍集団を構成する計五個軍のうち、最北部の第4装甲軍と第6軍、そして中央部の第1装甲軍と第17軍をそれぞれペアとし、第4装甲軍と第6軍はヴォロネジからドン川に沿って南東へ、第1装甲軍と第17軍はロストフから同じくドン川に沿って北東へと進撃、スターリングラード付近のドン川湾曲部で包囲環を閉じて、ドン川流域の西岸に展開するソ連軍の大兵力を一網打尽にする。

この「ドン川包囲戦」により、ドン川からカフカス山脈に至る広大な領土は、守る者のいない無人の野と化しているはずだった。そして、第1装甲軍と第17軍、クリミア半島からケルチ海峡を渡ってタマン（タマニ）半島に上陸する第11軍が、カフカス方面へと全面

「青」作戦計画案
1942年4月8日
承認
0
100
200
km
攻勢第1段階
攻勢第2段階
攻勢第3段階
攻勢第4段階
N
W
E
S
ドン川
クルスク
ヴォロネジ
スタルイ・オスコル
B軍集団
ヴァイクス
上級大将
ハリコフ
ロッソシ
ヴォルガ川
イジューム
クレツカヤ
ドニェツ川
スターリングラード
ヴォロシロフグラード
モロゾフスク
カラチ
ツィムリャンスカヤ
コテリニコヴォ
タガンログ
ロストフ
ソ連邦
プロレタルスカヤ
サリスク
エリスタ
アストラハン
サル川
アゾフ海
チホレツク
A軍集団
リスト元帥
カスピ海
クラスノダール
クバン川
スタヴロポリ
ノヴォロシースク
マイコプ
クマ川
ツァプセ
ピャチゴルスク
モズドク
テレク川
黒海
グロズヌイ
スフーミ
エリブルス山
(5642m)
オルジョニキーゼ
カフカス山脈
(コーカサス)
バツーミ
トビリシ
トルコ
バクーまで
200km
①ヴォロネジ攻略
②ドン川下流での突破
③スターリングラードでの
敵兵力の包囲殲滅
④カフカス油田地帯に
向けた進撃

的な攻勢を展開し、そこにあるヨーロッパ最大の大油田地帯を占領する計画だった。

カフカス地方には、世界最大の産油地バクーをはじめ、グロズヌイやマイコプなど、ソ連の軍需生産を支える石油産出地が集中していた。第二次大戦が勃発した翌年の一九四〇年、ソ連はバクーを中心に、年間二億一三〇〇万バレルの石油を産出したが、これはドイツが主要な石油供給源として依存していたルーマニアのプロエシュチ油田の年間産出量四三〇〇万バレルの約五倍に当たる数字だった（一バレルは一五九リットル）。

独ソ不可侵条約の締結された直後の一九四〇年一月から一九四一年六月の独ソ開戦までの期間に、ソ連からドイツへと供給された石油は、一六〇〇万バレルにのぼっていた。ドイツ軍がこの地域を制圧すれば、自国の軍需経済が必要とする石油の一部を確保できるのと同時に、ソ連の軍需経済に対して致命的な打撃を与えられるものと思われた。

◆計画案を自ら手直ししたヒトラー

説明を聞き終えたヒトラーは、その内容に満足し、ただちに正式な命令文書の作成にとりかかるよう、国防軍統帥部長のヨードル砲兵大将に命じた。一週間後の四月四日、攻勢作戦の命令文書を完成させたヨードルは、さっそく総統に提出して承認を求めた。ところが、内容を一読したヒトラーは顔色を変えてヨードルに詰め寄った。

「これは一体、どういうことか？」

ヒトラーの機嫌を損ねたのは、大攻勢の作戦指導に関する権限が、南方軍集団の司令官

（前の中央軍集団司令官フォン・ボック元帥が一九四二年一月に着任）に大きく委ねられている点だった。作戦遂行上の重大な決定に、自分が関与できないという状況を嫌ったヒトラーは、弁明するヨードルから「自分で調べるからよい」と言って命令文書を取り上げてしまう。そして、翌四月五日に、ヒトラーは自らの手で若干の手直しを加えた正式な「青」作戦の命令文書「総統訓令第41号」を、軍の最高指導部に下達した。

「東部戦線におけるわが軍将兵の卓越した勇気と、犠牲を厭《いと》わぬ尽力により、わが軍は大いなる防御戦の成果を獲得した。敵は、甚大な人的・物的損失を被り、冬季戦の初期段階での部分的成功に乗じたにもかかわらず、保有していた予備兵力のほとんどを、この冬の戦いで消費してしまった。

よって、天候と地表状態の回復と共に、わが軍は主導権を奪取せねばならない。新たな攻勢におけるわが軍の目標は、いまだ残存するソ連軍の戦力を完膚なきまでに粉砕し、同時に敵の最も重要な戦争経済上の資源を、可能な限り失わせることにある。

全般的な意図としては、東部戦線当初の原則（敵軍事力の粉砕）を維持しつつ、中部戦域では現状の維持、北部戦域ではレニングラードを占領してフィンランド軍と陸路で連絡し、南部戦域ではカフカス地方へと突進すること。順序としては、まず全兵力を南部戦区の主要作戦に向け、ドン川前面の敵を掃討し、次いでカフカス地域の油田群およびカフカス山脈の南への通行路を奪取する」

この大攻勢の開始に先立ち、ドイツ南方軍集団司令官ボックは、配下の第6軍と第17軍の攻勢発起点で楔《くさび》のようにドイツ側の占領地域へと打ち込まれているハリコフ南部の突出部を除去すべく、限定的な攻撃作戦の計画を立案した。「フリデリクス」作戦と名付けられたこの攻撃案は、パウルス装甲兵大将（一九四二年一月一日に昇進）の第6軍が北側から、フォン・クライスト上級大将の指揮下に第1装甲軍と第17軍の部隊を集めた「クライスト集団軍」が南側から、それぞれ突出部の根元に向けて襲いかかり、内部のソ連軍部隊を包囲殲滅《せんめつ》するというもので、作戦開始日は五月十八日と設定された。

《パンチの応酬──第二次ハリコフ会戦》

◆先手を打ったティモシェンコ

ハリコフ南方のいびつな形状をした戦線の両側では、ほぼ同数の兵力を展開する独ソ両軍が、きわめて似通った攻勢作戦の準備を進めていたが、先に動いたのはソ連側だった。当初の予定から八日遅れの一九四二年五月十二日、午前六時三〇分に始まった支援砲撃を皮切りに、ソ連軍のハリコフ攻撃作戦が開始された。ハリコフ東方のドニェツ川西岸地域から突出部北翼に至る幅九〇キロの戦線に、狙撃兵師団二二個と騎兵師団六個、独立戦車旅団一九個、自動車化狙撃兵旅団三個が投入され、さらに狙撃兵師団六個と騎兵師団三個が方面軍予備として控置されていた。

一方、戦線の反対側では、ホリト歩兵大将率いる第17軍団と、フォン・ザイドリッツ＝クルツバッハ中将の第51軍団、そしてハイツ砲兵大将の第8軍団に所属する歩兵師団八個と保安師団一個が展開し、戦線後方では機動予備の装甲師団二個が待機していた（北隣のブリャンスク方面軍の戦区で対峙していた第11軍団は含まず）。

師団数だけを比較すれば、ソ連側が圧倒的な優位に立っているように見えたが、実状は全く異なっていた。ソ連軍の狙撃兵師団の規模は、この時期にはドイツ軍の半個師団程度に過ぎず、しかも軍司令官から小隊に至る指揮系統を占めていたのは、実戦経験の不足した、にわか仕立ての指揮官ばかりだった。そのため、ハリコフ東部の正面では、ソ連側は局地的な兵力的優位を作り出すことに失敗し、作戦開始三日目にはドイツ軍の第3（ブライト少将）と第23（フォン・ボイネブルク＝レングスフェルト少将）の二個装甲師団による反撃を受けて、攻勢発起点からわずか二十数キロ前進しただけで頓挫してしまった。

ハリコフ南方の突出部でも、戦況はソ連側が想定したようには進展していなかった。戦場一帯の制空権をドイツ側に握られてしまったことに加えて、せっかくこの戦域に配備されていた第21戦車軍団（グジミン少将）と第23戦車軍団（プーシキン少将）を、南西方面軍司令部は作戦開始五日目になっても最前線に投入せず、五個狙撃兵師団と三個独立戦車旅団だけで攻撃作戦を実行させていたのがその一因だった。

ただ、突出部の先端部から西へと攻撃を開始した、第6騎兵軍団（ノスコフ少将）と第7戦車旅団（ユルチェンコ大佐）から成るボブキン作戦集団だけは、ドイツ第8軍団の戦線を鮮やかに突破して戦果を拡大していた。五月十六日には、攻勢発起点から五〇キロほど西方に位置するクラスノグラードのドイツ軍守備隊を攻撃し、そこから六〇キロしか離れていないポルタヴァのドイツ南方軍集団司令部を脅かしていた。

このボブキン作戦集団の進撃ぶりと、他の正面での戦線の移動を過大評価した南西方面軍司令部は、五月十五日に次のような報告をスタフカに提出した。

「敵は、ハリコフ付近で新たな攻勢の準備をしていた模様ですが、わが軍は敵の企図を粉砕することに成功しました。敵にはもはや、ハリコフ地区で攻勢を実行できる兵力がないことは明白です」

だが、彼らはそれから数日後、この認識が途方もない誤解であったことを思い知らされることになる。

◆フォン・ボックのカウンターパンチ

要衝ハリコフを守るドイツ第6軍の戦線は、二個装甲師団の巧みな機動防御でなんとか維持されていたが、ドイツ南方軍集団の司令官ボックは気を緩めることができなかった。第6軍が持つ予備兵力を全て前線で使い切っている今、ソ連側が新たな予備の戦車兵力を投入すれば、戦局が一挙に変転する可能性もあったからである。

そのため、ボックは五月十四日、陸軍参謀総長のハルダーに電話をかけ、突出部南方のクライスト集団軍から三ないし四個師団を抽出して、ハリコフ南方の防備を強化する方策に参謀本部の許可を求めた。しかし、ハルダーはボックの提案を即座に却下した。作戦開始を間近に控えたクライスト集団軍から、数個師団もの兵力を引き抜くことは、予定している「フリデリクス」作戦の打撃効果を半減させてしまうと考えたからである。

この段階に至り、ボックは重大な決断を迫られることとなった。ハリコフ周辺の部隊が防戦で手一杯の状況では、突出部の南北からソ連軍を挟撃するという、当初の攻勢計画の実行は明らかに不可能だった。ならば、「フリデリクス」作戦を中止して、全面的な防勢に回るべきか。それとも、南のクライスト集団軍だけで攻勢計画を実行すべきか。

南方軍集団の参謀長フォン・ゾーデンシュテルン歩兵大将と協議した後、ボックは五月十六日に決断を下し、作戦開始日を一日早めて翌日に南翼だけで「フリデリクス」作戦を開始するとの命令を下達した。これを受けて、クライスト集団軍の第3装甲軍団と第44軍団、第52軍団に所属する各師団は、慌ただしく出撃地点へと展開した。

五月十七日の午前四時、ドイツ軍の攻勢支援砲撃が始まり、続いて戦車と歩兵部隊がソ連南部方面軍の第9軍（ハリトノフ少将）と第57軍（ポドラス中将）が守る突出部南翼に襲いかかった。この二個軍は、両軍合わせて一七〇キロ以上の戦線を担っていたが、春の泥濘《でいねい》期以来二か月近くもの時間があったにもかかわらず、充分な防御設備を構築する努力を行っていなかった。有刺鉄線が張られていたのは、全正面のうちの一一キロほどで、保有する狙撃兵師団のほぼ全て（一〇個師団）を第一線に投入して予備部隊を後方に置くこともしておらず、敵と対峙する防御陣地の縦深《じゅうしん》はわずか五キロほどに過ぎなかった。

三〇度を超える真夏のような暑さの中、第257歩兵師団（ピュヒラー中将）と第101軽歩兵師団（ミュラー中将）、そしてフーベ大将の率いる第16装甲師団は、スラヴャンスクからイジュムに至るドニェツ川の西岸地域を、五月十八日までに無事確保した。

フォン・マッケンゼン騎兵大将に率いられた第3装甲軍団（五個師団）は、これらの部隊に側面を護られながら北進し、マリノフスキー中将の南部方面軍に幅八〇キロの大穴を

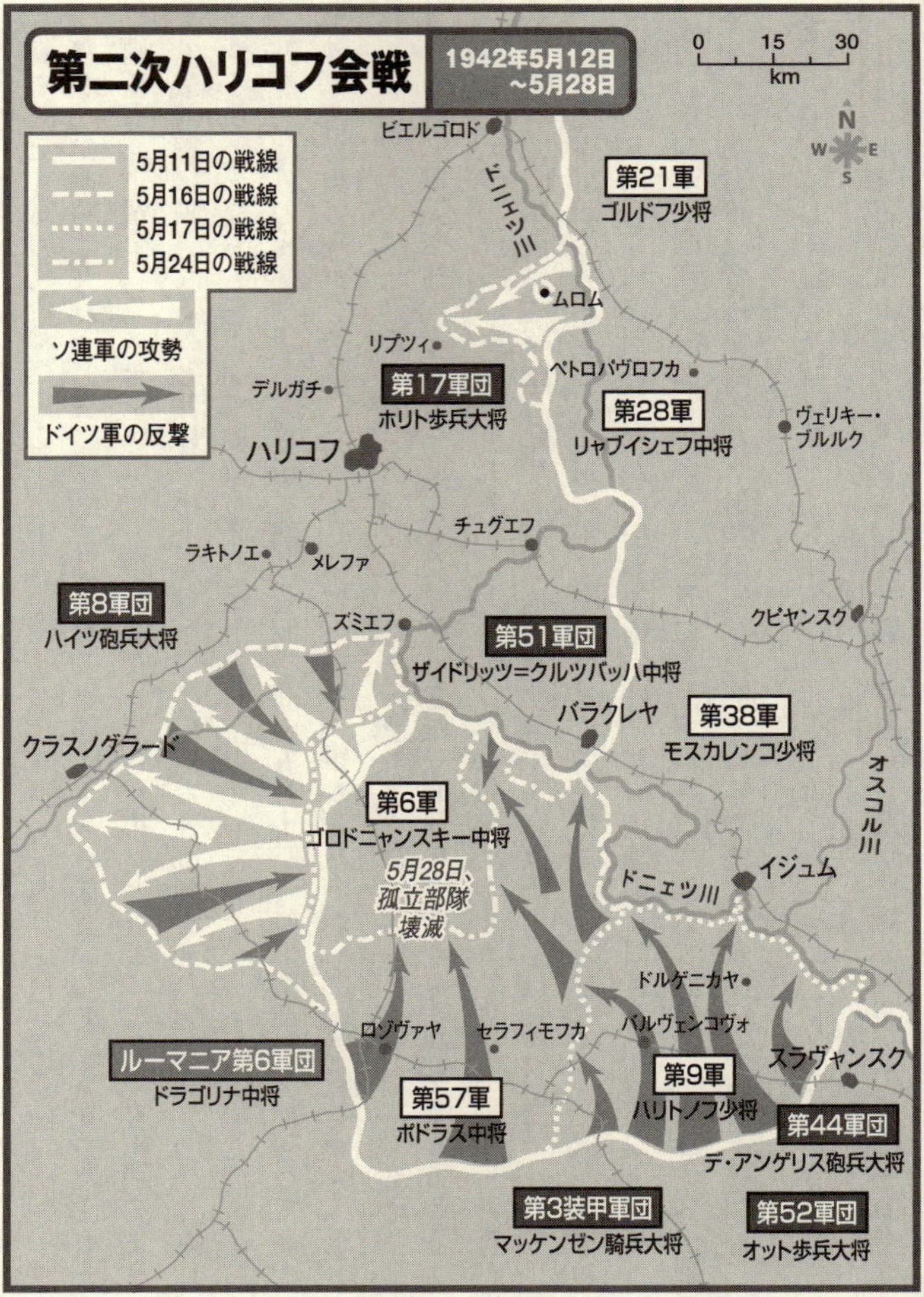

第二次ハリコフ会戦
1942年5月12日
~5月28日
0 15 30
km
N
W E
S
5月11日の戦線
5月16日の戦線
5月17日の戦線
5月24日の戦線
ソ連軍の攻勢
ドイツ軍の反撃
ビエルゴロド
ドニエツ川
第21軍
ゴルドフ少将
ムロム
リプツィ
ペトロパヴロフカ
デルガチ
第17軍団
ホリト歩兵大将
第28軍
リャブイシェフ中将
ヴェリキー・ブルルク
ハリコフ
チュグエフ
ラキトノエ
メレファ
第8軍団
ハイツ砲兵大将
クピヤンスク
ズミエフ
第51軍団
ザイドリッツ=クルツバッハ中将
バラクレヤ
第38軍
モスカレンコ少将
クラスノグラード
オスコル川
第6軍
ゴロドニャンスキー中将
5月28日、
孤立部隊
壊滅
ドニェツ川
イジュム
ドルゲニカヤ
ロゾヴァヤ
セラフィモフカ
バルヴェンコヴォ
スラヴャンスク
ルーマニア第6軍団
ドラゴリナ中将
第57軍
ポドラス中将
第9軍
ハリトノフ少将
第44軍団
デ・アンゲリス砲兵大将
第3装甲軍団
マッケンゼン騎兵大将
第52軍団
オット歩兵大将

開けることに成功した。

だが、ソ連側は五月十七日の段階ではまだ、事態の重大さを認識していなかった。南西方面軍司令官コステンコは、大事に温存してきた第21と第23の二個戦車軍団をようやく最前線に投入するのと共に、第28軍の戦区にも新たな部隊を送り込んで、ハリコフに対する攻勢をなおも各正面で継続しようと努力していたのである。

五月十七日の夜、ソ連第38軍司令部は、四日前の五月十三日に偵察部隊が捕獲していた敵の機密書類の内容を解読した。そこには、ドイツ軍が北と南から突出部を挟撃するという「フリデリクス」作戦の詳細が記されており、驚いたモスカレンコはただちに南西方面軍と南西総軍司令部へと内容を通報した。敵もまた、両翼包囲の攻勢作戦を企んでいることを知ったティモシェンコは、ただちにハリコフへの攻勢の中止と、南西方面軍から南部方面軍への戦車部隊の移動を命令したが、危機を脱するには既に手遅れだった。

第3装甲軍団の先頭を進む第14装甲師団（キューン少将）は、五月二十二日にバラクレヤ東方でドニェツ川に到達したが、川の対岸には一月以来陣地を堅持しているジーベルト中将の第44歩兵師団が展開していた。これにより、ハリコフ南方の突出部に布陣するソ連第6軍と第57軍は背後を断たれ、形勢は一挙にドイツ軍の優勢へと傾いたのである。

◆負けるべくして負けたソ連軍

五月二十三日の夕方、ティモシェンコは包囲された二個軍に対し、東への脱出を命令するのと共に、コステンコを包囲脱出作戦の現地司令官に任命した。

包囲環に閉じこめられたソ連軍の各部隊は、五月二十五日以降、繰り返しドニェツ川方向への脱出を図り、第23戦車軍団をはじめ一部の戦車部隊は敵戦線の突破に成功したが、大部分の兵士は「万歳（ウラー）！」の叫び声と共に、見通しのいい草原地帯で凄惨な突撃を試み、ドイツ軍の機銃掃射と対戦車砲の一斉射撃でバタバタと倒されていった。

五月二十八日、ハリコフ付近の攻防戦はようやく沈静化したが、ドニェツ川の西に広がる草原には、大量のソ連兵の死体と戦車の残骸がしばらく放置されたままとなっていた。

ドイツ軍が一方的にハリコフを占領した一九四一年十月の戦いを踏まえ、第二次ハリコフ会戦と称されるこの戦いにおいて、ソ連側は二六万七〇〇〇人の将兵と、六五二輛の戦車、一六四六門の火砲、三二七八門の迫撃砲を失ったが、戦死者の中には南西方面軍司令官コステンコ中将と第6軍司令官ゴロドニャンスキー中将、第57軍司令官ポドラス中将、機動集団司令官ボブキン少将らの高官も含まれていた。

赤軍の重鎮ティモシェンコ元帥が自信満々で立案したハリコフ攻撃作戦だったが、実際に作戦を開始してみると、軍事組織としてのソ連軍が、いまだ作戦遂行能力においてはドイツ軍の足下にも及ばないという冷厳な事実が浮き彫りとなった。とりわけ深刻だったのが、陸上戦闘の行方を左右する戦車部隊の運用法における拙劣《せつれつ》さだった。

戦車同士の連携を何より重視して全車輛に無線機を装備していたドイツ軍の場合と異なり、この時期に戦場へと登場したほとんどのソ連軍戦車には、生産に費やす時間とコストを節約するという事情もあって無線機が搭載されておらず、ドイツ軍との戦闘を行う戦車兵は、指揮戦車が掲げる赤と黄色の手旗信号を確認しなくてはならなかった。

また、前記した通り、防御時における縦深陣地の形成や、強力な戦車部隊を投入するタイミング、捕獲した重大情報の迅速な活用など、戦局を大きく左右しうる基本的な軍事行動において、ソ連軍はことごとく悪手を打ち、破滅への扉を自らの手で開いていった。

第二次ハリコフ会戦におけるソ連軍は、司令部の作戦指揮能力においても前線部隊の戦術能力においても、負けるべくして負けた弱い軍隊に他ならなかった。そして、この壊滅的な敗北で自信を失ったティモシェンコは、それから数か月間にわたり、敵であるドイツ軍の作戦能力に対する恐怖心に囚《とら》われ続けることになるのである。

第四章

バクー油田とヴォルガ川への道

（一九四二年六月〜一九四二年十二月）

《難攻不落の要塞セヴァストポリの攻略》

◆クリミア半島の攻防戦

ハリコフ南方地域で独ソ両軍が死闘を繰り広げていたのとほぼ時を同じくして、ソ連南部から黒海に突き出たクリミア半島では、一九四一年十一月の包囲形成以来、ソ連軍の独立沿海軍が、要塞港セヴァストポリで頑強な抵抗を続けていた。

ヒトラーは、クリミア半島を敵の手に残しておけば、ルーマニアのプロエシュチ油田に対するソ連空軍の長距離爆撃機の出撃基地になりうると考え、一刻も早く半島の全域とセヴァストポリ要塞を占領するよう、同地区を担当するドイツ第11軍に要求していた。

前任者フォン・ショーベルト上級大将の事故死により、一九四一年九月十八日に第56装甲軍団を離れて第11軍の指揮権を引き継いだフォン・マンシュタイン歩兵大将は、クリミア半島の入口に当たる幅七キロのペレコプ地峡を同年十月二十五日に突破した後、臨時編成の機動部隊「ツィーグラー戦隊」を南へと突進させて、要塞港を電撃的に占領しようと試みていた。だが、クリミア半島を守るバトフ中将のソ連第51軍は、巧みな後退戦を展開して、所属部隊のほとんどをセヴァストポリ要塞に収容することに成功した。

マンシュタインは、敵に要塞の防備を強化する時間を与えては条件がさらに不利になると考え、早期の要塞奪取を重視して、十二月十七日に第一回目のセヴァストポリ総攻撃を実施した。ハンゼン騎兵大将の第54軍団に所属する第22、第24、第50、第132の四個歩兵師団は、北東の方角から要塞地帯に強襲を仕掛けたが、ソ連軍の拠点は頑強だった。

八個狙撃兵師団（うち四個は現地徴集の民兵師団から正規軍に格上げされたもの）と三個騎兵師団から成るソ連独立沿海軍（十月十六日にオデッサから海路で撤退した兵力を統括する軍規模の司令部で、当初のセヴァストポリ防衛司令部であった第51軍は入れ替わりにケルチ海峡方面へと移転していた）は、峡谷の入り組んだ地形を利用して巧妙に陣地を築いており、ドイツ軍の歩兵部隊はメートル単位でしか前進することができずにいた。

十二月二十八日、ドイツ軍第22歩兵師団のヴォルフ少将は、配下の全部隊に「大晦日《おおみそか》までに要塞を陥落させよ」との命令を下し、十二月三十日にはセヴァストポリ北東の重要拠点「スターリン砦《とりで》」の前面へと肉薄した。しかし、ソ連側はセヴァストポリ要塞に対する敵の圧力を脇へ逸らすため、思わぬ場所で大規模な反攻作戦を開始していた。

十二月二十六日、ソ連第51軍（リヴォフ中将）の狙撃兵が零下三〇度近い酷寒の中、大小の小船に分乗してクリミア東部で細長く突出したケルチ半島の東北部に上陸、次いで十二月二十九日には、ペルヴーシン少将の第44軍が、ケルチ半島の付け根に当たるフェオドシヤへと上陸したのである。

反攻の矢面に立たされたのは、ドイツ軍の第42軍団だったが、軍団長シュポネック中将は背後を遮断されることを恐れて、独断で部隊をケルチ半島から撤退させてしまった。

これを知ったマンシュタインは、激怒して部隊に退却中止を命令したが、ソ連軍の進出を食い止めることはできなかった。十二月三十一日、彼は断腸の思いでセヴァストポリ要塞への攻撃作戦を一時中止するとの命令を下し、ケルチ半島に築かれたソ連軍の橋頭堡を再び取り除くための新たな攻撃計画を立案するよう、軍司令部の参謀に指示した。

◆本国から呼び寄せられた怪物列車砲

一九四二年五月八日、ケルチ半島のソ連軍橋頭堡に対するドイツ軍の総攻撃「野雁《やがん》狩り（トラッペンヤークト）」作戦が開始されると、クリミア東部に展開していたコズロフ中将のクリミア方面軍（第44、第47、第51軍）は、マンシュタインが企てた奇襲攻撃の成功と、それに続く指揮系統の混乱が原因で瞬く間に崩壊し、十日足らずの戦いでケルチ半島から完全に放逐されてしまった。クリミア方面軍の不甲斐ない戦いぶりに激怒したスターリンは、コズロフを少将に格下げさせた上、スタフカ代表として現地で指導に当たっていた党の有力者メフリスを、赤軍政治総本部長のポストから罷免した。

しかし、セヴァストポリに対する敵の圧力を脇へと逸らす働きをしていたケルチ半島の赤軍橋頭堡が排除されたことで、クリミア半島をめぐる情勢はソ連側にとって悲観的なものへと変わっていった。この敗北によって、クリミアに展開するドイツ第11軍の部隊は、セヴァストポリ攻略に全ての兵力を集中することが可能となったからである。

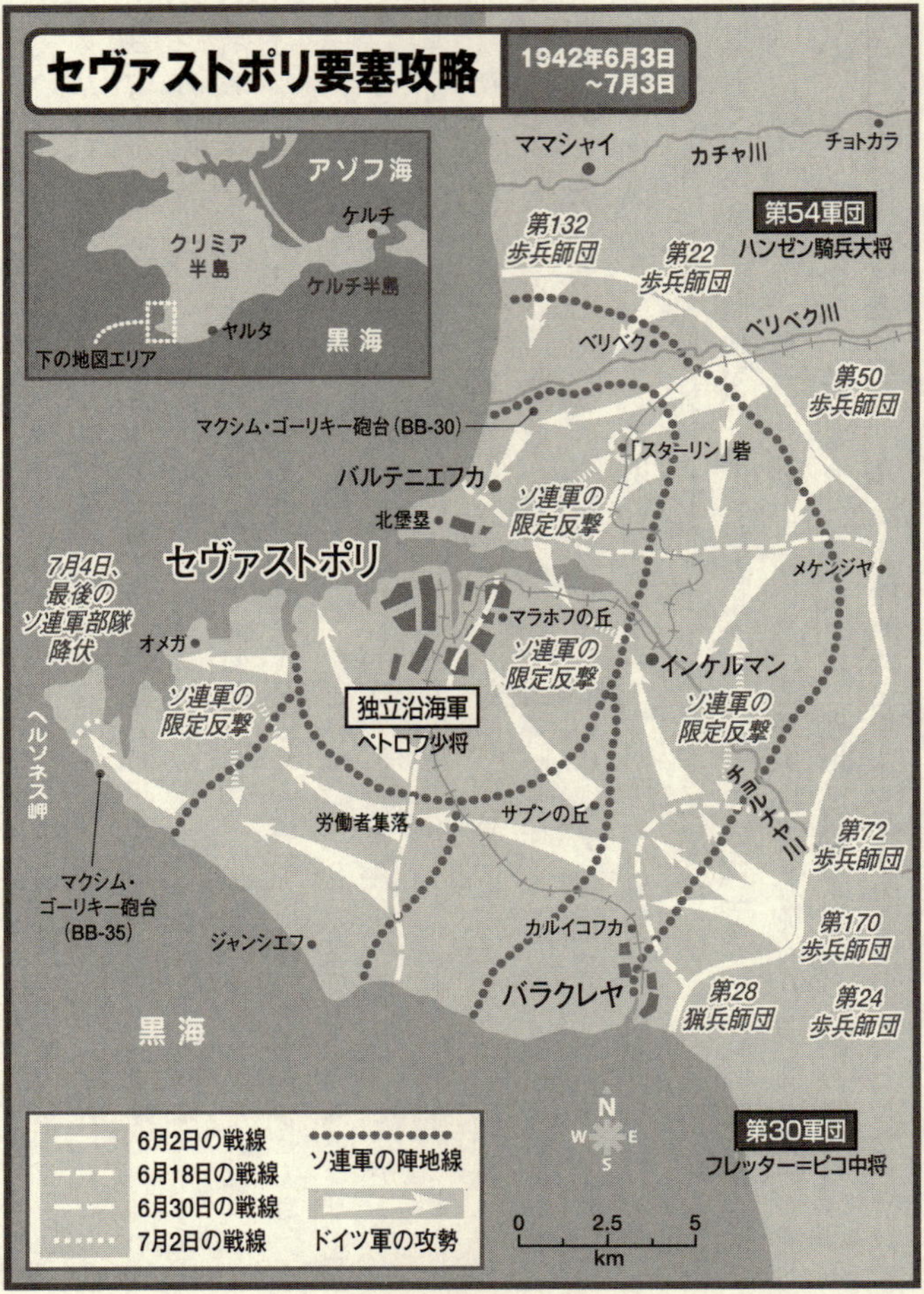
セヴァストポリ要塞攻略
1942年6月3日~7月3日
アゾフ海
ケルチ
クリミア半島
ケルチ半島
ヤルタ
黒海
下の地図エリア
ママシャイ
カチャ川
チョトカラ
第54軍団
ハンゼン騎兵大将
第132歩兵師団
第22歩兵師団
ベリベク川
ベリベク
第50歩兵師団
マクシム・ゴーリキー砲台（BB-30）
「スターリン」砦
バルテニエフカ
ソ連軍の限定反撃
北堡塁
セヴァストポリ
メケンジヤ
7月4日、最後のソ連軍部隊降伏
オメガ
マラホフの丘
ソ連軍の限定反撃
インケルマン
ソ連軍の限定反撃
独立沿海軍
ペトロフ少将
ソ連軍の限定反撃
ヘルソネス岬
チョルナヤ川
労働者集落
サプンの丘
第72歩兵師団
マクシム・ゴーリキー砲台（BB-35）
カルイコフカ
第170歩兵師団
ジャンシエフ
バラクレヤ
第28猟兵師団
第24歩兵師団
黒海
N
W
E
S
第30軍団
フレッター=ピコ中将
6月2日の戦線
6月18日の戦線
6月30日の戦線
7月2日の戦線
ソ連軍の陣地線
ドイツ軍の攻勢
0
2.5
5
km

マンシュタインは、セヴァストポリへの第二次攻撃開始に先立ち、手に入る限りの重砲をクリミアへ運び込ませた。陣地攻撃に不可欠なネーベルヴェルファー（口径二八センチと三二センチの多連装ロケット発射機）や、対地目標にも絶大な威力を発揮する八・八センチ高射砲に加え、一五センチ野砲や二一センチ臼砲《きゅうほう》、三五・五センチ重臼砲、そして怪物の域に達した巨大な列車砲までもが、黒海に囲まれた狭い陸地に集結させられた。

ツッカートルト中将を長とする第306上級砲兵司令部の指揮下には、大小合わせて計一三〇〇門の火砲が配備され、一キロ当たり五二門という恐るべき密度でセヴァストポリの周辺へと展開した。これらの火砲の中でも、とりわけ不気味な威容を誇っていたのが「ガンマ」「カール」「グスタフ」と名付けられた三門の巨砲だった。

一四キロ先の目標に重砲弾を叩き込む能力を持つ、口径四二・七センチの臼砲「ガンマ（別名ディッケン・ベルタ）」は、第一次大戦で用いられた「ベルタ砲」の生まれ変わりで、射撃態勢をとるには二三五人の要員を必要としていた。また、口径六一・五センチの臼砲「カール（別名トール）」から発射される、重さ二・二トンの砲弾は、直撃すればコンクリート製の堅牢な防御施設も粉々に粉砕できる威力を備えていた。

そして、あらゆる時代を通じて実戦使用された最大の火砲「グスタフ（別名ドーラ）」は、口径八〇センチ、長さ三二メートルに達する煙突のような砲身から、重さ四トンの榴弾か、七トンの徹甲弾を発射することができた。砲架は複線鉄道の上を走る四輛の台車を用い、分解された砲機構を組み立てて発射態勢を整えるには数週間を必要とした。常に専属の高射砲二個連隊に護られ、維持管理に四〇〇〇人の人員を要するこの怪物砲は、もはや火砲というよりは一種の軍事的建造物とでも呼ぶべき存在だった。

一方、ソ連本土との陸上での連絡路を絶たれて久しいセヴァストポリの要塞地帯には、この時点で狙撃兵師団七個、狙撃兵旅団三個、独立戦車大隊二個を中心に、約一〇万六〇〇〇人の赤軍将兵が籠もっており、その防衛線は戦前に構築された巨大な砲台群によって強化されていた。

要塞線の北と南の二か所には、ドイツ軍が「マクシム・ゴーリキー」と呼んで畏怖《いふ》した三〇五ミリ連装砲台が配備され、一九四一年十一月には巡洋艦チェルヴォナ・ウクライナから取り外された一三〇ミリ砲を転用して、新たに六か所の重砲台が建設されていた。

これにより、一〇〇ミリ以上の火砲を備えた砲台の数は四四か所に達し、砲兵を二個連隊しか持たない独立沿海軍の支援火力不足を補うことが期待された。だが、マンシュタインがクリミアに持ち込んだ、常識外れとも言える砲兵火力の前には、難攻不落と謳《うた》われたセヴァストポリの重砲台群も完全に見劣りさせられていた。

◆沈黙させられた巨大要塞

一九四二年六月三日の未明、セヴァストポリの赤軍守備隊に向けて、ドイツ軍の重砲列がいっせいに火を噴き、それから五日間にわたって凄まじい砲撃を継続した。攻撃支援のために配属された、ドイツ空軍の第8航空軍団は、毎日延べ一〇〇〇〜二〇〇〇機という頻度で出撃し、爆弾の雨をソ連兵の頭上に降らせ続けた。

続いて六月七日の午前三時一五分、ドイツ軍の六個歩兵師団と一個軽歩兵師団、ルーマニア軍の山岳軍団によるセヴァストポリへの総攻撃が開始されると、縦深《じゅうしん》に築かれた陣地に籠もる赤軍部隊は、砲台からの支援を受けながら必死の抵抗を繰り広げた。

黒海の太陽が燦々《さんさん》と降り注ぐ初夏のセヴァストポリには、黒い爆煙と土埃がもうもうと立ちこめ、強烈な火薬の匂いと死体が発する腐臭に耐えきれず、嘔吐する兵士も現れた。攻撃開始から十日が経過しても、依然として同市の外郭陣地帯はソ連軍に保持され、前線からマンシュタインの司令部に届く人的損害の数字は鰻登りに上昇していた。

しかし、重砲支援が前線部隊の進撃に追随し、各地で赤軍の砲台目がけて特殊砲弾を使用するようになると、直撃弾を受けた砲台は一つまた一つと沈黙させられていった。

六月十七日、ドイツ軍の突入部隊を苦しめた北部の怪物砲台「マクシム・ゴーリキー」が、第641自動車化重砲大隊の三五・五センチ重臼砲から放たれた重さ一トンの特殊レヒリング榴弾の直撃を受けて装甲屋根を破壊され、射撃能力を喪失した。三日後の六月二十日には、セヴァストポリ要塞の要石《かなめいし》に当たる「スターリン」砦がようやくドイツ軍の手に落ち、その周辺に散在する赤軍の拠点も次々とドイツ軍の手に奪われていった。

風前の灯火となったセヴァストポリ要塞を救うため、スタフカは海路で第138と第142の二個狙撃兵旅団を増援として送り込んだものの、黒海における制空権を完全に敵の手に奪われた状況下では、それ以上の兵力を海上から要塞内に輸送することは不可能だった。セヴァストポリへの補給物資の輸送は、敵の空襲を避けるため、主に潜水艦によって行われたが、その積載量は微々たるもので、一個軍を維持できる量には到底及ばなかった。

六月三十日、セヴァストポリ防衛の最高責任者であるオクチャブリスキー提督は、独立沿海軍司令官ペトロフ少将と共に快速艇でセヴァストポリから脱出した。七月三日には、最後のソ連兵が銃を捨てて降伏し、女帝エカテリーナによって一七八三年に「偉大なる都市（セヴァストポリ）」と命名された世界屈指の要塞港は、マンシュタインの卓越した用兵とドイツ軍前線将兵の奮戦により、遂に陥落させられたのである。

《夏季攻勢「青」作戦の発動》

◆全面後退戦略を選んだソ連軍

一九四二年六月二十八日、ドイツ南方軍集団は夏期大攻勢「青」作戦を開始し、大きく湾曲したドン川の上流と下流の二方向を目指して進撃を開始した。

総統ヒトラー自らが何度も読み直し、入念に手を加えて作成した「総統訓令第41号」には、前章に挙げた戦略上の基本方針だけでなく、「青」作戦遂行時におけるドイツ軍部隊の具体的な作戦方針に関しても、細かな指示が列記されていた。

「包囲作戦を行う際には、前年のヴャジマ＝ブリャンスク二重包囲戦の場合と同様、個々の突破作戦を狭い地域での包囲挟撃へと結びつけることが重要である。従って、挟撃部隊の進撃が遅れて、敵に包囲環からの脱出を許すことは、絶対に避けねばならない。

作戦遂行の順序は、第一にドン川上流域のヴォロネジを占領、第二にドン川下流での突破作戦、そして第三にこの二つの兵力をスターリングラードで合流させることによる、敵兵力の包囲殲滅《せんめつ》。ドン川の渡河については、橋の占領などの好機を逃さず、臨機応変に対処すること。いずれにせよ、突破兵力はスターリングラード市に到達するか、少なくとも武力による制圧を実現し、軍需産業および交通の要衝としての機能を喪失させること」

この大攻勢を受けて立つ側のソ連軍上層部では、ヴォロネジに向かうドイツ軍の第4装甲軍が、ドン川を渡河した後に再び南からモスクワへと進撃してくるのではないかと危惧し、この地域に戦略予備の二個軍と、新編成の第5戦車軍を投入していた。

第2、第7、第11の三個戦車軍団（一九四二年四月十七日以降、ソ連軍は段階的に軍団規模の戦車部隊を復活させた）を中核とする第5戦車軍は、敵が第二次モスクワ攻勢を行うのを阻止せよとの命令を受け、七月五日から八日にかけて、ヴォロネジ北部でドイツ第4装甲軍の側面に大規模な反撃を敢行した。しかし、六〇〇輌近い戦車を集団として効果的に運用する術をいまだ会得していない第5戦車軍の将校たちは、豊富な戦闘経験を持つドイツ軍装甲部隊の敵ではなかった。

散発的に戦いを挑んだ各軍団は、ベースラー少将率いるドイツ第9装甲師団を中心とするドイツ軍部隊の巧みな反撃に遭遇して各個撃破され、軍司令官のリジューコフ少将も七月二十五日に搭乗戦車を撃破されて戦死した。

この事態を重く見たスターリンは、それまで頑なに固執し続けてきた「赤軍部隊は撤退してはならない」という方針を棚上げし、ドン川流域を管轄するスターリングラード方面軍（七月十二日、南西方面軍から改称）の司令官ティモシェンコ元帥が繰り返し提言したドン川湾曲部への全面後退戦略を、非公式ながら容認する態度を見せた。南部戦域で戦線を南東へと引き下げる方策は、結果的にこの方面へと敵の攻勢軸を誘導することになり、モスクワに対する圧力を間接的に軽減させる効果も期待できたからである。

赤軍にとって幸いだったのは、ヴォロネジに対するドイツ軍の攻勢が、上層部での意見の不統一によって二転三転させられ、効果的な作戦運用が阻害されていたことだった。ヴォロネジ市街は、七月七日にその大半をドイツ軍の四個師団に支配されたものの、占領部隊は袋に突っ込まれた手のように周囲三方向をヴァトゥーティン率いるヴォロネジ方面軍の兵力に囲まれており、それ以上の前進は不可能だった。

そして、ドイツ第4装甲軍の主力はヒトラーの命令でヴォロネジから引き抜かれ、南方のドン川下流地域へと派遣された。敵は必ず、ドン川西岸の防衛線を死守するだろうと考えたヒトラーは、第4装甲軍をドン川の西岸に沿って下流のツィムリャンスカヤまで突進させ、前年のキエフ会戦に匹敵する規模の大包囲戦を再現しようと目論《もくろ》んだのである。

これによって、ヴォロネジからモスクワへとドイツ軍が進撃する可能性はほぼ完全に消滅し、戦いの焦点はロシア南部の広大な戦線へと移行してゆくこととなった。

◆ドン川からヴォルガ川へ

一九四二年七月七日、ヒトラーはドン川上流方面とカフカス（コーカサス）方面の二方向への攻勢作戦をより効果的に進めるため、当該管区の戦略司令部である南方軍集団を二つに分割し、ヴィルヘルム・リスト元帥の「A軍集団」には第1装甲軍と第17軍、第11軍を、マクシミリアン・フォン・ヴァイクス上級大将の「B軍集団」には第4装甲軍と第6

軍を、それぞれ編入させた。A軍集団の第1装甲軍と第17軍は、ロストフ経由でドン川を南へと渡河し、広大なカフカス地方に向けて新たな進撃を開始した。

七月二十三日、「青」作戦の進展状況に満足したヒトラーは、今後の作戦目標を示した「総統訓令第45号」を下達したが、そこに記された現状認識は、次のようなものだった。

「三週間と少々の作戦で、私が東部戦線の南翼に課した大目的は、大体において達成された。包囲を逃れてドン川南岸に達した部隊は、ティモシェンコ指揮下の一部のみである。

A軍集団は、まずドン川流域の敵兵力を包囲殲滅、次に黒海東岸全域を占領し、黒海艦隊と沿岸諸港の機能を奪った上で、カフカスのグロズヌイ地域を占領、さらにカスピ海沿いに進撃してバクーの油田地帯を占領せよ。B軍集団は、ドン川流域に防衛線を構築しつつスターリングラードに進出、周辺地域に集結中の敵兵力を殲滅した後に同市を占領し、さらに快速部隊をアストラハンへと進出させて、ヴォルガ川の海運を封鎖せよ」

つまり、ヒトラーはこの時点で、ソ連軍の大兵力を「包囲殲滅することに成功した」と理解し、もはや南部地域のソ連軍には満足な兵力は存在しないと考えていた。だが実際には、ドン川流域のソ連軍主力は、第4装甲軍が到達する前に東方へと脱出しつつあった。

同じ日、敵に対する積極的な戦闘意欲が一向に回復しないことで、スターリンの信任を失ったティモシェンコに代わって、スターリングラード方面軍の新司令官に着任したゴルドフ中将は、ドン川の西岸に展開する自軍部隊を孤立させないよう注意しながら、各部隊を東方へと移動させる命令を下した。ドン川の下流でも、四個軍から成る南部方面軍が川沿いの防衛線を早期に放棄して、そこからさらに南東へと退却していた。

だが、ドイツ側の意図した包囲殲滅から逃れていたソ連軍の部隊は、司令官のすげ替えのような小手先の対処法では解消できない、心理的な病に冒されていた。

ドン川湾曲部のスターリングラードとカフカス地方を目指すドイツ軍の進撃が、全く衰える兆しを見せないため、南部戦区を東方向へと退却するソ連軍将兵の間では、敵はヴォルガ川の東岸とカフカス最大の油田地帯バクーまで進出するのではないか、赤軍はこのままドイツ軍に敗北するのではないか、という不吉な噂が広まり始めていたのである。

◆一転して部隊の撤退を禁じたスターリン

第二次ハリコフ会戦における無様な敗北を境に、冬季戦でいったんは回復していた赤軍兵士の自信が打ち砕かれ、敵であるドイツ軍への畏怖と無力感が部隊の隅々まで広がっていることを知ったスターリンは、部隊にこれ以上の退却を許せば将兵の士気がさらに低下して、戦線そのものが維持できなくなると考え、それまでの全面後退戦略から一転して、七月二十八日に部隊の退却を断固として禁じる「指令第227号」を発令した。

「方面軍司令部の許可を得ることなく、勝手な判断で指揮下の部隊に退却を許可した軍・軍団・師団の司令官は、即座に罷免して軍事裁判に処する。臆病な者や逃亡の扇動者は、見つけ次第、即刻銃殺する。各軍に三～五個中隊程度の規模で、優秀な兵士から成る『退却阻止分遣隊』を配置し、パニックに陥って逃亡しようとする将校や下士官兵を、武器を用いてでも鎮圧する。これ以上の退却は、祖国を破滅に導くことになろう。我々は今、退却を終わらせる時を迎えたのだ。一歩も退くな（ニ・シャグ・ナザード）！」

だが、この脅迫にも似た撤退禁止命令を以《もっ》てしても、東へと流れる戦線の後退を押し止めることはできなかった。八月二日、ドイツ第4装甲軍がスターリングラード市へと向かう新たな攻勢を開始すると、ドン川西岸に残るスターリングラード方面軍の所属部隊は窮地に立たされた。第62軍（コルパクチ少将）に所属する六個狙撃兵師団の退却を助けるため、第13と第22の二個戦車軍団が、ドイツ軍の第14および第24装甲軍団の側面に限定的な反撃を行ったが、敵の攻勢を頓挫させることはできず、八月十六日にはドン川西岸のほぼ全域がドイツ軍の手に落ちた。

天然の要害であるドン川の線をドイツ軍に破られたゴルドフは、八月十三日に司令官を更迭され、方面軍の指揮権は、その南側に隣接する南東方面軍の司令官エリョーメンコ大将へと委ねられた。両方面軍の司令官を兼任することになった彼は、前年夏に寄せ集めの敗残兵力をかき集めてブリャンスク方面軍を作り上げた実績をスターリンに買われて、八月七日に新設された南東方面軍の司令官へと着任したばかりだった。

八月二十三日にドイツ第6軍と第4装甲軍がスターリングラード方面への総攻撃を開始すると、エリョーメンコは数少ない手持ちの兵力を巧みに駆使して、戦線の崩壊を回避しつつ、徐々に部隊を後退させていった。しかし、ドイツ軍の先遣部隊は、攻撃開始初日の夕刻には市の南北でヴォルガ川岸に到達しており、第57、第62、第64の三個軍はスターリングラードを中心とする深さ三〇キロ程度の弧状地域に押し込められた。

もはや、要衝スターリングラードの陥落は、時間の問題であるかに思われた。戦術レベルでの戦闘能力や士気、作戦レベルでの練度、そして戦略レベルでの兵員数や戦車台数、航空支援の有無など、ドイツ軍はあらゆる点において優勢を確保していたからである。

《カフカス油田地帯への前進》

◆「エーデルワイス」作戦の開始

A軍集団を構成する第1装甲軍と第17軍は、七月二十日にドン川南岸の橋頭堡を出撃して、カフカス方面への進撃作戦「エーデルワイス」を開始した。一方、ドン川を越えて退却した南部方面軍の四個軍には、七月中旬の時点で一〇万人ほどの残存部隊しか残っておらず、七月二十三日にはドン川の防衛線を捨てて、さらに南東部へと後退を継続した。

高山植物エーデルワイスにちなんで名付けられた作戦名が物語るように、A軍集団の目指す戦場の彼方には、ヨーロッパとアジアの境界に位置する標高四〇〇〇メートル級の高山地帯カフカス山脈が立ちはだかっていた。だが、屏風《びょうぶ》のようにそびえ立つ山脈の麓《ふもと》までは、ロストフから直線距離で一番近いクラスノグラード付近でも二〇〇キロ以上、重要な作戦目標であるグロズヌイまでは六〇〇キロも離れており、そこに至るまでの乾燥した平原地帯は装甲部隊が主役の機動戦に適した土地だった。

第3、第40、第57の三個装甲軍団から成る、フォン・クライスト上級大将の第1装甲軍は、七月初旬の段階で約五九〇輛の戦車を保有しており、最初の難関マヌイチ川を七月下旬に次々と渡河した後、七月三十日にはスターリングラードからクラスノダールを経て黒海沿岸のノヴォロシースクに通じる、重要な鉄道線を遮断することに成功した。

ソ連側は、戦車兵力の劣勢を補うため、この戦域に計七本の装甲列車（装甲板で周囲を覆われ、鉄道上でのみ移動できる砲台）を投入し、敵の進撃を食い止めようと試みた。長距離砲撃を主眼とするドイツ軍の列車砲とは異なり、敵との近接戦闘を想定して設計されたソ連軍の装甲列車は、出力の大きな蒸気機関車が中央部に位置し、七六ミリ汎用海軍砲を各二門搭載した砲台列車が一輌ずつ機関車の前後に連結され、さらにその前後には一二〇ミリ高射砲と二基の高射機関砲を搭載した車輌が一輌ずつ連結されていた。

だが、二十五年前のロシア内戦では大きな威力を発揮した装甲列車も、第二次大戦では既に時代遅れの兵器と化しており、ドイツ空軍の爆撃などで線路を破壊されれば、後方へと離脱することすらできなかった。結局、前線に投入されたソ連軍装甲列車のうち、一本は敵により撃破、五本は退却するソ連軍自身の手で爆破され、残る一本のみが味方と共に南東へと退却できた。

敵の突破を許したソ連南部方面軍の司令部は、七月二十八日に廃止され、その所属部隊はブジョンヌイ元帥率いる北カフカス方面軍へと編入された。進撃を続けるドイツ第57装甲軍団の第13装甲師団（ヘア少将）は、八月十日に石油採掘地のあるマイコプを占領し、A軍集団の計一七個師団（うち三個は装甲師団）は、黒海とカスピ海に挟まれた大きな地峡部を内側からくり抜くようにして、占領範囲を日一日と拡張していった。

カフカス地方の戦略施設を敵に奪われることは、重要な石油産出地を失うという経済的打撃だけでなく、英米連合国からのイラン経由での貸与物資（第七章で詳述）輸送や、トルコ参戦の可能性など、計り知れないほどの政治的打撃をソ連邦に与えることを意味していた。しかし、国防人民委員部は七月二十八日、前記した「指令第227号」を発令して、徹底した軍紀の粛正と退却の厳禁を命じてはいたものの、両軍の兵力差と戦闘能力の差は歴然としており、この命令が前線で厳守されることは極めて少なかった。

◆行き詰まったカフカス攻勢

八月十二日、カフカスの要衝クラスノダール市を陥落させたルオフ上級大将の第17軍は、黒海の制海権を敵の手から奪い取るべく、第5軍団をノヴォロシースク方面に、第44軍団をツァプセ方面に向けて進撃させた（ノヴォロシースクとツァプセは、共に黒海沿岸の港湾都市）。また、第17軍の左翼では、第49山岳猟兵軍団に所属する第1および第4山岳猟兵師団の選抜隊が八月二十一日、カフカス山脈の最高峰であるエリブルス山（標高五六四二メートル）の登頂に成功していた。

八月二十五日、第3装甲軍団の先頭を走るブライト少将の第3装甲師団は、ロストフとバクーを結ぶ鉄道線上の要衝モズドクを占領し、グロズヌイの油田地帯まで七五キロの距離へと迫った。だが、カフカス山脈第二の高さを誇るカズベク山（標高五〇三三メートル）を水源に、オルジョニキーゼとモズドクを経てカスピ海に流れ込むテレク川に沿って展開するソ連第9軍（パルホメンコ少将）と第37軍（コズロフ少将）が、局地的な反撃に転じたため、ドイツ軍の進撃はそこで一時停止を余儀なくされた。

ソ連軍の反撃そのものは規模も小さく、ドイツ側が被った損害は軽微だったが、スタフカは八月二十八日にホメンコ少将の第58軍をこの川の戦線に投入する決定を下し、テレク川に展開するソ連軍の兵力は、狙撃兵師団一二個と狙撃兵旅団四個にまで増強された。ソ連側は、カスピ海の港湾都市マハチカラから鉄道で補給物資を大量に運び込むことができたが、独ソ国境から一七五〇キロ離れた東部戦線の最奥部に進出したドイツ側は、最前線まで充分な補給物資を送ることができず、故障した戦車の修理も後回しにされていた。

その結果、第1装甲軍の保有する戦車台数は、八月末の時点で一五〇輌を下回り、彼らがカフカスで新たな突破作戦を実行することは困難な状態となっていたのである。

ドイツ軍は九月四日以降、第13装甲師団の一部と第111および第370歩兵師団の三個師団でテレク川の渡河攻撃を繰り返し実施し、九月十二日にはテレク川の対岸に奥行き四五キロほどの橋頭堡を確保したが、ソ連軍の抵抗も日に日に強まり、戦況は一進一退の様相を呈し始めていた。モズドクからバクーまでは、まだ五八〇キロの距離があったが、冬の到来までにドイツ軍がカフカス山脈を越えられる見通しは、事実上皆無だった。

九月七日の夜、ヒトラーは国防軍統帥部長のヨードル砲兵大将から報告を受け、カフカスの油田を年内に奪取することは兵力不足のために絶望的であると告げられた。この報せに激怒した彼は、自らの下した命令の内容を顧みることなく、作戦失敗の責任を参謀総長

カフカス侵攻
1942年7月25日
~11月18日
B軍集団
ヴァイクス上級大将
スターリングラード
ヴォルガ川
0 75 150
km
スターリングラード
方面軍
エリョーメンコ大将
ツィムリャンスカヤ
コテリニコヴォ
ツァガン・ヌール
タガンログ
ドン川
マリウポリ
メリトポリ
ロストフ
エイスク
エリスタ
サリスク
ウッタ
アストラハン
アゾフ海
A軍集団
リスト元帥
ディフノエ
チホレツク
ケルチ
ウラン・ホル
フェオドシヤ
タマン
クラスノダール
アルマヴィル
ヴラゴダルノエ
クマ川
カスピ海
クバン川
ノヴォロシースク
マイコプ
チェルケッスク
モズドク
キズリャル
ツァプセ
テレク川
ナリチク
グロズヌイ
黒海
ソチ
マハチカラ
エリブルス山
(5642m)
オルジョニキーゼ
ドイツ軍の攻勢
スフーミ
カズベク山
(5033m)
スラク川
外カフカス方面軍
チュレーネフ上級大将
デルベント
トビリシ
ソ連邦
N
W
E
S
バツーミ
7月24日の戦線
7月31日の戦線
8月5日の戦線
9月24日の戦線
11月18日の戦線
ゲオクチャイ
トルコ
キロワバード
レニナカン
バクー

ハルダーとA軍集団司令官リストに押し付け、九月十日にまずリストを、同月二十四日にはハルダーを、それぞれの地位から罷免した。そして「青」作戦の主眼とも言える大目標を見失ったヒトラーは、彼に残されたもう一つの目標への執着を強めていった。

B軍集団が目指すヴォルガ川沿岸の工業都市、スターリングラードである。

◆赤軍参謀本部の大反撃計画

八月十六日にドン川以西の地歩を失ったことで、ソ連側に残された天然の防壁は「母なる大河」ヴォルガ川ただ一つだけとなった。

もしドイツ軍にヴォルガの渡河を許してしまったなら、船舶による同川の海運がストップするだけでなく、悠々と流れるこの川を愛してやまないソ連国民に計り知れないほどの精神的ショックを及ぼすものと予想できた。

それゆえ、八月二十三日にドイツ軍の先頭部隊がスターリングラード北部でヴォルガ川に到達すると、スターリンはこのヴォルガ川を祖国防衛の最終防衛線として位置づけ、これまでの重要な会戦で常にそうしてきたように、今回もジューコフをスタフカ代表の肩書きで現地に派遣して、スターリングラード周辺部での反撃を指導するよう命令した。

だが、充分な準備を伴わない場当たり的な反撃が、百戦錬磨のドイツ軍相手に通用するはずもなかった。ソ連軍は、ドン＝ヴォルガ地峡部の北翼で九月三日から数回にわたってドイツ軍の側面に対する攻撃を仕掛けたが、いずれも燃料と弾薬の不足が原因で充分な成果を挙げることができず、わずか数キロほど前進した後に撃退された。

九月十二日、モスクワに戻ったジューコフは、現地での深刻な補給物資の欠乏について スターリンに説明し、早期の反撃は効果が期待できないのでむやみに実施すべきでないと進言した。反撃失敗の経過を聞き、補給不足に悩む前線部隊の実状を理解したスターリンは、この進言を受け入れ、翌十三日の夜までに事態を好転させられる「名案」を考えるよう、ジューコフと新参謀総長（五月十一日着任）のヴァシレフスキーに命じた。

九月十三日の午後一〇時、クレムリンで再びスターリンと会見したジューコフとヴァシレフスキーは、丸一日かけて練り上げた反攻計画を披露した。

「わが軍は、スターリングラード市を攻撃中のドイツ軍部隊が完全に消耗するのを待った上で、その両翼で伸びきった状態にあるルーマニア第3軍と同第4軍の弱体な前線に総攻撃を仕掛け、市街を中心に密集して展開しているドイツ第6軍の背後を遮断して、これらの敵兵力を包囲・殲滅します。この作戦を実行するため、ドン川流域に新たな方面軍司令部（ドン方面軍）を作らねばなりません」

ソ連軍の三個方面軍でドイツ軍の一個軍を丸々包囲するという、大胆かつ野心的な作戦計画の詳細を聞き、スターリンはそのあまりの壮大さに度肝を抜かれた。

「こんな大作戦を行うのに、現有兵力で充分なのかね？　とりあえず、ドン川東岸での攻撃に留めておいた方が、よくはないだろうか？」不安げに質問するスターリンに対して、ジューコフとヴァシレフスキーは自信満々に答えた。

「その点は大丈夫です。十一月中旬までには、必要な兵力と燃料、弾薬を用意できます。それに、反攻をドン川の東岸で実施すれば、スターリングラードにいるドイツ軍の戦車部隊がすぐに対応できるので、充分な効果は望めません」

報告を聞き終わったスターリンは、この作戦計画を承認し、ジューコフとヴァシレフスキーをそれぞれスターリングラードの西と南に派遣する決定を下すのと共に、反攻計画の実現に向けた準備にとりかかるよう命じた。

《地獄の大釜・スターリングラード市街戦》

◆瞬く間にガレキの山と化した工業都市

ソ連側の首脳陣がモスクワのクレムリンで大反攻作戦の計画を論じていた頃、南方のスターリングラードでは、市街全域に対するドイツ軍の総攻撃が始まっていた。

九月十三日の午前六時四五分、ソ連兵の立て籠もるスターリングラード市の建造物を目がけて、ドイツ軍砲兵部隊と空軍の爆撃機が猛烈な砲爆撃を開始し、続いてドイツ第6軍と第4装甲軍の計一一個師団に所属する戦車と歩兵が、ヴォルガ川に沿って南北約二〇キロに伸びる市街地へと襲いかかったのである。

第6軍の司令官パウルス装甲兵大将は、攻撃開始前日の九月十二日にヒトラーと面会し、スターリングラードの占領にどのくらいの日数が必要か、との問いに対して「戦闘に十日、その後の部隊の再編に二週間ほど要します」と答えていた。ドイツ側の計画通りに事が運べば、スターリングラード市は一か月未満で彼らの手に落ちるはずだった。

スターリングラード市の防衛を委ねられていたのは、ヴァシリー・チュイコフ中将率いるソ連第62軍だったが、この軍司令部に所属するほとんどの部隊は、七月から続くドン川流域の後退戦で兵力を消耗し切っており、司令官のチュイコフ自身も前日の九月十二日に着任したばかりだった。指揮系統はバラバラの状態で、軍の総兵力に関する正確な数字は誰も把握できていなかったものの、民兵を含めた概算で六万人前後と見られ、火砲は約五〇〇門、戦車は非力な軽戦車を含めて約八〇輌しかなかった。

このため、チュイコフは着任早々、スターリングラード市の防衛という重要な任務を果たすため、第62軍を軍事組織として根本から再建しなくてはならなかった。

ドイツ軍によるスターリングラード市街への最初の総攻撃は、主に南部の市街地に重点を置く形で開始された。市のちょうど真ん中辺りにある標高一〇二メートルの墳墓「ママイの丘」を境に、スターリングラードの街は北部の工業地帯と南部の都市型商業地帯に分かれており、一般建造物の密度は南部地域の方が高かった。

しかし、外郭防衛線を突破して市街地へと足を踏み入れたドイツ軍の兵士は、そこが戦場としては最悪の部類に属する場所であることを思い知らされることになる。

他ならぬドイツ空軍の爆撃や、大口径砲による準備砲撃によって崩壊した建造物群は、攻撃の助けとなるどころか、侵入者を待ち構えるソ連兵に格好の隠れ場所を提供する皮肉な結果となっていたからである。

ドイツ空軍は、八月二十三日以降、スターリングラード市に対する本格的な爆撃を開始しており、ドイツ空軍の爆撃機は敵の戦闘機による迎撃をほとんど受けることなく、一日に何度も出撃して、大量の爆弾を市内に投下することができた。八月二十三日だけで、延べ二〇〇〇機の爆撃機がスターリングラードに襲いかかり、一般市民が多数生活する市の主要な建物は翌朝までに廃墟同然の姿へと変貌していた。

この日以降、無防備な市街に対する空爆は情け容赦なく続けられ、九月二日に実施された爆撃は広範囲な火災を引き起こしていた。だが、密集した建造物群に対する猛爆撃も、レンガやコンクリートの壁面を路上から消滅させる力は持たなかった。

建物の崩壊によって生まれたガレキは、整然とした街路を複雑きわまりないジャングル同然の地形へと変貌させ、そこに進入したドイツ兵は、自分の現在位置すら正確に把握できない状態のまま、メートル単位での苛酷な近接戦闘へと巻き込まれていったのである。

◆一進一退の激闘を繰り広げた両軍歩兵

それでも、スターリングラード市に対する第一撃が実施された時点では、ドイツ軍は全般的な優勢を保っていた。チュイコフの第62軍司令部は当初、市内の全域を見渡せるママイの丘の頂に置かれていたが、猛烈な砲爆撃で通信線が寸断されたため、同司令部は九月十三日の午後四時頃、一時的に指揮下の部隊との連絡手段を失ってしまう。

そのため、チュイコフはすぐにママイの丘にある司令部を引き払い、幕僚を伴って南へと移動し、九月十四日の午前三時頃、ツァーリツァ川の河畔に築かれた地下一〇メートルの古い地下壕に新たな軍司令部を移設した。

攻撃開始二日目の九月十四日には、ヴォルガ川岸からわずか二キロの第一停車場に、ドイツ第71歩兵師団(フォン・ハルトマン中将)の先鋒部隊が出現した。戦局の推移が予想以上に早いことに危機感を覚えたチュイコフは、すぐに直通電話でスターリングラード方面軍司令官のエリョーメンコを呼び出し、増援部隊を緊急にヴォルガの西岸へ派遣してくれるよう要請した。

この報告を受けたエリョーメンコは、予備兵力としてヴォルガ川東岸に配置していた第13親衛狙撃兵師団(ロジムツェフ少将)に、ただちに船で西岸へ渡るよう命令を下した。チュイコフは、到着したばかりの精鋭部隊である第13親衛狙撃兵師団を、第一停車場の戦区に投入、停車場は九月十五日だけで四度もその支配者を変える激戦地となった。

ほぼ時を同じくして、市街全域を見下ろせるママイの丘でも両軍部隊による激しい争奪戦が繰り広げられ、ママイの丘の斜面は、双方の砲兵が撃ち込む砲弾の熱のため、この年の冬には一度も雪が積もらなかったと言われている。

しかし、ソ連兵の奮戦にもかかわらず、戦局は依然としてドイツ軍の優勢と共に進展していった。九月十八日の夜、ドイツ軍はようやく第一停車場の一帯を占領し、これによってスターリングラード市街は事実上、南北の二つに分断されてしまう。それから四日後の九月二十二日には、南部地域を守るソ連軍の一大抵抗拠点である穀物サイロの巨大な建物が陥落し、スターリングラード市南部の大半がドイツ側の支配下に入った。

穀物サイロは、遠くからでも判別できる、市南部のランドマークとも言える建物で、内部には収穫された小麦が大量に備蓄されていたが、その一部は砲弾と爆弾によって焦げ付き、内部には燻《いぶ》された煙が漂っていた。

第35親衛狙撃兵師団（ドゥビヤンスキー大佐）の一部は、この建物を急造の要塞に改造し、あちこちに機銃座や銃眼を築いてドイツ軍の襲来を迎え撃った。これに対し、ドイツ第29自動車化歩兵師団（ライザー中将）は、同師団所属の第29突撃工兵大隊を先頭に果敢な戦いを挑み、第53ネーベルヴェルファー大隊のロケット砲と各種の重砲支援を受けながら、幾層にも分かれた四角い建物の内部を端から奪い取っていった。

穀物サイロとその周辺一帯の陥落により、ソ連第62軍の諸部隊が保持する領域は、川沿いに一三キロほど連なる市北部の重工業地帯だけとなったが、ヴォルガ川沿いの渡船場では東岸から船で渡ってきた増援部隊が続々と上陸して第62軍の指揮下に入り、その場で命令を受領して各地の工場を守る守備隊へと編入された。

第62軍が、連日のように精鋭部隊を増援として受け取ることができた背景には、当時スターリングラード方面軍の軍事委員で、後にスターリンの後継者としてクレムリンの主となるニキータ・フルシチョフの存在があった。ヴォルガ河畔に横たわるスターリングラード市の防衛を自らの政治的責務と考えたフルシチョフは、党の人脈をフルに活用してモスクワのスタフカに働きかけ、戦略予備として後方に控置されていた部隊を次々とスターリングラード方面に差し向けさせることに成功した。

「ヴォルガ川の背後に我らが土地なし（ザ・ヴォルゴイ・ドリャ・ナス・ゼムリ・ニエット）！」を合い言葉に、スターリングラード市の死守を誓い合ったチュイコフの部下たちは、実戦経験から学び取った創意工夫を凝らして、敵の砲撃と空爆で半ば崩壊した工場群を即席の要塞化建造物へと変貌させていったのである。

◆「突撃工兵」対「狙撃兵」の戦い

九月二十六日、第6軍司令部から「帝国の軍旗、スターリングラードの共産党本部に翻る!」との報告を受けたヒトラーは、スターリングラードの陥落はもう間近に迫っているとの印象を受けて、大いに満足した。

実際には、この時点でドイツ軍が保持していたのは、市街全体の約半分だったが、残りの北半分は工場群の建設と共に拡張されたバラック中心の地域で、建造物の密度は南部ほど高くはなかった。そのため、ドイツ軍の首脳部では、予定していた十日という戦闘日数からは遅れているとはいえ、半月で南部の密集市街地全域を占領したことを考えれば、残る北部も半月程度で制圧できるだろうとの楽観的な空気が広まり始めていた。

しかし、ベルリンから寄せられる、スターリングラード市の陥落を待ち望む熱狂的な期待は、責任者である第6軍司令官パウルスの双肩に重くのしかかっていた。攻撃が予定通りに進展しないことによるストレスで、パウルスは慢性的な下痢と顔面神経痛に罹り、顔の左半分がぴくぴくと痙攣《けいれん》するのが軍司令部の参謀たちの目にも判別できた。

一方、ドイツ軍上層部の関心が南方へと注がれていたこの時期に、中央軍集団の戦区では、奇妙な出来事があちこちで目撃されていた。

スターリングラード市街戦
1942年9月13日
~11月18日
N
W
E
S
0
2
4
6
km
第60自動車化歩兵師団
第14装甲軍団
ヴィータースハイム歩兵大将
ヴォルガ川
第389歩兵師団
ソ連軍の
限定反撃
第8軍団
ハイツ砲兵大将
オルロフカ
第16装甲師団
ソ連軍の
限定反撃
第295歩兵師団
ゴロディシチェ
第51軍団
ザイドリッツ=クルツバッハ砲兵大将
モクラヤ・メチェトカ川
「ジェルジンスキー」
トラクター工場
珪酸塩工場
第100猟兵師団
「赤いバリケード」大砲工場
第71歩兵師団
「赤い十月」冶金工場
第48装甲軍団
ハイム中将
ラズール化学工場
第62軍
チュイコフ中将
ソ連軍の
限定反撃
第24装甲師団
ママイの丘
スターリングラード
ツァーリツァ川
第1停車場
第94歩兵師団
クラスナヤ・スロボダ
第2停車場
第4軍団
穀物サイロ
イエネッケ工兵大将
第29自動車化
歩兵師団
ソ連軍の
限定反撃
ドイツ軍の攻勢
9月12日の戦線
9月26日の戦線
10月13日の戦線
11月18日の戦線

前線部隊からの報告によると、新規に編成されたと見られるソ連軍の狙撃兵師団が、毎日のように戦線へと現れ、数日間にわたって活動した後、どこかへいなくなってしまうという。中央軍集団の司令官クルーゲ元帥は、姿を消した師団は中央戦区での予備兵力に編入されたものと思い込み、冬の到来と共に中央戦区のルジェフ付近で敵の大攻勢があるだろうと予想した。しかし実際には、ジューコフの命令で前線活動の経験を積んだこれらの新編狙撃兵師団の多くは、鉄道でドン川の後方集結地へと送り込まれていたのである。

こうして、スターリングラードの北西二〇〇キロほどの地点に、ソ連軍の大規模な予備兵力が少しずつ集まり始めていた頃、ドイツ第6軍の部隊はそのような動きを知る由もないまま、市街北部に残るソ連軍守備隊を壊滅させるための掃討作戦を継続していた。

だが、蟻《あり》地獄のような市街戦へと両軍部隊が深入りするにつれて、前線での戦いの様相は少しずつ、ドイツ側にとって不利な方向へと変質してゆくことになる。彼らが得意とする、航空支援と戦車の機動力を活かした「電撃戦」を行えない市街戦では、第一次大戦型の過酷な消耗戦を繰り広げる以外に、戦術運用の余地は存在しなかったのである。

ソ連側は、廃墟と化した建物の残骸に数名単位の狙撃兵を植え付けるように配置し、ドイツ軍の将校を狙い撃ちにして指揮系統を混乱させたり、地下道を駆使してドイツ軍部隊の後方を攪乱《かくらん》するなどして、敵が効率的な掃討作戦を行えない状況を創《つく》り出した。

これに対し、ドイツ軍は爆薬や火焔《かえん》放射器など破壊力の大きな特殊装備を持つ突撃工兵（ピオニール）大隊を集中的に投入して、一軒一軒の建物を着実に潰《つぶ》しながら、支配地域を拡張する方法を選んだ。昼夜を問わず爆煙と粉塵《ふんじん》にまみれて、時間の感覚を失った両軍の兵士は、崩れたガレキの隙間を這《は》い回るようにして、近接戦闘を繰り広げた。

このような状況では、個別の小戦闘を砲撃や爆撃による間接的な火力で支援することは不可能だった。スターリングラード市の攻防は、双方の兵士が同じ街区で直接ぶつかり合う近接戦へと突入し、それに伴って両軍の人的損失は急速に増大していったのである。

◆スターリングラードの九割がドイツ軍の手に

鉄道線路沿いに細長く伸びる、北部工業地帯へと最初に足を踏み入れたドイツ兵は、ママイの丘の西方で前線を突破した第24装甲師団（レンスキー少将）の部隊だった。

開戦前には冶金《やきん》工場だった「赤い十月」工場は、戦争の進展に伴って各種の銃火器を製造する武器工場へと姿を変え、その北に隣接する「赤いバリケード」工場は、スターリングラード市が戦場となるまでは、大砲や迫撃砲などを生産する工場として稼働していた。また、最北部に位置する「ジェルジンスキー」トラクター工場は、戦争開始後はソ連赤軍の主力戦車T34の生産工場として、重要な役割を担い続けてきた。

十月十四日、ドイツ軍はこの攻防戦で最大の兵力密度となる総攻撃を、市北部に残る三か所の大規模工場に対して実行した。三〇〇〇機の爆撃機による支援爆撃と共に開始されたこの攻撃で、「ジェルジンスキー」「赤いバリケード」「赤い十月」の三工場に陣取っていた第62軍の守備隊は壊滅的な打撃を被り、十月三十日までにはスターリングラード市のほぼ九割がドイツ軍の手に落ちた。

第62軍に所属する各部隊は、もはや名目上の師団番号とは無関係に中隊・小隊単位でしか存在しておらず、チュイコフは形勢を挽回《ばんかい》できる兵員も弾薬も保持していなかった。

スターリングラード市内の様子だけを見れば、この戦いはドイツ軍の勝利だった。

とりあえず「青」作戦の計画書にある当初の作戦目標のひとつがほぼ達成されたことで安心したのか、ヒトラーは十一月八日に、得意満面の表情でこう演説した。

「わたしはヴォルガ川に達したかった。より正確に言えば、特定の都市の、特定の場所に到達したいと願った。偶然にも、その都市にはスターリンの名が冠されている。しかし、それだけの理由で、同地に進撃したのではない。そこが非常に重要な位置を占めているからこそ、そこに進撃し、攻略しようとしたのだ。

ご存知のとおり、我々はそこを手に入れたのも同然である。残された場所は、ほんのわずかな領域に過ぎない。もう既に、敵の船は一隻もヴォルガを遡上《そじょう》できなくなっているではないか。この事実こそが重要なのだ！」

だが、その前日の十一月七日、ソ連の最高指導者スターリンは、革命記念日の式典で、次のような意味深長な演説を行っていた。

「近いうちに、我々の街で、またお祝いをすることになるだろう」

一般的なイメージとは異なり、ソ連赤軍の最高司令官スターリンがスターリングラードを巡る戦いの情勢に多大な関心を払ったのは、自らの名が付与された町という単純な理由によるものではなかった。ドニェツ地方の工業都市スターリノをはじめ、彼の名にちなんだ都市は既にいくつもドイツ軍によって占領されていたが、スターリンは比較的冷淡にその事実を受け入れ、より戦略的に重要と思われる要素を優先する判断を下していた。

スターリンにとってのスターリングラードとは、個人的な面子よりもむしろ、ソ連国民に与える心理的な影響という面において、決して譲ることのできない重大な戦略拠点だった。市街戦を戦う第62軍のスローガン「ヴォルガの背後に我らの土地なし！」が物語るように、一般のロシア人にとってはヴォルガ川とは祖国の象徴であり、この「母なる大河」を敵に明け渡すことは、ドイツとの戦争におけるロシア＝ソ連の敗北を強烈に印象づける効果をもたらすものと思われたからである。

◆ソ連側の意図を読み取れなかったドイツ軍

ドン川の北部にあるソ連軍の予備兵力集結地では、スタフカ代理のジューコフが中心となって、反攻作戦に向けた準備が着々と進められていた。十一月三日、ジューコフは反攻の第一撃を担う南西方面軍の師団長以上の将官を集めて作戦会議を開き、具体的な進撃計画についての説明を行った。続いて、ドン方面軍とスターリングラード方面軍でも同種の将官会議が開かれ、それぞれの所属部隊が目指すべき目標が指示された。

ソ連側が用意した反攻作戦の総兵力は、兵員数で一〇〇万人以上に達し、これを一万三五〇〇門の火砲、九〇〇輌の戦車、一〇〇〇機以上の航空機で支援する手筈となっていた。

だが、対峙するドイツ・ルーマニア両軍もまた、ほぼ同数の兵力を保持しており、全体の戦力比はほぼ互角と言えた。

ジューコフは、この反攻作戦を成功に導くには、敵の最も弱い箇所に自軍の最も強い部隊を集中してぶつけることが不可欠だと認識しており、彼はルーマニア第3軍（ドゥミトレスク上級大将）を攻撃する南西方面軍の三個戦車軍団（第1、第4、第26）の各軍団長に、軍団所属の戦車旅団の集中運用法が記された命令書を熟読するよう厳命した。

赤軍の上層部は、反撃兵力の集結を敵の目から隠すための偽情報工作（マスキロフカ）を行ったが、前線付近での大規模な兵力の移動を完全には隠し通せるはずもなく、その一部は間もなくドイツ側に探知された。作戦開始の一週間前に出撃準備地点へと入った第4戦車軍団の一部は、そこでドイツ軍の空爆を受けて二五〇人の兵士を失っていた。

だが、対ソ関係の軍事情報を司るドイツ陸軍参謀本部内の「東方外国軍課（フレムデ・ヘーレ・オスト）」からの報告で、南部のソ連軍はもはや満足な予備兵力を保持していないとの報告を信じたドイツ軍上層部は、ソ連側の兵力集結意図を読み取ることができず、ルーマニア第3軍に対して新たな兵力の補強が行われることもなかった。

そして、ルーマニア第3軍と同第4軍（コンスタンチネスク砲兵大将）の正面に大規模な敵兵力が集結中と聞かされたヒトラーは、十一月十六日、これらの地域に増援部隊を送る代わりに、次のような電文をパウルスに宛てて送付した。

「スターリングラード地区での戦闘の困難さと戦力の低下は理解しているが、ヴォルガ川の凍結でソ連側も苦しんでいるはずだ。わが軍がこの機に乗じて攻撃すれば、後に多量の血を節約できることとなろう。第6軍はかつて示したような勢いを取り戻し、すみやかにスターリングラード全域を完全に占領することを望む」

パウルスは翌十七日、市内に展開する攻撃部隊の指揮官を集めて、ヒトラーの電文を彼らの前で読み上げた。総統命令を突きつけられて、将兵に選択の余地はなかった。十一月十八日、ドイツ軍は市内の最後の一割を奪い取るために新たな肉弾突撃を敢行したが、彼らは戦いの焦点が既に別の場所へと移っていたことに、まだ気付いてはいなかった。

《包囲されたドイツ第6軍》

◆ルーマニア第3軍の崩壊

一九四二年十一月十九日の午前七時三〇分、ヴァトゥーティン大将の率いるソ連南西方面軍の戦区で、猛烈な準備砲撃が開始された。

戦場一帯は濃い霧に覆われており、着弾の修正は望めなかったが、それでも三五〇〇門の野砲、榴弾砲、迫撃砲、そして多連装ロケット砲「カチューシャ」は、数日前に照準してあったルーマニア軍の陣地に向けて、凄まじい勢いで約八〇分間にわたって砲弾の雨を叩き込んだ。ジューコフとヴァシレフスキーが丹念に練り上げた、戦略的な大反攻「天王星（ウラン）」作戦の始まりである。

砲撃が止《や》むのと同時に、白い迷彩服に身を包んだ歩兵が前進を開始し、その横をT34中戦車の大群がすり抜けて敵陣の後方へと突進した。塹壕で生き延びたルーマニア兵は、必死に応戦したものの、満足な対戦車火器を装備していない彼らに戦車軍団の進撃を止める術はなかった。ルーマニア兵は間もなくパニックに陥り、算を乱して敗走していった。ルーマニア第3軍の後方には、予備兵力としてドイツ軍の第48装甲軍団が配置されていたが、その実体は「装甲軍団」という名称からはほど遠いものだった。中核戦力である第22装甲師団は、既に一個連隊を新規装甲師団の編成基幹とするために引き抜かれており、しかも装備する一〇四輌のうち約七〇輌もの戦車が、待機中に車体内部の電線のゴム皮膜を鼠に齧《かじ》られるという信じがたい理由で行動能力を失っていたのである。

ドイツ軍の戦車兵は、苛酷な厳冬の低温をしのぐため、待機中の戦車にわらを積み上げて防寒効果を高めていたが、そのわらに住み着いた鼠が、戦車の配線を齧ってショートさせ、電気系統を失った戦車はソ連軍の迎撃に出動できない状態となっていた。

午前九時四五分頃、ドン河畔のゴルビンスキーという村に置かれていたドイツ第6軍の司令部に、ルーマニア第3軍の戦区でソ連軍の攻撃があったらしいとの報告が届けられた。しかし、この段階では攻撃の規模についての情報はなく、確認された敵戦車は二〇輌程度と報告されていたため、第6軍の首脳部はこの報告をさほど重大なものとは捉えず、スターリングラード市内での掃討作戦は予定通りに続けられた。

午前一〇時を過ぎると、雪原を覆っていた霧も晴れ、ソ連軍の爆撃機が野戦飛行場から離陸し始めた。ルーマニア軍の戦線を崩壊させたソ連軍の戦車軍団は、当初の計画通り南へと進路をとり、側面に構うことなく、ひたすら前へ前へと突進する。

草原や荒地が深い雪で覆われた白一面の戦場では、現在位置を確かめる手がかりが得られず、進路の誤認を避けるためには地元民の手助けや方位磁石が必要となった。また、小川が入り組んだこの一帯では、雪の下に涸《か》れ谷や窪《くぼ》みが隠れていることが多かったため、走行中の戦車はたびたび車体を激しく揺さぶられて、内部で頭をぶつけたり腕を骨折する戦車兵が続出した。

侵攻開始の一日目に、ソ連軍の戦車部隊は約五〇キロほど前進して、敵戦線の北翼に深い楔《くさび》を打ち込むことに成功する。同日の夕刻、反撃のために出撃してきたドイツ第48装甲軍団の第22装甲師団は、ペスチャヌイという村の辺りでソ連軍の先頭部隊である第1戦車軍団の前に立ちふさがった。だが、稼動戦車がわずか二〇輌しかなく、しかもキャタピラの滑り止めもない状態では、十倍近い敵戦車の進撃を食い止めることは絶望的だった。

◆緩慢なパウルスの対応と迫り来る危機

日付が十一月二十日に変わり、第26戦車軍団の先鋒が最初の目標であるペレラゾフスキーという村を占領したのとほぼ時を同じくして、スターリングラード南方に展開するルーマニア第4軍の前線でも異変が発生していた。

午前一〇時、霧のために開始を予定よりも二時間延期された支援砲撃の火蓋が切られ、続いて第13戦車軍団と第4機械化軍団の戦車部隊がルーマニア軍の陣地を蹂躙《じゅうりん》して西へと突破していった。エリョーメンコ大将率いるスターリングラード方面軍の戦区でも、赤軍の総攻撃が開始されたのである。

ルーマニア第4軍の前線が突破されたことを知ったドイツ第4装甲軍の司令官ホート上級大将は、予備としてドン川とヴォルガ川に挟まれた地峡部に配置していた第29自動車化歩兵師団に命令を下し、ソ連軍の突破兵力に対して即時の反撃を実行させた。Ⅳ号戦車四八輌を含め、計五二輌の戦車を保有する第29自動車化歩兵師団は、楔形の陣形をとりながらソ連第57軍の側面に襲いかかり、敵歩兵部隊に大損害を与えることに成功した。

だが、彼らが歩兵の大群を相手に善戦している間にも、ソ連軍の西方向への進撃は続いており、第6軍と第4装甲軍を統括するB軍集団司令部から反撃中止の命令を受けた第29自動車化歩兵師団は、新たな防衛陣地を構築するために第6軍の後方へと引き戻された。

一方、ドン川流域の戦線でも、前日に引き続いてソ連軍の戦車部隊が白い布地を切り裂く鋏《はさみ》のように猛進し、ドン川西岸で戦線を張るドイツ第11軍団は、敵の進撃に対応するための配置変更を余儀なくされていた。ペレラゾフスキーを抜けた赤軍の第26戦車軍団は、後続部隊との連絡をとるために何度か停止したが、ドン川に流れ込む支流のチル川を避けるようにして大きく南東へと進路を変えながら、延々と続く雪原を突き進んだ。

航空偵察が行えない悪天候の中、ドイツ第6軍の両翼では、彼らの運命を変えることになる大作戦が刻一刻と進展していたが、それにもかかわらず軍司令官パウルス上級大将（十一月三十日付で昇進）の対応は、きわめて緩慢なものだった。

敵の反攻作戦が開始された時点で、第6軍はその司令部施設をゴルビンスキーからドン川とチル川の合流点に位置するニジネ・チルスカヤへと移転する計画を進めており、パウルス自身がたびたび司令部を不在にしていたことも、事態の悪化に拍車をかける効果をもたらしていた。前線からの情報は断片的で要領を得ず、パウルスの主な関心は、依然として「スターリングラード市全域の占領」という総統命令に注がれていたのである。

十一月二十一日の朝、第6軍司令部はB軍集団司令部に宛てて「戦局は、わが軍にとって形勢不利とは思えない」との報告を打電した。しかし、この直後から、パウルスの手許には第6軍が赤軍の大兵力に包囲されつつあることを示す情報が山のように届き始める。ようやく事態の深刻さを理解した彼は、手持ちの戦車部隊のほとんどを煮えたぎる鍋のような市街戦に投入して無為に消耗させたことを悔やんだが、もはや手遅れだった。

彼らの背後では、今まさに鉄の扉が閉じられようとしていたのである。

◆ヒトラーのスターリングラード死守命令

十一月二十二日の午前六時頃、ソ連第26戦車軍団の先遣隊は、ドイツ第6軍の補給集積所でもあったドン川の渡河点カラチに達し、川に架かる橋を無傷で奪い取ることに成功する。戦略的に重要な固定橋が確保されたことで、ソ連南西方面軍はドン川の両側に戦車部隊を展開することが可能となり、情勢は一挙にソ連側の優位へと傾いていった。

この日の夕刻、パウルスは自軍が一刻の猶予も許されない危機的状況にあることを確信して、再びB軍集団司令部に電文を送付した。

「第6軍はとりあえず現状の展開地を保持するつもりだが、軍の南側面での防衛線構築がうまく行かなかった場合に備えて、行動の自由を保障されたし。その場合、軍は全力で現在地を放棄して南西への脱出作戦を行う」

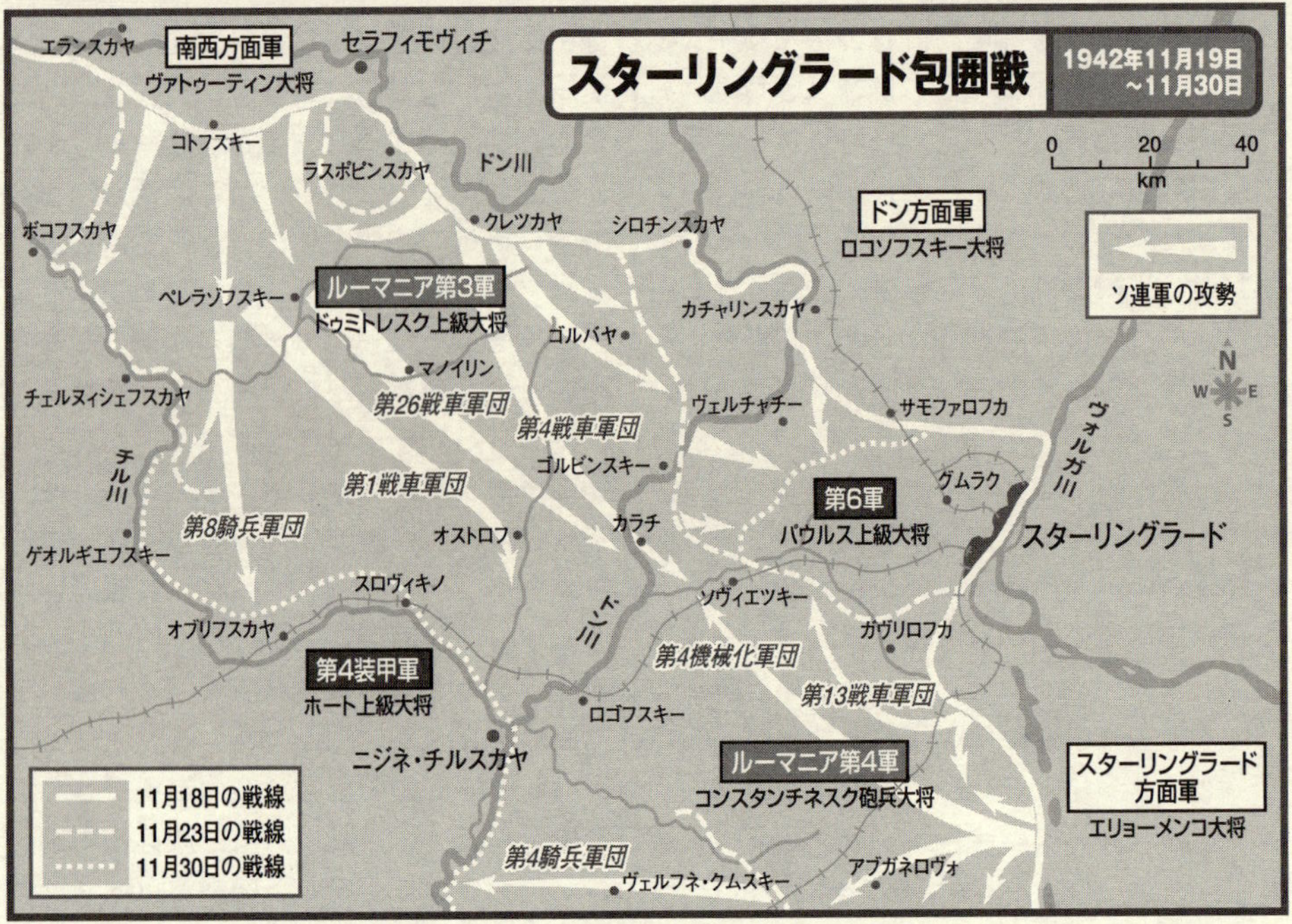

スターリングラード包囲戦
1942年11月19日
~11月30日
南西方面軍
ヴァトゥーティン大将
ドン方面軍
ロコソフスキー大将
ソ連軍の攻勢
0
20
40
km
N
W
E
S
ルーマニア第3軍
ドゥミトレスク上級大将
第6軍
パウルス上級大将
第4装甲軍
ホート上級大将
ルーマニア第4軍
コンスタンチネスク砲兵大将
スターリングラード
方面軍
エリョーメンコ大将
第26戦車軍団
第4戦車軍団
第1戦車軍団
第8騎兵軍団
第4機械化軍団
第13戦車軍団
第4騎兵軍団
エランスカヤ
セラフィモヴィチ
コトフスキー
ラスポピンスカヤ
ドン川
ボコフスカヤ
クレツカヤ
シロチンスカヤ
ペレラゾフスキー
カチャリンスカヤ
ゴルバヤ
マノイリン
チェルヌィシェフスカヤ
ヴェルチャチー
サモファロフカ
ヴォルガ川
チル川
ゴルビンスキー
グムラク
カラチ
スターリングラード
オストロフ
ゲオルギエフスキー
スロヴィキノ
ソヴィエツキー
ドン川
ガヴリロフカ
オブリフスカヤ
ロゴフスキー
ニジネ・チルスカヤ
ヴェルフネ・クムスキー
アブガネロヴォ
11月18日の戦線
11月23日の戦線
11月30日の戦線

だが、この報告内容を知ったヒトラーは、すぐに次のような返電を送らせた。

「第6軍は現在位置を固守し、次なる命令に備えて待機せよ。余は全力を挙げて貴軍の現有兵力を支援し、交替部隊を用意するであろう。行動の自由は、認められない」

パウルスは、新たな総統命令の内容を読んで愕然としたが、彼らが電文をやりとりしている間にも、ソ連軍のドイツ第6軍の背後への前進は続いていた。

十一月二十三日の午後四時頃、スターリングラード方面軍に所属する第4機械化軍団の先頭部隊は、ソヴィエツキーという小さな村で、反対方向から雪原を前進してきた南西方面軍の第4戦車軍団と合流し、これによって第6軍の背後は事実上遮断されてしまった。

パウルスは、第6軍の将官と対応策を協議した後、同日夜に悲痛な内容の「進言書」を書き上げ、これを総統ヒトラー宛てに送信した。

「総統閣下。二十二日の夜に御命令を拝受した後、情勢は大きく変化しました。弾薬および燃料の不足は深刻で、手持ちの砲弾を撃ち尽くした砲兵も少なくありません。陸路での補給が不可能となった今、スターリングラードの全師団を引き揚げて、南西方向の敵に差し向けない限り、軍が生き延びる道は存在し得ないでしょう。その場合、おそらく装備の大半は失われるでしょうが、貴重な人命を救うことはできるはずです。本報告の責任は私にありますが、指揮下の軍団長も私の見解に賛同しております。どうか、状況をご理解いただいた上、行動の自由を軍にお与え下さるよう、改めてお願いいたします」

パウルスと第6軍の各軍団長は、夜を徹してヒトラーからの返電を待った。翌二十四日の午前八時三八分（ドイツ時間）、第6軍司令部に総統からの新たな指令が届いた。

「総統命令：第6軍は、ドン川西岸に残る部隊を収容しつつ、現在位置で戦線を構築し、死力を尽くしてそれを固守せよ。必要な物資は空輸によって補給されるであろう」

ドイツ第6軍の包囲を完成させたソ連側は、最初のうち包囲陣内部の敵兵力を約八万五〇〇〇人と見積もっていた。しかし、実際にはその三倍以上に当たる約二六万人もの将兵が、スターリングラード市を中心とする狭い領域に封じ込められていたのである。

《スターリングラード包囲救出作戦》

◆知将マンシュタインの登場

第6軍が敵に包囲された時、ヒトラーにとってのスターリングラードは既に、単なる作戦目標ではなく、軽々しく手放すわけにはいかない重要な「戦果」へと変質していた。

四月五日の総統訓令第41号に記された、スターリングラード市を「制圧し、軍需産業、交通の中心としての機能を失わせる」という作戦目標は、市街戦と砲爆撃でガレキの山と化したスターリングラード市の大半をドイツ軍が支配下に置いた十月中旬の段階で、既に達成されていたはずだった。しかし、同市を「制圧」するだけで良しとする考えは、あくまで「カフカス油田地帯の占領」という大目標の達成を前提としたものだった。

そして、この大目標の達成が不可能と判明した九月中旬の時点で、スターリングラードは彼らに残された「唯一の作戦目標」へと変化していた。二個軍集団もの兵力を投じた大攻勢「青」作戦が、失敗に終わったとの印象を与えないためには、何らかの目標を達成して、明確でわかりやすい「戦果」を内外にアピールする必要があった。

こうした理由により、独裁者ヒトラーは、彼自身の名誉を守るためにも、あるいはドイツ軍首脳部と将兵に対する己の権威を保持するためにも、スターリングラードの占領および保持という名の「戦果」にしがみ付かざるを得なかったのである。

パウルスの司令部が「形勢不利とは思えない」との楽観的な見通しに支配されていた十一月二十一日、ヒトラーはドイツ軍支配下のスターリングラードへのソ連軍の新たな脅威に対処するため、第6軍と第4装甲軍、およびルーマニア第3軍と同第4軍の生き残りを統括する新たな指揮組織として「ドン軍集団司令部」の創設を決め、その司令官にセヴァストポリ要塞攻略の戦功で元帥に昇進（七月一日）していたマンシュタインを任命した。

この時、レニングラード方面で第11軍の指揮をとっていたマンシュタイン元帥は、ただちに列車で南へと向かったが、彼が現地に到着した十一月二十四日には既に、第6軍の背後は完全に封鎖されており、彼がまず要求されたのは、ルーマニア第3軍の崩壊によって消滅していたドン川流域のドイツ軍戦線を再構築することだった。

マンシュタインがドン軍集団司令官に着任したのと同じ日、ほぼ同様の理由でルーマニア第3軍司令部に派遣されていたドイツ陸軍のヴァルター・ヴェンク大佐は、戦線後方で任務についていた鉄道作業員や建設部隊、休暇からの帰還兵、空軍基地の地上要員などをかき集め、応急編成の「警戒大隊」をいくつも創り上げて、それらをチル川の南岸へと送り込んでいた。こうした働きにより、チル川流域には薄いながらもドイツ軍の警戒線が形成され、マンシュタインは救出作戦の準備に専念することが可能となった。

一方、スターリングラード両翼に対する大攻勢がほぼ計画通りに進展しているのを見た赤軍参謀本部は、この戦果をさらに拡張すべく新たな大攻勢の計画を立案し、十一月二十六日にスターリンへと提出した。「土星(サトゥルン)」作戦と名付けられたこの攻勢計画は、事実上消滅したルーマニア第3軍の北西に展開するイタリア第8軍に兵力を集中して戦線を突破し、そこからロストフまで戦車軍団を進撃させて、ドイツ第6軍だけでなくA軍集団全体を袋に閉じこめようという「天王星」作戦以上に野心的な内容だった。

しかし、ドン川西岸に残っていた兵力を収容した第6軍が、スターリングラード市の西方で南北約四〇キロ、東西約六〇キロの全周防御陣地を構築すると、ソ連軍はこの包囲環の殲滅に時間と兵員を投入することを余儀なくされ、当初十二月十日に開始を予定していた「土星」作戦は、実施日の延期と内容の大幅な修正を余儀なくされた。

ドイツ側が大規模な第6軍の救出作戦を実施するであろうことはほぼ間違いなく、貴重な予備兵力をイタリア軍の正面に差し向けるには時期尚早と考えられたからである。

◆ドイツ第6軍救出部隊の出撃

十一月二十七日、フランス北部から急遽鉄道で呼び寄せられたラウス少将の第6装甲師団が、スターリングラードから南西へ一六〇キロほどの位置にあるコテリニコヴォに到着した。マンシュタインは、長砲身のⅣ号戦車一六〇輛と突撃砲四〇輛を装備するこの師団を中心に、カフカス戦線から引き抜かれた第23装甲師団とルーマニア軍の騎兵二個師団をキルヒナー装甲兵大将率いる第57装甲軍団の指揮下に入れ、十二月十二日に包囲環と外部との連絡路を啓開するための総攻撃を開始させた。

最初のうち、第57装甲軍団の進撃は順調に進み、作戦開始二日目の十二月十三日には最初の障害物であるアクサイ川を越えて、ヴェルフネ・クムスキーという村を占領した。しかし、ソ連側は道路網の交差点にあるこの村に増援部隊を次々と投入し、三日間にわたる攻防戦を繰り広げて、第57装甲軍団の進撃を足止めすることに成功する。

前線からの報告で、ドイツ軍の救出部隊が予想よりも強力な戦車兵力を保有していることを知ったヴァシレフスキーは、ドン方面軍の予備兵力である第2親衛軍を南方に振り向けてくれるようスターリンに要請した。スターリンは、情勢を考慮した上でヴァシレフスキーの要請を承認し、第2親衛軍に包囲環をすり抜けて南へと向かうよう命令した。

十二月十六日、当初の計画から作戦規模を縮小して、マンシュタインのドン軍集団側面に対する打撃を主目標に置いたソ連軍冬季大攻勢の第二撃「小さな土星（マルイ・サトゥルン）」作戦が開始された。攻撃の矢面に立たされた、イタロ・ガリボルディ大将率いるイタリア第8軍の前線は、ソ連軍の砲撃と戦車の突進で瞬く間に分断され、せっかく再構築されたチル川沿いの戦線も、包囲を避けるために南西方向への退却を強いられた。

もはや、マンシュタインとパウルスに残された時間はごくわずかだった。

十二月十九日の午後、ドン軍集団司令部と第6軍司令部の間でテレタイプ（無線機と連動したタイプライター）による通信回線が開かれ、来るべき作戦の段取りについての重要な話し合いが行われた。まず最初に、第6軍の現状と包囲突破作戦に必要な準備期間、必要物資などに関しての具体的な情報がやりとりされ、それを聞いたマンシュタインは次のような命令をパウルスに送った。

「第6軍は、可及的速やかに『冬の嵐（ヴィンテルゲヴィッター）』作戦を発動せよ」

「冬の嵐」作戦とは、ドン軍集団が十二月一日の段階で第6軍に送付していた作戦案で、包囲突破の第一段階として、スターリングラードを保持しつつ、包囲環の南を流れるドンスカヤ・ツァーリツァ川の線まで前線を拡張することを主目標としていた。第57装甲軍団は既に、包囲環から四八キロ南のムイシュコワ川へと到達しており、作戦開始のタイミングとしては悪くないであろうと、マンシュタインには思われたのである。

◆失われた脱出の機会

しかし、第6軍司令部はこの限定的な攻撃命令を「現状では実行不能」と断定し、実行するのであれば、スターリングラードを放棄して全軍を南西方向へと脱出させる第二段階の攻囲突破計画「雷鳴（ドンネルシュラーク）」作戦との組み合わせでないと、成功は望めないと反論した。

この点については、マンシュタインも重々承知しており、繰り返し総統司令部に作戦実行の許可を求めていたが、ヒトラーは「冬の嵐」作戦の実施は承認したものの、スターリングラード市街の放棄を前提とする「雷鳴」作戦の認可は最後まで拒み続けた。

最高司令官と現地司令官による意見の対立で貴重な時間を浪費している間にも、第6軍の部隊が持つ補給物資は刻一刻と減少し続けていた。

ドイツ空軍は、十一月二十四日以降、包囲環内部へ弾薬や食糧などの物資の空輸を実施していたが、悪天候と輸送機の不足、そしてソ連空軍の妨害などにより、充分な物資を供給できておらず、日ごとの平均到着量は第6軍司令部が最低限必要と算定した一日三〇〇トンに遠く及ばない、一一〇トン前後に過ぎなかった。

十二月二十三日、マンシュタインは再びパウルスを問いつめた。

「『雷鳴』作戦を今すぐに実行に移すことは可能か？」

彼は、パウルスが総統命令を無視して独断で行動を起こしてくれる可能性に一縷《いちる》の望みをつないだ。だが、パウルスの答えは、形式を重んじる厳格な軍人のそれであった。

「現状の燃料備蓄量では、第57装甲軍団の待つ位置まで到達できる見込みは皆無です」

第6軍参謀長のシュミット少将は、ドン軍集団司令部および最高司令部には包囲環の内部に充分な補給物資を空輸する責任があるとの見解を頑なに貫き、彼に賛同する将官らと共に「燃料の補給がない限り、冒険的な脱出作戦は行うべきでない」とする軍司令部の総意を形成していった。

同じ日、チル川南方のモロゾフスカヤにあるドイツ空軍の野戦飛行場に、ソ連南西方面軍の戦車部隊が到達した。この飛行場は、包囲環へと補給物資を送る上で最も重要な空輸基地のひとつであり、またドン軍集団司令部のあるノヴォチェルカッスクからわずか一八〇キロしか離れていなかった。そして、包囲環を目指す第57装甲軍団の進撃は、増援として到着したソ連第2親衛軍の守るムイシュコワ川の線で完全に食い止められていた。

マンシュタインは、スターリングラード攻防戦の勝敗が決したことを悟った。外部から第6軍を救出する望みは、事実上断ち切られたのである。

第五章
戦略的主導権の争奪戦
（一九四三年一月〜一九四三年三月）

《スターリングラード包囲環の壊滅》

◆パウルスとドイツ第6軍の降伏

一九四二年十二月二十四日、マンシュタインは第57装甲軍団に対し、スターリングラード包囲環への進撃の中止と、チル川戦線への転進を命令した。

これにより、ドイツ第6軍の包囲環からの救出はいったん断念され、彼らに残された道は、空輸物資に頼りつつ新たな救援部隊の到着まで現在地を持ちこたえるか、あるいはソ連軍の攻撃に晒され続けて全滅するかの二つのみとなった。

しかし、空輸のための基地となる飛行場が一つまた一つとソ連軍の戦車部隊に呑み込まれ、しかもドン川の上流域へと赤軍の攻勢が段階的に拡大している状況を考えると、包囲環を長期にわたって維持できる見込みは皆無に等しかった。

一九四三年一月八日、ソ連軍のドン方面軍司令部は、スターリングラードの包囲環に籠もる第6軍に対して正式に降伏勧告を行い、その文面をドイツ語で記したビラを上空からばら撒《ま》いた。「本勧告が貴官（パウルス）によって拒絶された場合、わがソ連軍の陸上および航空部隊は、包囲下のドイツ軍に対して殲滅《せんめつ》作戦を開始することになる」

もし第6軍がこの段階で降伏してくれれば、それはソ連側にとっても有り難いことだった。包囲環の周囲には、ドン方面軍の七個軍計四七個師団（旅団は半個師団として算定）が釘付けとなっており、これらを戦闘で消耗させることなくチル川およびそれ以西で展開中の攻勢作戦に投入できれば、更なる戦果が期待できたからである。

しかし、当然のことながらヒトラーはこの勧告を黙殺するようパウルスに厳命し、第6軍は包囲環の中で陣地を守り続けた。

降伏勧告から二日後の一月十日、ソ連軍の包囲環殲滅作戦「鉄環（コリツォー）」が開始され、第6軍は西から徐々に地歩を失って東へと退却していった。ソ連側の被った損害も甚大で、最初の三日間だけで二万六〇〇〇人の兵士と多数の戦車を失ったが、それでも赤軍の攻撃は衰えを見せなかった。やがて、前年秋の市街戦で瀕死の状態にあった、チュイコフの第62軍も戦力を回復して攻勢に加わり、第6軍の包囲環は少しずつ空気が抜ける風船のように小さくしぼんでいった。

作戦開始五日目の一月十四日にピトムニクが陥落し、一月二十一日にグムラクがソ連軍の手に落ちると、両地の飛行場に届けられる空輸物資に依存していた第6軍の補給状態は壊滅的な打撃を受けた。食糧も弾薬も燃料も失ったドイツ軍将兵は、身を隠す場所を求めて零下三五度前後の雪原を彷徨《さまよ》い、空腹と疲労で座り込んだ者はその場で凍死した。

ヒトラーは一月三十日にパウルスを元帥に昇進させ、最後の一兵まで戦えと命じたが、弾薬のない包囲環の内部ではもはや戦闘の継続は不可能だった。一月三十一日、スターリングラード市内の地下室に最後の第6軍司令部を設置していたパウルスは、部下を引き連れてソ連側へと投降した。市内の拠点で抵抗していたドイツ軍の小部隊も次々と銃を置き、二月二日には市の北部地域にいる最後の部隊が白旗を掲げて降伏した。

ソ連側が一九四三年一月中に捕らえたドイツ軍捕虜の数は、約一〇万人に達していた。マンシュタインは、後に「パウルスが一月初頭に降伏していたなら、カフカスからの脱出の途上にあった第1装甲軍と第17軍の背後は間違いなく断たれていたであろう」として、第6軍の奮戦に対する感謝の念を書き記したが、そのような賛辞の言葉が酷寒の捕虜収容所で最期の時を迎えたドイツ軍将兵の耳に届くことはなかった。

ともあれ、ドイツ第6軍を構成する計二一個師団の完全なる壊滅と共に、スターリングラードをめぐる戦いは、その幕を閉じたのである。

◆壊滅したハンガリー第2軍

一九四二年末から一九四三年一月にかけての時期、スタフカは「小さな土星」に続く第三次攻勢として、イタリア第8軍の残存兵力であるアルピニ軍団と、その左隣でドン川沿いの防衛線を守るハンガリー第2軍に対する両翼からの包囲攻撃を計画していた。

戦線背後に位置する二つの町の名を取って「オストロゴジスク＝ロッソシ」作戦と呼ばれるこの攻勢は、ヴォロネジ方面軍指揮下の二個軍（第40、第3戦車）と一個狙撃兵軍団の三個兵団を主兵力とし、中央部の第18独立狙撃兵軍団が敵正面の戦力を拘束しつつ、右翼の第40軍と左翼の第3戦車軍が戦線を突破し、ハンガリー第2軍の退路を遮断するという古典的な両翼包囲作戦だった。

グスタフ・ヤーニ大将の率いるハンガリー第2軍は、この時点で九個歩兵師団を保有していたが、一九四二年十二月の「小さな土星」作戦で大打撃を被ったイタリア第8軍と同様、ソ連軍の戦車軍団に対抗できるほど強力な対戦車兵器は装備しておらず、将兵の士気もイタリア軍よりは高いものの、ドイツ軍のそれとは比較にならなかった。

一九四三年一月十三日の早朝、ソ連第40軍の戦区で二時間にわたる準備砲撃が開始され、ハンガリー第2軍に対する総攻撃「オストロゴジスク＝ロッソシ」作戦の火蓋が切って落とされた。翌十四日には第3戦車軍と第18独立狙撃兵軍団の戦区でも攻撃が始まり、イタリア第8軍の中で唯一「小さな土星」作戦による攻撃を受けていなかったアルピニ軍団の四個師団（第2歩兵「トリデンティナ」、第3歩兵「ジュリア」、第4歩兵「クネーンゼ」、第156歩兵「ヴィセンツァ」）の前線は数日のうちに戦況図から姿を消した。

この敗北により、イタリア第8軍は一九四二年十二月十一日から一九四三年一月三十一日までの間に、約八万五〇〇〇人の将兵を戦死または行方不明者として失い、さらに本国から到着した補充兵を含めて約三万人が、凍傷などの負傷で戦線を離脱した。当初の総兵力一〇万人を数えたイタリア第8軍は、わずか一か月ほどの戦闘で、ドン川流域の戦場から跡形もなく消滅してしまったのである。

アルピニ軍団の左翼に位置するハンガリー第2軍の前線でも、事態は同様の展開をたどりつつあった。一月十六日には南部の町ロッソシが陥落し、北部のオストロゴジスクではハンガリー軍の三個歩兵師団が包囲された。

ドン川沿岸の防衛陣地を離脱したハンガリー軍部隊は、戦線の再構築もままならない状況で各個に包囲され、敵の戦車が後方へと進撃することを許してしまった。ソ連軍の先頭部隊である第7騎兵軍団は、一月十九日に攻勢開始線から一〇〇キロ近い場所を流れるオスコル川畔の町ヴァルイキに到達し、ハンガリー第2軍の残存兵力は、ドン川とオスコル川に挟まれた狭い領域を彷徨いながら、次々と壊滅させられていった。

◆ドン川上流域から一掃された枢軸軍

「オストロゴジスク＝ロッソシ」作戦の大成功に勢いづいたスタフカは、一月十九日に新たな攻勢計画「ヴォロネジ＝カストルノエ」作戦に認可を与え、ドン川上流域における敵防御陣地一掃の総仕上げに取りかかった。

第四次のドン川流域攻勢となるこの作戦は、ヴォロネジからカストルノエに至る突出部で戦線を維持しているドイツ第2軍に対する両翼包囲計画で、突出部の北側面にはレイテル中将率いるブリャンスク方面軍の第13軍とヴォロネジ方面軍の第38軍、突出部の正面には第60軍、そして南側面にはハンガリー軍の掃討を終えた第40軍と第4戦車軍団が、攻勢兵力として布陣していた。

ハンス・フォン・ザルムート上級大将の率いるドイツ第2軍は、第7軍団（三個歩兵師団）、第13軍団（四個歩兵師団）、第55軍団（三個歩兵師団）の三個軍団と予備の第88歩兵師団の計一一個歩兵師団で構成され、総兵力は約一二万五〇〇〇人だったが、戦車はわずか六五輌ほどしかなく、敵の突破に対する迅速な対応は望めなかった。

一九四三年一月二十四日朝、第40軍と第4戦車軍団による総攻撃と共に「ヴォロネジ＝カストルノエ」作戦が開始され、第4戦車軍団は初日の日没までに前線から一六キロの奥地まで前進することに成功した。

新たな包囲環形成の危機が生まれたことで、ザルムートは一九四二年夏から保持し続けてきた要衝ヴォロネジの放棄を余儀なくされ、翌一月二十五日にはソ連第60軍の部隊が市内へと入った。ヴォロネジ市街は、六か月ぶりにソ連側の手に取り戻されたが、赤軍の攻勢はこの戦果でさらに勢いづいた。

一月二十六日、突出部の北側では第13軍と第38軍が攻撃を開始し、二日後の一月二十八日には鉄道の結節点となっているカストルノエの町で、南方から進撃してきた第40軍の先遣隊と合流した。スタフカは、これによってドイツ第2軍の大部分をヴォロネジとカストルノエの間で包囲できたと考えたが、実際にはソ連軍の包囲環は兵力不足による隙間だらけで、第2軍に所属するドイツ軍の各歩兵師団はソ連軍の妨害を必死にかわしながら、西方向へと脱出することに成功する。

しかし、退却時に火砲などの重装備を失ったドイツ第2軍の各歩兵師団は、戦線を立て直して新たな防衛線を構築することができず、ソ連軍の攻勢に圧《お》される形で、ずるずると西への後退を続けていった。

もはや、実質的に一個軍規模にまで戦力が低下したB軍集団には、赤軍の大攻勢を押し止める力は残されておらず、ドイツ軍が一九四二年六月に開始した夏季攻勢「青」作戦で占領した中部ロシア地域の大部分が、一九四二年十一月から一九四三年一月までの三か月間にわたる戦いでソ連側に奪い返される結果となった。

《失敗したジューコフの賭け》

◆ルジェフ包囲を狙う「火星」作戦

一九四二年の夏から一九四三年初頭にかけての時期、東部戦線における戦略的主導権の争奪戦は、主にヴォロネジより南のドン川およびヴォルガ川流域と、カフカス地方を舞台に繰り広げられていた。だが、両軍の最高司令官であるヒトラーとスターリンの視線は、南部ロシアにのみ向けられていたわけではなく、ドイツ中央軍集団と北方軍集団の戦区でも、ソ連軍の冬季反攻が実施され、厳冬の中で熾烈な戦いが発生していた。

中央軍集団の戦区では、一九四一年末のモスクワ攻略作戦が失敗した後も、ドイツ第9軍と第3装甲軍に所属する装甲三個軍団（第39、第41、第46）と歩兵五個軍団（第9、第20、第23、第27、第30）が、ルジェフからヴャジマに至る巨大な突出部を保持していた。突出部最東部のグジャツクからモスクワまでは、約一五〇キロの距離があったが、スタフカはこのドイツ軍の突出部を挟撃して、首都モスクワへの脅威を完全に取り除くのと同時に、敵の二個軍を包囲殲滅するという野心的な反攻作戦の計画立案作業を、スターリングラード方面での「天王星」作戦の準備と並行して進めていった。

「火星（マルス）」作戦と名付けられたルジェフ突出部への大攻勢には、プルカイエフ上級大将率いるカリーニン方面軍の三個軍（第22、第39、第41）と、コーニェフ大将指揮する西部方面軍の三個軍（第20、第30、第31）の計六個軍（機械化軍団二個、狙撃兵師団四七個相当、独立戦車旅団一六個）が投入される予定で、ルジェフ突出部北側のドイツ軍四個軍団に対し、東西から挟撃作戦を実施するというのが作戦の骨子だった。

そして、この作戦が成功した段階で、西部方面軍の三個軍（第5、第29、第33）と戦略予備の第3戦車軍（第3、第12、第13戦車軍団）が突出部南部のヴャジマに対して第二次攻勢を開始し、火星作戦の参加兵力との間で新たな包囲環を形成して、残りのドイツ軍四個軍団をも袋の鼠とするという、大規模な攻勢拡大作戦の計画が準備されていた。

参加兵力の規模では、四個方面軍から戦車軍団八個と機械化軍団三個を含む計一三個軍が投入された「天王星」作戦と「小さな土星」作戦の組み合わせには及ばなかったものの、「火星」作戦とそれに続くヴャジマへの二次攻勢の計画（作戦名は「木星」ないし「海王星」であったとされる）へのスタフカの期待はきわめて大きく、計画立案で主導的な役割を担ったジューコフが、作戦指導と調整のために現地へと派遣されることとなった。

一方、カリーニン方面軍の右翼では、「火星」作戦を支援するための敵兵力の牽制と、レニングラードとヴィテブスクを結ぶ重要な鉄道幹線を遮断する目的で、第3打撃軍によるヴェリキエ・ルキへの限定的な攻勢作戦が行われる予定だった。ヴェリキエ・ルキ周辺に展開していたのは、ドイツ第16軍に所属する第83歩兵師団の一部だけだったが、ソ連軍の攻勢が開始されると、同師団の歩兵部隊は雑多な後方支援部隊と共に市内へと立て籠もり、狭い町を堅牢な要塞に造り替えて、東から押し寄せる赤い奔流に立ち向かった。

◆ドイツ軍のルジェフ撤退「水牛」作戦

スターリングラードでのソ連軍冬季反攻開始から六日後の一九四二年十一月二十五日、カリーニン方面軍と西部方面軍による「火星」作戦が開始された。

ソ連第41軍の戦区で攻撃を開始した第1機械化軍団（ソロマティン少将）と第3機械化軍団（カトゥコフ少将）は、ドイツ第41装甲軍団（ハルペ装甲兵大将）の正面で五〇キロ近く進撃し、一時的にドイツ第9軍の背後を脅かすことに成功した。だが、天王星作戦の場合とは異なり、ドイツ軍の精鋭部隊は厳冬の中でもルーマニア軍のように崩壊することなく、頑強な抵抗拠点を形成して、ソ連軍の突破が拡大することを阻止していた。

西部方面軍の戦区でも、ソ連軍の攻勢はすぐにドイツ第39装甲軍団の反撃によって頓挫させられ、初期の作戦目標であるスイチェフカの町すら奪還できないまま、五キロほどの土地を奪回しただけで、作戦の停止を余儀なくされた。十二月中旬に「火星」作戦の失敗が明らかになると、ヴャジマへの二次攻勢の計画はキャンセルされ、ここに投入されるはずだった第3戦車軍は、ただちにドン川上流のヴォロネジ方面軍へと配属された。

一方、ヴェリキエ・ルキに対するソ連第3打撃軍の攻勢は、市内で包囲されたドイツ軍守備隊が、兵力的な劣勢にもかかわらず頑強な抵抗を見せたことで、あわよくば同市から一気にヴィテブスクまで進出しようというソ連側の思惑は完全に打ち砕かれた。しかし、重砲に支援されたソ連軍部隊との間で壮絶な攻防戦が繰り広げられた後、遂にドイツ軍は兵力の不足から救援をあきらめ、守備隊の西への脱出を決定した。

一九四三年一月十七日、ソ連軍はようやくヴェリキエ・ルキを占領したが、当初の目標の一つであったレニングラード＝ヴィテブスク鉄道の遮断には失敗し、第3打撃軍の攻勢作戦は最低限の成果を挙げただけで停止することとなった。

しかし、軍事作戦としては失敗に終わった「火星」作戦だったが、それから数か月後には思わぬ波及効果をドイツ側にもたらすことになる。

南方戦域で発生した大量の部隊損失を埋めるため、ヒトラーは一九四三年二月六日、苦悩の末にルジェフ＝ヴャジマ突出部の放棄を決定し、参謀本部に同地からの撤退作戦を立案するよう命令したのである。そして、一か月後の三月一日、突出部に展開する二五個師団が整然と南西への後退を開始し、三月二十二日までの三週間を費やして、最大で一五〇キロ近い部隊の移動を無事に完了した。

「水牛（ビュッフェル）」作戦と名付けられたこの撤退作戦により、中央軍集団戦区の戦線は大きく短縮され、ドイツ軍は二二個師団（装甲師団二個と自動車化歩兵師団二個を含む）の兵力を予備として抽出することに成功したが、彼らはそれと引き換えに、モスクワへの第二次攻勢を実行する希望を完全に捨てなくてはならなかった。

しかし、ヒトラーとドイツ軍首脳部には、他に選ぶべき道はなかった。依然として危機的な状況が続く南方戦区へと急派するため、一個師団でも多くの兵力が必要とされていたからである。

◆「ボトルの首」ロストフへの競争

東部戦線の最南端に当たるドン川下流地域では、スターリングラードで包囲されたドイツ第6軍が必死の防戦で敵兵力を誘引している間に、カフカス地方に突出していたA軍集団（フォン・クライスト元帥）の第1装甲軍および第17軍に所属する七個軍団（装甲師団四個、自動車化歩兵師団二個、歩兵師団一一個、山岳猟兵師団二個の計一九個師団）が、全力でロストフを目指して撤退作戦を進めていた。

ドイツ第6軍の両翼で枢軸同盟国軍の防衛線が破られたことで、東部戦線の南翼は一時的に前線が消滅した状況となっており、南西へと突進を続けるソ連軍の戦車部隊が先にロストフへと到達すれば、ドイツ軍はスターリングラードの第6軍に続き、新たな二個軍を失うことになる。この悪夢のような破局を避けるため、ドン軍集団司令官のマンシュタインはホートの第4装甲軍を巧みに配置して、第1装甲軍と第17軍がロストフ回廊を通過するまでの間、ロストフ前面の戦線を保持するという難題に取り組むこととなった。

一方、ソ連側は敵の一個軍集団を包囲するという壮大な作戦を実現させるため、南部方面軍（一九四三年一月一日付でスターリングラード方面軍から改称）を第6軍の包囲から離脱させてドン川下流へと差し向け、アゾフ海沿岸のロストフを奪回するよう厳命した。

また、南部方面軍のさらに南では、北カフカスと外カフカスの二個方面軍が、撤退を続けるドイツA軍集団を追撃して、袋状になったドイツ軍の戦線を急速に収縮させていた。

しかし、南部方面軍部隊の消耗と補給不足は、モスクワのスターリンとスタフカが考えていたよりもはるかに深刻だった。

スターリングラード反攻作戦以来、休む間もなく雪原での戦いを続けていた南部方面軍の各部隊の消耗は激しく、とりわけ使用可能な戦車台数は、一月下旬の時点で数十輌に過ぎなかった。後方補給の備蓄と輸送能力もその限界へと近づいており、先頭を進む戦車旅団では燃料や弾薬の不足が表面化し始めていた。

こうした状況の中で、一月二十日に開始されたロストフへの総攻撃は、ドイツ軍戦車部隊の激しい反撃を受けて繰り返し撃退された。第3親衛戦車軍団（ロトミストロフ少将）と第3親衛機械化軍団（ヴォリスキー少将）が、ロストフ南方の街バタイスクにある重要な橋を何度も脅かしたが、ドイツ軍は第11装甲師団と第16自動車化歩兵師団、そして新型の重戦車ティーガーI型を装備した第503重戦車大隊をドン川の南に投入して、無造作に突進してくるソ連軍のT34を次々と撃破していった。

二月十四日、ソ連軍はようやくロストフの市街地を解放したものの、ドイツ軍は既に、A軍集団の主力である第1装甲軍のアゾフ海北岸への脱出を完了していた。南部および北カフカス方面軍によるロストフ回廊の封鎖というソ連軍の野心的な作戦は、ドイツ軍装甲部隊の巧みな機動防御により、あと一歩のところで阻止されたのである。

《ドニエプル川を目指すソ連軍の大攻勢》

◆「早駆け」作戦と「星」作戦

ハンガリー第2軍の主力がソ連軍部隊に次々と包囲されていた一九四三年の一月中旬、赤軍参謀本部は「ヴォロネジ＝カストルノエ」作戦の準備と並行して、枢軸同盟国軍の消滅によって生じた戦線の間隙部に対する新たな攻勢作戦の研究に忙殺されていた。

いまや東部戦線南部におけるドイツ軍および枢軸軍部隊は、目の前で起こりつつある事態への対応で精一杯の状態であり、土台から揺らいでいる敵軍に決定的な打撃を与えるには、「ヴォロネジ＝カストルノエ」作戦の完了後、間髪を容れずに別方面での攻勢を仕掛けるのが最も有効であると思われたからである。

こうした研究の成果として、一月二十日から二十三日にかけて、二つの大攻勢作戦の計画案が仕上げられた。ひとつは、石炭や鉱物資源の埋蔵地が林立する東部ウクライナの経済的要地ドンバス地方を敵の手から奪い返し、そのまま敵兵力をドニエプル川の対岸へと追い払おうという「早駆け（スカチョーク）」作戦で、もうひとつはウクライナ第二の工業都市ハリコフの解放を主眼とする「星（ズヴェズダ）」作戦である。

南西方面軍司令官ニコライ・ヴァトゥーティンが立案した「早駆け」作戦の計画では、戦車部隊をアゾフ海沿岸のマリウポリに向かわせて、攻勢開始から七日以内にこの町へと到達させる一方、別の戦車部隊をクラスノグラード方面に突進させ、最終的にはドンバス地域に展開するドイツ軍の補給維持に不可欠な鉄道橋があるザポロジエおよびドニエプロペトロフスク両市を制圧することになっていた。

攻勢開始予定日の一月二十九日を三日後に控えた一月二十六日、スタフカは次のような内容の一般命令を、南西方面軍司令部へと下達した。

「ヴォロネジ方面軍が実施した（ドン川上流域での）一連の攻勢作戦の大成功により、敵の抵抗は完全に打ち砕かれた。敵の防衛線は広範囲にわたる綻びを見せており、充分な予備兵力を持たない彼らは、各地で分散して孤立状態に陥っている。現在、南西方面軍の右翼はドンバス地方の北側へと大きく張り出しているが、これはドンバスとカフカスおよび黒海沿岸に残る敵兵力を包囲殲滅する上で、絶好の状況であるといえよう」

一方、ドン川上流域での掃討を終えたヴォロネジ方面軍でも、司令官フィリップ・ゴリコフ大将を中心に「星」作戦の立案が開始されていた。一月二十三日、スタフカは「星」作戦の開始予定日を二月一日とするよう同方面軍司令部に指示を下し、南西方面軍のドンバス攻勢と連動して、ハリコフとビエルゴロドの解放作戦を展開するよう命じた。

イタリアとハンガリー両軍の壊滅で、目前の敵が消えたヴォロネジ方面軍戦区では、戦局に対する楽観的な見方が南西方面軍以上に広がっており、一月二十六日にはジューコフの提言により、中部ロシアの都市クルスクが「星」作戦の目標に加えられた。スタフカと参謀本部、および南西・ヴォロネジの両方面軍司令部において、新たな大攻勢の成功を疑う者は、少なくともこの段階では一人もいなかった。そして、この両作戦が成功すれば、南部におけるドイツ軍の戦線は完全に崩壊し、対独戦の戦局は一挙にソ連側の圧倒的優位へと転じるはずであった。

◆戦線の再構築を急ぐマンシュタイン

スターリングラードの第6軍を救出する望みが断ち切られた一九四二年十二月末以降、ドン川流域のドイツ軍を統括するドン軍集団の司令官マンシュタインは、ごくわずかな手持ち兵力を縦横に駆使して、次々と崩れてゆく戦線を超人的な手腕で繕い続けていた。

彼の手許には、名目上「第4装甲軍」と「ホリト軍支隊」という二つの上級司令部が存在したが、ここに配属されている装甲三個師団と歩兵四個師団はいずれも第6軍救出作戦やチル川流域の攻防戦で消耗しており、休暇帰還兵や鉄道作業員などの「寄せ集め部隊」がその穴埋めとして臨時に編入されていた。

そのため、従来のドイツ陸軍における基本であった軍司令部→軍団司令部→師団という整然とした指揮系統に則って作戦を指揮することはもはや不可能となり、一九四三年初頭以後の東部戦線における戦いでは、野戦指揮官の下にいくつかの小部隊を編入した「戦闘団（グルッペ）」や「軍支隊（アルメーアプタイルング）」「集団軍（アルメーグルッペ）」

などが必要に応じて編成され、半独立部隊として機動防御や遅滞作戦を繰り広げる状況が日常化していた。

ドン川流域における退却戦の終了に伴い、マンシュタインは、その西側を流れるドニェツ川を軸とした防衛戦略の再構築にとりかかった。カフカスから脱出してきた第1装甲軍の二個装甲軍団（第3および第40）と第30軍団が一月二十七日付でA軍集団からドン軍集団へと移管されたことにより、マンシュタインは第4装甲軍でロストフ正面の防備を固めつつ、戦車約四〇輛を含む第1装甲軍の部隊を自軍左翼のドニェツ川流域へと転用して、北側面の防備を固めることが可能となった。

しかし、ドニェツ川流域の戦線には依然としていくつもの弱点が存在していた。とりわけ、ハリコフからイジュムに至るドニェツ川湾曲部東岸の前線では、長さ二〇〇キロ近い正面を、B軍集団所属の「ランツ軍支隊」（フーベルト・ランツ山岳兵大将）の二個歩兵師団とドン軍集団の第19装甲師団の計三個師団で守らねばならず、ソ連軍の攻勢を長期にわたって維持できる見込みはきわめて少なかった。

マンシュタインは、この手薄な境界部を補強するため、軍集団戦区の右翼に配備されていた第1装甲軍をロストフ正面から引き抜いて、ランツ軍支隊と、カール・アドルフ・ホリト歩兵大将率いる「ホリト軍支隊」の間に移動させるよう命令を下した。そして、フランスから増援として到着中の精鋭部隊「SS装甲軍団」（パウル・ハウサーSS大将）をハリコフ正面に投入させ、ドン方面軍の左翼に対するソ連軍の包囲攻撃をハリコフ側から牽制させようと策をめぐらせた。

だが、SS装甲軍団を構成する三個師団のうち、一月末の段階でハリコフ周辺に到着していたのは、第2SS装甲擲弾《てきだん》兵師団「ダス・ライヒ（帝国）」のみで、第二陣の第1SS装甲擲弾兵師団「LAH（アドルフ・ヒトラー親衛旗）」はいまだ一部のみしか戦場に到着しておらず、三番目の第3SS装甲擲弾兵師団「トーテンコップフ（髑髏《どくろ》）」の全兵力が到着するのは二月下旬にまでずれ込むものと予想されていた。

そして、マンシュタインが意図した第1装甲軍とSS装甲軍団のドニェツ川戦線への再配置が整うよりも一足先に、ヴァトゥーティンのソ連南西方面軍はドン方面軍に対する大攻勢「早駆け」作戦を開始したのである。

◆東へと向かう赤い奔流

一九四三年一月二十九日の早朝、ソ連第6軍の戦区で大規模な支援砲撃が開始され、ドンバス地方の奪回を目指すソ連軍のドン＝ドニェツ両川流域での第五次冬季攻勢「早駆け」作戦の幕が切って落とされた。

ソ連南西方面軍が保有していた九個戦車軍団（第3親衛軍戦区の部隊も含む）のうち、第3、第10、第18、第4親衛の四個戦車軍団は、方面軍副司令官のマルキアン・ポポフ中将を長とする「方面軍機動集団」に統合されていたが、二月三日にはこの四個軍団全てがドニェツ川の渡河を開始し、第19装甲師団の担当正面へと襲いかかった。

だが、ポポフの機動集団は、スタフカが期待したような大突破を行えないまま、数日のうちに停止を強いられることになる。その最大の理由は、攻撃兵力の不足にあった。第18戦車軍団と、一九四三年一月二日付で第17戦車軍団から改称された第4親衛戦車軍団は、いずれも前年冬からの激戦に次ぐ激戦で人員・車輌共に激しく消耗しており、また戦略予備から新たに投入された第3および第10戦車軍団も、装備戦車台数は定数を大きく下回っていた。さらに、方面軍の補給輸送能力が最前線の西方への移行に追随できておらず、軍団レベルでの弾薬や燃料の携行物資も次第に底を尽き始めていた。

こうした理由により、ポポフの四個戦車軍団は、それぞれ五〇〜六〇輛ほどの稼働戦車を軍団指揮下の特定の旅団に集中して運用せざるを得ず、ドン川上流域で見せたような軍団規模での鮮やかな突破作戦を展開することは、兵力的に不可能な状況だったのである。

一方、ドニェツ川下流における南西方面軍の「早駆け」作戦開始から四日が経過した二月二日、ゴリコフ大将率いるヴォロネジ方面軍の戦区では、ハリコフとビエルゴロド、クルスクの三都市を作戦目標とする大攻勢「星」作戦が発動された。

この攻勢を受けて立つのは、SS装甲軍団の第一陣部隊であるSS第2装甲擲弾兵師団「ダス・ライヒ」と、臨時上級司令部「クラーマー軍団司令部」に統率された装甲擲弾兵師団「大ドイツ（グロスドイッチュラント）」、そして戦力半減状態にある歩兵四個師団だったが、前線における圧倒的な兵力差の前には為《な》す術もなく、とりわけ戦車を持たない歩兵師団は、包囲を避けながら西へと退却する以外に、作戦の立てようがなかった。

二月五日、ドニェツ川湾曲部に進出したソ連軍の戦車部隊は、ようやく前線に到着した第1SS装甲擲弾兵師団「LAH」の防衛線にぶつかって停止させられたが、右翼方向からの包囲の危険を感じた「ダス・ライヒ」師団と「大ドイツ」師団は、ヴォルチャンスク周辺の地歩を捨てて西へと後退し、前線の縮小を図った。

《東部ウクライナをめぐる死闘》

◆マンシュタインとヒトラーの大激論

二月六日、ヒトラーは敗北の続く南部戦域の作戦指導についての協議を行うため、マンシュタインを東プロイセンの総統大本営に呼び寄せた。

マンシュタインはまず、東部戦線の全般的な戦況を手短に説明した上で、ドニェツ川の上流からハリコフ、クルスクに至る戦線で発生している危機的状況を立て直すには、ドン軍集団の最東部に位置するロストフ回廊を放棄して、ドニェツ川下流の防衛線を守るホリト軍支隊の担当正面を縮小するのと共に、回廊南部に展開する第4装甲軍を早急にドニェツ川上流部へと配置転換すべきであるとの提言を、ヒトラーに対して行った。

静かに報告を聞いていたヒトラーは、やおら口を開くと、マンシュタインの計画案に異議を唱えた。「仮に貴官の言う通りに戦線を縮小して兵力を抽出したとしても、敵も同様に浮いた兵力を決戦場に転用できるようになるわけではないのか？　だとすれば、敵の攻勢を挫《くじ》くことにはならんのではないか？」

マンシュタインは反論した。「ご指摘はごもっともですが、重要なのは兵力転用という策を先に行った側が、その後の展開の主導権を握ることができるという点にあります。また、現実問題としてわが軍集団の左翼は、予備部隊をほとんど保持しておらず、戦線崩壊という最悪の結果に至る可能性は日に日に増大しています」

「いや、こうも考えられよう。すなわち、わが軍が頑強に一歩も譲らずに防衛線を保持し続けたなら、敵は一歩前進するごとに莫大な出血を強いられ、やがては大兵力といえども消耗させられるであろう。それに、攻勢発起点からの距離が増大するに従って、敵の前線部隊への補給も困難となってくるはずだ。数日内にはこの一帯でも雪解けが始まり、敵味方を問わず部隊の長距離移動は大きな困難に直面するものと予想できる。そうなれば、敵もわが軍を遠くから迂回するような大包囲作戦は実行できなくなるであろう」

このヒトラーの見解には、それなりの根拠があることをマンシュタインも認めざるを得なかった。実際、既に述べたように、ポポフの機動集団に所属するソ連軍戦車部隊の多くは装備車輌の損耗と補給不足によって本来の打撃力を喪失しており、比較的進撃速度の遅い狙撃兵部隊ですら、慢性的な弾薬不足から攻撃の矛先が鈍りつつあった。

だが、ドン方面軍の背後へと向かいつつある敵の進撃が、そのような理由で確実に停止するという保証がどこにも存在しない以上、マンシュタインには「敵は包囲作戦を継続できないであろう」などという不確かな願望に、大勢の部下の生命を賭けるつもりはなかった。実際、敵の機動兵力と突破包囲力に対するドイツ軍上層部の過小評価が、第6軍のスターリングラードでの壊滅という悲惨な結末を招いた一因であることは確かだった。

彼は、総統ヒトラーに向き直ると、こう断言した。

「わが軍集団全体の運命を、全く季節はずれの融雪期の到来という仮定にのみ委ねるような無責任な態度をとることは、私には断じてできません！」

四時間にわたる激論の末、マンシュタインの決意が揺るぎないことを悟ったヒトラーは遂に折れ、ドン軍集団の右翼をミウス川へと撤退させる案に、渋々ながら許可を与えた。

ほっとしたマンシュタインは、翌二月七日にスターリノの軍集団司令部に帰着すると、すぐに第4装甲軍とホリト軍支隊に撤退命令を打電させた。

東部戦線の南部地域における戦略的情勢を一変させることになる、マンシュタインの遠大なる策謀が動き始めたのである。

◆SS将官ハウサーの「ハリコフ放棄」という命令違反

ドン軍集団司令部へと戻るマンシュタインを乗せたコンドル輸送機が、スターリノ飛行場の軍用滑走路へと無事に着陸していた頃、その北方のハリコフ周辺地域では、ドイツB軍集団の防衛線に大きな綻びが生じようとしていた。

まず二月七日にコロチャがソ連第40軍の手に落ち、二日後の二月九日にはビエルゴロドが同じ第40軍の所属部隊によって攻略された。ヴォロネジ方面軍の最右翼では、第60軍が二月八日にクルスク市内へと入り、ドイツ第2軍の残存部隊はリゴフ周辺へと退却させられていた。ソ連軍の赤い奔流は、ハリコフへと着実に接近しつつあった。

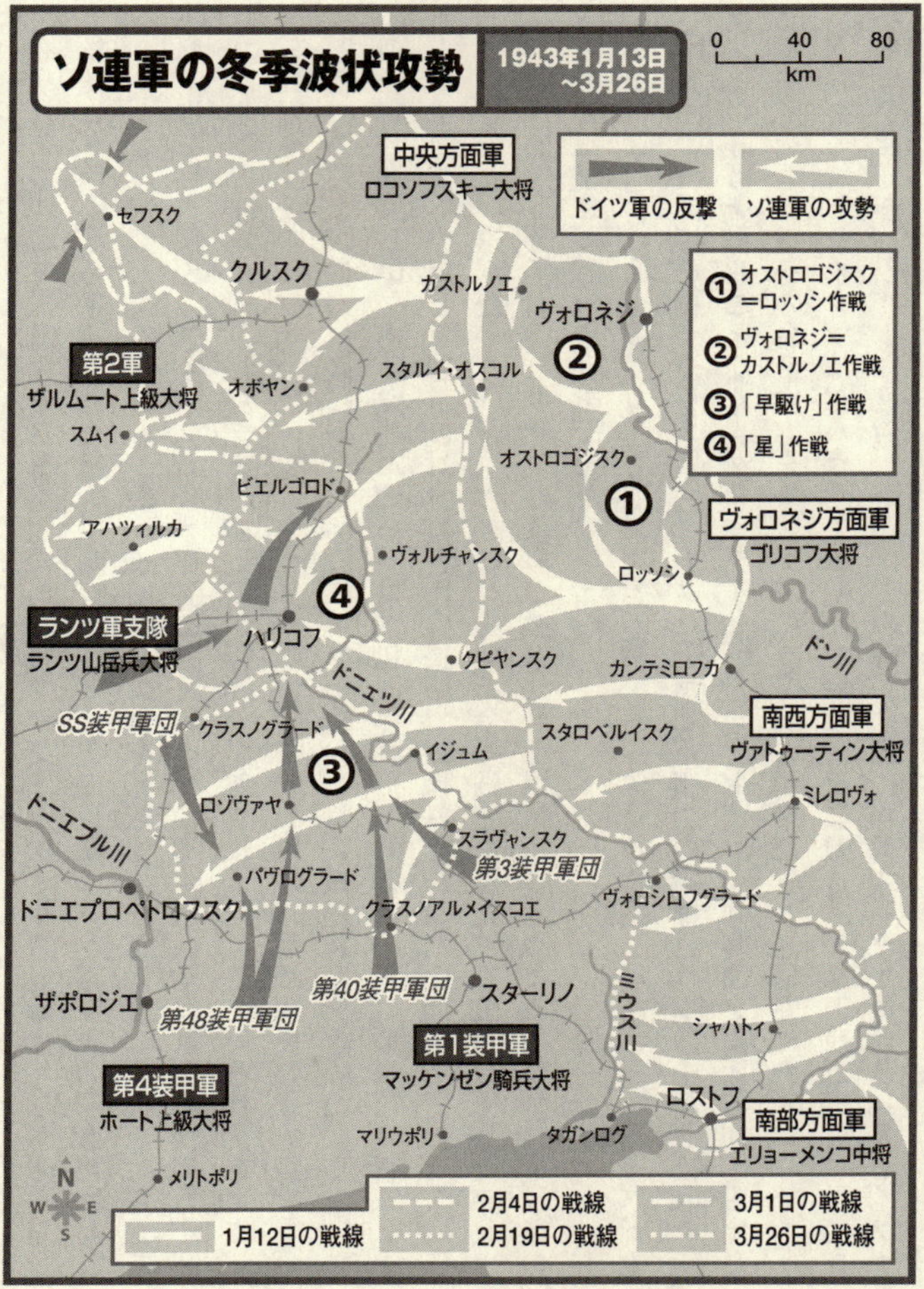
ソ連軍の冬季波状攻勢
1943年1月13日
～3月26日
0
40
80
km
中央方面軍
ロコソフスキー大将
ドイツ軍の反撃
ソ連軍の攻勢
①オストロゴジスク
＝ロッソシ作戦
②ヴォロネジ＝
カストルノエ作戦
③「早駆け」作戦
④「星」作戦
セフスク
クルスク
カストルノエ
ヴォロネジ
②
第2軍
ザルムート上級大将
オボヤン
スタルイ・オスコル
スムイ
オストロゴジスク
ビエルゴロド
①
ヴォロネジ方面軍
ゴリコフ大将
アハツィルカ
ヴォルチャンスク
ロッソシ
④
ランツ軍支隊
ランツ山岳兵大将
ハリコフ
クピヤンスク
カンテミロフカ
ドン川
ドニエツ川
SS装甲軍団
クラスノグラード
南西方面軍
ヴァトゥーティン大将
スタロベルイスク
イジュム
③
ミレロヴォ
ドニエプル川
ロゾヴァヤ
スラヴャンスク
第3装甲軍団
パヴログラード
ドニエプロペトロフスク
クラスノアルメイスコエ
ヴォロシロフグラード
第40装甲軍団
スターリノ
ミウス川
ザポロジエ
第48装甲軍団
シャハトィ
第1装甲軍
マッケンゼン騎兵大将
第4装甲軍
ホート上級大将
ロストフ
南部方面軍
エリョーメンコ中将
マリウポリ
タガンログ
メリトポリ
N
W
E
S
1月12日の戦線
2月4日の戦線
2月19日の戦線
3月1日の戦線
3月26日の戦線

ハリコフの防衛を担当するB軍集団の司令官フォン・ヴァイクス元帥は、二月十一日付で総統ヒトラーから下達された指令に基づき、二月十二日にランツ軍支隊の司令部に対して「いかなる情勢となろうとも、最後までハリコフを死守すること」との命令を打電していた。しかし、SS「ダス・ライヒ」師団と「大ドイツ」師団という貴重な機動兵力がハリコフ北東の陣地に残されたまま、袋の口が背後で閉ざされようとしている状況を見て、SS装甲軍団長のハウサーは、もはやハリコフの即時放棄以外に両師団を救う方策はないと考え、二月十四日の午後に上官であるランツ山岳兵大将に撤退許可を求めた。

刻一刻と進展しつつあるソ連軍のハリコフ包囲作戦への対応は、軍の最高司令官（ヒトラー）に対する忠誠と、部下に対する責任の狭間で板挟みとなった中間指揮官のランツにとっても苦しい選択だった。苦悩の末に、総統命令の厳守を優先する決断を下したランツは、同日午後五時半頃、ハウサーの求めた撤退許可を拒絶し、あくまでハリコフを最後の一兵まで死守せよとの命令を下した。

一夜明けた二月十五日、ソ連軍の攻撃が全く衰えないのを見たハウサーは、「大ドイツ」師団の指揮権を持つラウス軍団（旧クラーマー軍団）の指揮官ラウス中将と協議の上、ランツの許可を得ることなく「ダス・ライヒ」と「大ドイツ」両師団を南西方向へ脱出させる決定を下し、その命令内容を午後一時にランツの司令部へと送信させた。

内容を一読したランツは、ハウサーの明白な命令違反に驚き、午後三時三〇分に改めてハリコフ死守をハウサーに厳命したが、この時には既に「ダス・ライヒ」と「大ドイツ」

両師団の部隊は、ハリコフ市内を通過して虎口《ここう》から辛くも脱出しようとしていた。

二月十六日の夜明けと共に、ソ連軍の第25親衛狙撃兵師団と第5親衛戦車軍団の自動車化狙撃兵旅団がハリコフ市内へと入り、昼頃までには市のほぼ全域が赤軍部隊によって制圧された。ウクライナ第二の工業都市ハリコフは、一九四一年十月二十四日のドイツ軍による占領から数えて約一年半ぶりに、ソ連側の手に取り戻された。

だが、彼らは間もなく、大都市解放という輝かしい「戦果」も、束の間の喜びに過ぎなかったことを、身を以て思い知らされることになる。

◆燃料切れで次々と停止する赤軍戦車

ゴリコフ大将のヴォロネジ方面軍が、クルスク、ビエルゴロド、ハリコフという作戦目標を次々と解放して、スターリンの心証を良くしていたのとは対照的に、ドニェツ川流域で南方向への攻撃を続けるヴァトゥーティンの南西方面軍の戦区では、二月二日以降、フォン・マッケンゼン騎兵大将率いるドイツ第1装甲軍の頑強な抵抗に遭遇して、目立った戦果を挙げられずにいた。主戦場であるスラヴャンスクの周辺は、傾斜の急な渓谷や荒地の多い地形で、全体として防御側に有利な戦場だったからである。

大きな壁にぶつかったまま、二月十日にスタフカから「ドイツ軍のドニエプロペトロフスクおよびザポロジエへの退却を阻止せよ」との命令を受領したヴァトゥーティンは、各軍の作戦目標を大幅に変更する決定を下した。スラヴャンスク周辺の敵防衛線を攻めるポポフの機動集団に、右翼からの迂回攻撃を行わせるのと同時に、第6軍をクラスノグラード方面、第1親衛軍をザポロジエ方面に、それぞれ向かわせるよう命令したのである。

ヴァトゥーティンの方針変更で西へと向かうことになった第6軍と第1親衛軍は、ドイツ軍の兵力がハリコフ方面とスラヴャンスク方面の二か所に集中している状況に乗じて、両地域間の空白地帯を快調に進撃し、二月十七日には第1親衛軍の第4親衛狙撃兵軍団が、パヴログラードの街へと入った。

しかし、当初の進撃予定路とは異なる方角への急激な部隊の移動は、ソ連南西方面軍の兵站《へいたん》輸送能力に計り知れないほど大きな負担をかける結果となった。

二月十八日、連日の激戦で疲弊した第4親衛戦車軍団は、弾薬と燃料が底を尽き始め、軍団保有の可動戦車数も計一七輛へと減少してしまったために、部隊の移動を行えなくなり、クラスノアルメイスコエで全周防御陣地を構築して、救援の第10戦車軍団の到着を待ち続けた。ところが、その第10戦車軍団もまた深刻な燃料不足に直面しており、軍団所属のある旅団が二月十八日に南西方面軍司令部へと送った電文の内容が、ドイツ軍第40装甲軍団の通信隊に傍受された。

「わが部隊の車輌は、燃料不足のため、全て停止を余儀なくされています」

二月十九日に前線へと投入された、ソ連第6軍の三個機動軍団（第1親衛戦車、第25戦車、第1親衛騎兵）の場合、後方で温存されていたために一定の携行物資を保持していたが、それでも第6軍司令部から一〇〇キロ近く離れた地点で再補給を受けられる見込みはなく、一度でも敵と交戦すれば燃料と弾薬の不足に直面するであろうことは明白だった。

そして、パヴロフ少将に率いられた第25戦車軍団の先頭部隊は、この日のうちにザポロジエから約六〇キロ、ドニエプロペトロフスクからは約三五キロしか離れていないシネリニコヴォに達し、そこを守るドイツ第15歩兵師団との間で激戦を繰り広げて、手持ちの物資を消費してしまったのである。

◆ハリコフ放棄に激怒するヒトラー

一方、自らに絶対的忠誠を誓うはずの武装親衛隊（SS）の将兵で構成されたSS装甲軍団の指揮官ハウサーが、総統命令を公然と無視してハリコフを放棄したことを知ったヒトラーは、烈火のごとく激怒して、南部戦域の作戦指揮に再び釘を刺すべくマンシュタインの司令部に向かう準備を進めさせた。

実際には、ハリコフを放棄したハウサーのSS装甲軍団はB軍集団のランツ軍支隊の所属で、南方軍集団（二月十一日にドン軍集団から改称）司令官のマンシュタインは命令違反の件とは無関係だったが、ドニエプル川東岸の街ザポロジエに移転していたマンシュタインの司令部を二月十七日の午後に訪れたヒトラーは、すぐに全力でハリコフの奪還作戦を行うよう、マンシュタインに詰め寄った。

これに対し、マンシュタインはヒトラーの命じるハリコフでの即時反撃に異を唱え、最初に反撃を行うべき対象は第1装甲軍とランツ軍支隊の間隙部に突出している敵兵力であ

ると の説を述べ始めた。

「この三か月間における敵軍の作戦指揮を見れば、彼らの意図は明白です。わが南方軍集団の退路を遮断して、パウルスの第6軍の後を追わせるつもりなのです。実際、ドニェツ川からドニエプル川へと向かいつつある敵の進撃は、わが軍集団全体にとっての重大な脅威です。よって、わが軍が採るべき道は、まずSS装甲軍団をハリコフの前線から離脱させ、第1装甲軍とランツ軍支隊の間で突出している敵兵力の北側面を、クラスノグラード周辺から攻撃させることです。それと同時に、同じ敵兵力の南側面を第4装甲軍の第48装甲軍団に攻撃させ、両翼からの挟撃で敵の攻勢兵力を完全に殲滅します。

この第一段階の成功によって、わが南方軍集団の背後に対する脅威は完全に取り除かれます。その上で、先に述べた二個装甲軍団と、第1装甲軍の第40装甲軍団を投入すれば、ハリコフの奪回は比較的容易に行えるはずです」

ヒトラーは、マンシュタインの説明に納得せず、二月六日に行われた協議の時と同様、ドニエプルに向かうソ連軍の進撃は間もなく泥濘《でいねい》に埋没するであろうとの予測を前提として、ハリコフ攻撃を後回しにするという彼の作戦案を承認することを拒んだ。

しかし、翌二月十八日になると、ヒトラーの予測が空しい願望に過ぎないことが明白となる。ヴァトゥーティンの方針転換によって西へとシフトされた第6軍と第1親衛軍が、ランツ軍支隊と第1装甲軍の戦線の間隙部に姿を現し、マンシュタインの言う「わが軍集団全体にとっての重大な脅威」が、具体的な形となって戦況図の上に描かれたのである。

そして、二月十九日にソ連第25戦車軍団の第111戦車旅団が、会議の行われているザポロジエからわずか二〇キロの地点にまで迫ると、総統ヒトラーはもはや自説を展開し続ける時間的余裕を失い、マンシュタインの反攻案に認可を出さざるを得なくなってしまう。身の危険を感じたヒトラーと側近は、慌てて専用機でザポロジエを離れ、マンシュタインはとりあえず作戦運用上の自由を獲得した。しかも、二月十四日付でB軍集団司令部が廃止されたことに伴って、北翼の打撃兵力であるSS装甲軍団の三個装甲擲弾兵師団とラウス軍支隊の「大ドイツ」装甲擲弾兵師団までもが彼の指揮下へと編入された。

こうして、結果的にヴァトゥーティンの突進命令に助けられるような形で、マンシュタインは前年の冬以来初めて、敵に大打撃を与えられる強力な武器と自由裁量権を手中に収めた。戦史に特筆されることになる大反攻のお膳立ては、整ったのである。

《マンシュタインの「後手からの一撃」》

◆敵の企図を摑み損ねたソ連軍

一九四三年二月二十日、ソ連南西方面軍の各部隊の補給状況は、いよいよ危機的なレベルへと陥りつつあった。第1親衛軍の先頭部隊（第35親衛狙撃兵師団）は、ドニエプロペトロフスクまで二五キロの地点にまで進出したが、補給不足のためにそれ以上の前進を行えなくなり、やむを得ず塹壕を掘って防御拠点の構築を始めていた。

一方、ポポフの機動集団の戦区では、燃料の枯渇《こかつ》のために動けなくなった第4親衛戦車軍団が、二月十八日以降ドイツ軍の第7装甲師団と第333歩兵師団、そしてSS「ヴィーキング」装甲擲弾兵師団による包囲攻撃を受けて壊滅的な打撃を被っており、第10戦車軍団に代わって救援に向かった第18戦車軍団も敵の反撃に晒されて部隊規模を磨《す》り減らしていった。クラスノアルメイスコエでの三日間にわたる防戦の末、第4親衛戦車軍団は事実上壊滅し、生き残った兵士は装備を捨ててドニェツ川の方角へと脱出した。

配下の戦車軍団が、もはや使い物にならないことを悟ったポポフは、二月二十日の夜にヴァトゥーティンに戦況を報告し、全面的な退却の許可を求めた。だが、ポポフの耳に届いたのは激昂したヴァトゥーティンの怒鳴り声だった。

「きさま、首を賭ける覚悟はできてるんだろうな！」

ヴァトゥーティンは、この段階に至ってもなお「退却する敵軍が、ドニエプル川の重要な渡河点であるドニエプロペトロフスクとザポロジエへと到達する前に両地点を奪回し、ドニエツ地方のドイツ軍部隊を主戦線から分断せよ」という二月十一日付のスタフカ指令を実行することが可能であると確信していたのである。

また、当時ヴォロネジ方面軍司令部を視察中だった参謀総長のヴァシレフスキー元帥をはじめとするスタフカの高官たちも、当初の計画と合致する形でドニエプル川方面に向かう攻勢の進捗状況に満足し、何ら疑いを差し挟もうとはしなかった。

マンシュタインの企図した兵力移転と増援部隊の集中について、ソ連側はその規模と位置をほぼ正確に把握していた。にもかかわらず、壮大な戦略的誤算という落とし穴に彼らがはまり込んだ最大の理由は、前年冬の「小さな土星」作戦以降、ドイツ軍が南部地域で積み重ねてきた「戦略的後退」の実績にあった。

カフカスから撤退した第1装甲軍が、ドン川の西へ、さらにミウス川の西へと撤退し続けたという過去の流れから考えて、彼らが次に「ドニエプル川の西へ」と撤退しても、何ら不思議ではなかったからである。

そして、このような分析を強力に裏付ける役割を果したのが、SS装甲軍団によるハリコフの放棄という重大な事実だった。

総統ヒトラーに忠誠を誓うSS部隊が、総統の許可なくして戦略的重要都市であるハリコフを放棄する可能性は、ほとんどゼロに近い。従ってSS装甲軍団のハリコフ放棄は、ヒトラーが南部戦域の戦線をドニエプルの西方へと後退させる決心を固めた証であると考えて間違いないと、ソ連側は考えたのである。

こうした固定観念に囚われたことにより、二月十九日に航空偵察で判明したドイツ軍装甲部隊の大量集結の情報も「退却の援護」という解釈で片づけられてしまい、ヴァトゥーティンはこの情報を有効な対応策の立案に役立てることなく、更なる「攻勢の継続」を配下の部隊に命令し続けたのである。

◆ポポフ機動集団の壊滅

二月二十日の早朝、ハウサーのSS装甲軍団がクラスノグラードの南方で総攻撃を開始し、マンシュタインによる大反攻「後手からの一撃」の第一幕が開始された。

最初の目標となったのは、第6軍の最先頭部隊である第267狙撃兵師団だったが、前線部隊が各地でドイツ軍戦車による反撃に遭遇していることを知らされた後も、ソ連軍首脳部はしばらくの間、その出来事が持つ重大な意味を理解できないでいた。

第1装甲軍の戦区では、ヘンリーチ装甲兵大将率いる第40装甲軍団の三個装甲師団がポポフ機動集団の弱体化した戦車軍団に襲いかかり、SS装甲軍団と第40装甲軍団の間隙部では、二個装甲師団から成る第4装甲軍所属の第48装甲軍団が、パヴログラードとクラスノアルメイスコエのちょうど中間部への布陣を完了していた。

二月二十一日、スタフカは第6軍に対して「翌朝までにドニエプル右岸に橋頭堡を確保せよ」との新たな命令を下し、赤軍参謀本部の作戦副部長ボゴリューボフ中将も「我々は敵がドンバスからの撤退を実施しているという正確な情報を入手している」との連絡を南西方面軍の参謀長イワノフ中将に送っている。イワノフと方面軍情報部長ロゴフ少将も、この見解に同調する姿勢を見せ、ヴァトゥーティンは第6軍司令官のハリトノフ中将に進撃継続を指令して、ドニエプル川の渡河を目指す西方向への攻勢を継続させた。

二月二十三日、補給不足で動きがとれなくなっていた第6軍の狙撃兵師団群と第1親衛戦車軍団の戦車旅団が、ロゾヴァヤ西方の雪原でSS装甲軍団の二個師団に攻撃されて包囲・殲滅され、第6軍の主力部隊は同日夜までに司令部との後方連絡線を断たれてしまった。

この事実を知ったヴァトゥーティンは、ようやく事態の深刻さを認識し、第6軍の孤立をスタフカに報告するのと共に、第6軍主力の救出作戦を立案しようとしたが、もはや機動戦を行える部隊は彼の手許にはひとつも残されていなかった。翌二月二十四日、クラスノグラードからアルテモフスクに至るSS装甲、第48装甲、第40装甲、第3装甲の四個装甲軍団から成る戦線がひとつにつながり、第40装甲軍団はポポフ機動集団を事実上全滅させた上、同日の日没までにバルヴェンコヴォ付近にまで前進した。

二月二十四日の夕刻、第6軍とポポフ機動集団の両方が完全に戦闘能力を失ったとの報告を受けたヴァトゥーティンは、愕然として言葉を失い、スタフカに宛てて「南西方面軍戦区における攻勢の続行は不可能」との報告を打電させた。翌二月二十五日、彼は方面軍の全部隊に、攻勢の中止とドニェツ川への撤退を命令したが、もはや手遅れだった。

スラヴャンスク周辺に展開する第1親衛軍の残存部隊を除けば、ソ連南西方面軍は既に満足な防衛線を全く形成できない状態に陥っていた。そのため、スタフカは消滅した第6軍の戦区に空いた戦線の開口部を塞ぐべく、ヴォロネジ方面軍の第3戦車軍を南西方面軍に転属させて、ドイツ軍の進撃を食い止めようと試みた。

だが、第3戦車軍の各旅団もまた、燃料と弾薬の不足に苦しんでおり、「星」作戦の開始当初には一六五輛あった稼働戦車も、三月一日には第12と第15の両戦車軍団を合わせても三〇輛ほどにまで減少していた。弱体化した状態で出撃した第3戦車軍は、すぐに敵の反撃を受けて敗走し、三月六日までに重装備のほとんどを失って全滅してしまった。

ヴァトゥーティンの思い描いた「敵の一個軍集団の包囲」という野心は、マンシュタインが指揮した十日ほどの反攻作戦により、完膚なきまでに打ち砕かれたのである。

◆ハリコフ再占領とクルスクへの進撃

反攻の第一段階がほぼ完全に終了したことを見届けたマンシュタインは、三月七日に作戦を第二段階へと進める決定を下し、SS装甲軍団と第48装甲軍団に北方向への総攻撃を開始するよう命令した。ヒトラーが待ち望んだハリコフ奪回作戦の始まりである。

三月七日にSS装甲軍団の総攻撃が開始されると、ハリコフからアハツィルカへと至る「伸びきった脇腹」を攻撃されたヴォロネジ方面軍の戦線は瞬く間に分断され、三月十日にはハリコフ西方に穿《うが》たれた幅三〇キロ以上の突破口からSS装甲軍団が侵入して、ハリコフ市の外縁部に北と西の両面から到達した。

三月十一日には、ドイツ第2軍の第52軍団に所属する三個歩兵師団による、ソ連第40軍右翼に対する攻撃が開始され、南西方面軍の戦区に続いてヴォロネジ方面軍の戦区でも、ソ連軍は攻勢の継続を放棄して全面的な退却へと転じた。

三月十二日、SS装甲軍団の二個師団と第3戦車軍の残存部隊の間で、ハリコフ市をめぐる攻防戦が開始されたが、ハウサーは第4装甲軍司令官ホート上級大将の命令に従い、消耗の多い市街戦を避けて市全体を包囲して締め上げる策をとり、第3戦車軍のハリコフ守備隊は外部からの援助を断たれて絶望的な抵抗を数日間にわたって繰り広げた。だが、もはやヴォロネジ方面軍にはハリコフ守備隊の救出に投入できる兵力は残されておらず、三月十五日には市内に残る最後のソ連軍部隊が白旗を上げて降伏した。

要衝ハリコフの再占領が成し遂げられた後も、マンシュタインは反攻の手を緩めようとはしなかった。ハリコフの北方では、ヴォロネジ方面軍の右翼部隊が依然として西方に突出した戦線を保持しており、このままの状態で雪解けを迎えてしまったなら、態勢を立て直したソ連軍が再び大兵力をこの地に投じて、ハリコフに対する攻勢を開始するものと予想できた。それゆえ、彼は可能な限りの兵力を投じて、クルスクを中心とするソ連軍の突出部を叩き潰そうと考えたのである。

ＳＳ装甲軍団の左翼に位置するラウス軍団の「大ドイツ」師団は、三月十三日にソ連第40軍と第69軍の間隙部に対して総攻撃を開始し、二日後の十五日にはビエルゴロドから約六〇キロのグライヴォロンを占領、十八日にはハリコフから北上したＳＳ「ダス・ライヒ」師団がビエルゴロドの市内に入った。風船のように大きく膨らんでいた第40軍の前線は、この日までに幅四〇キロほどにまで収縮して北東方向への退却を続けており、第69軍の残存兵力はグライヴォロンとビエルゴロドの間で包囲されて壊滅した。

この時点で、ドイツ軍の先頭部隊からクルスクまでの距離は一四〇キロほどしかなかった。そしてマンシュタインは、ラウス軍団とＳＳ装甲軍団に北上を命じたのである。

◆泥濘の到来と戦線の膠着

ドイツ軍がハリコフの再占領に成功した三月十五日、ソ連北西方面軍の攻勢作戦を現地で指導していたジューコフ元帥がモスクワのクレムリンに呼び出され、至急ハリコフ方面へ飛んで防衛線の再構築を指揮するよう、スターリンに命じられた。

翌十六日の午前五時頃にモスクワを出発したジューコフは、ヴォロネジと南西の両方面軍の残存兵力について調査した後、スターリンに電話をかけて、大規模な増援部隊の即時投入を請願した。

「スタフカ予備や隣接地域の予備など、可能な限りの予備兵力を、ビエルゴロド方面に投入しなくてはなりません。そうしないと、敵はすぐにビエルゴロドを攻略し、クルスクの陥落も時間の問題となるでしょう」

スターリンはすぐに参謀総長のヴァシレフスキーに投入可能な兵力を調べさせた。一時間後、ジューコフはヴァシレフスキーから電話を受けた。

「第21軍と第64軍に、ビエルゴロド方面へと向かうよう命令しました。また、第1戦車軍がそちらの予備として、近々到着するはずです」

ソ連軍の予備兵力の投入は、まさに時間との競争だったが、チスチャーコフ中将に率いられた第21軍はヴォロネジ方面軍の危機を救う役割を果たした。三月十八日の夕方頃からビエルゴロド北方に続々と現れた第21軍の狙撃兵師団が、SS装甲軍団の進撃をそこで食い止め、三月二十一日までに新たな防衛線を構築することに成功したのである。

その南東では、シュミロフ中将の第64軍の部隊が戦線を形成し、カトゥコフ中将の第1戦車軍もオボヤン周辺への展開を完了した。

そして、三月下旬に入ると春の雪解けが始まり、東部戦線の大地はまたしても泥濘と化した。マンシュタインが企図した反攻作戦の第三段階に当たるクルスクの奪回作戦は、目的を達成しないまま、地表状態の悪化により終了を余儀なくされたのである。

一九四三年二月から三月にかけて、クルスクからハリコフ、ドニエプロペトロフスク、ザポロジエ、スターリノに至る広大な地域で繰り広げられた、東部戦線の戦略的主導権をめぐるこの壮大な攻防戦は、最終的にソ連軍の壊滅的な敗北と共にその幕を閉じた。

この一連の攻防戦は、ドイツ軍にとっても決して楽な戦いではなかった。ハリコフ正面の攻防戦で最も決定的な役割を果たしたSS装甲軍団は、この二か月の戦闘で一万二〇〇〇人近い戦死・負傷者を記録しており、第2軍とランツ軍支隊の歩兵師団も退却時の消耗で兵員の半数近くと重装備のほとんどを失っていた。

一方のソ連軍も、「オストロゴジスク＝ロッソシ」作戦と「早駆け」作戦、「星」作戦の三つの大攻勢に延べ八五万人の兵力を投入し、そのうちの約一〇万人を戦死・行方不明者として失った。だが、ソ連側が支払ったその代償は、決して無駄ではなかった。

ドニェツ川より東にあったドイツ軍の占領地域は、この一連の戦いで全て失われ、またソ連側が春の雪解けまでクルスク突出部の保持に成功したことで、結果的にドイツ軍の次なる攻勢を予測しやすい戦線形状を残すこととなったからである。

ドイツ中央軍集団と南方軍集団が、四か月後の一九四三年七月に大攻勢「城塞（ツィタデレ）」作戦を実施したのは、まさに第三次ハリコフ会戦の終了時に形成された、クルスク突出部のビエルゴロド正面だったのである。

第六章
東部戦線の「終わりの始まり」
（一九四三年四月〜一九四四年五月）

《ドイツ軍の戦略構想とクルスク攻勢計画》

◆クルスク突出部の出現

一九四三年初頭に繰り広げられた第三次ハリコフ会戦が、泥濘《でいねい》の到来によって停止させられた時、東部戦線の中央部では、ドイツ軍とソ連軍の対峙する最前線が大きく湾曲する形状の戦線が出現していた。オリョールとハリコフを結ぶ広い地域に、幅二〇〇キロ、奥行き一五〇キロの巨大な「クルスク突出部」が形成されたのである。

ドイツ軍上層部の将軍たちとヒトラーは、次なる大攻勢はクルスク突出部に向けて行うべきであるとの漠然とした考えで一致していた。突出部に対する挟撃作戦という発想は、軍事的に見て理に適ったものであり、突出部の南北に展開するドイツ南方軍集団司令官マンシュタイン元帥と、第4装甲軍司令官ホート上級大将、中央軍司令官クルーゲ元帥、第9軍司令官モーデル上級大将らも、クルスクでの攻勢というプランに賛同した。

そして、三月中旬から四月上旬にかけての時期に、ヒトラーはクルスク突出部に対する具体的な攻勢計画の立案を、参謀本部に進めさせた。

陸軍参謀総長クルト・ツァイツラー歩兵大将が中心となって作成した、クルスク突出部への挟撃作戦「ツィタデレ（城塞）」作戦の計画書を一読したヒトラーは、四月十五日付でいったん内容に承認を与え、五月三日を作戦開始予定日と決定した。ところが、それから数日後、ヒトラーはツァイツラーを電話で呼び出し、作戦計画の変更を提案した。

「これだけ明白な突出部である以上、敵もこの両側面に兵力を集中して、こちらの攻撃を待ち構えているはずだ。それよりは、中央軍集団と南方軍集団の装甲兵力をまとめて、突出部の先端部に投入し、突出部全体を西から東へと二つに割る形にするのが良いと思う」

これに対し、ツァイツラーは四月二十一日に各種の資料を携えてベルヒテスガーデンに飛び、そのような兵力移動を行うには、攻勢開始日を大幅に遅らせなくてはならなくなると説明して、ヒトラーが提案した「突出部先端への攻撃兵力集中案」に反対した。結局、ツァイツラーの熱意に圧されたヒトラーは、南北からの挟撃作戦案を正式に承認し、クルスクは一九四三年の春から夏にかけての東部戦線における戦いの焦点となった。

ヒトラーが最終的に了承した「ツィタデレ」作戦の概要は、次のようなものだった。

「私は本年度における最初の攻勢として、天候の許す限り早急に『ツィタデレ』作戦を発動することを決定した。この攻勢は、きわめて重要な作戦である。各階級の指揮官と、全ての将兵に、この攻勢が持つ決定的な意義を認識させなくてはならない。クルスクにおけるわが軍の勝利は、全世界に対するシグナルとして発信されるであろう。

本攻勢の目標は、わが軍の攻撃部隊をビエルゴロドおよびオリョール南部の両地域から出撃させ、両翼からの迅速かつ徹底した集中攻撃によって、クルスク突出部に展開する敵の大部隊を包囲し、全周からの挟撃作戦でこれを撃滅することにある。

南方軍集団は、強力に集中された攻撃兵力で、ビエルゴロド＝トマロフカの前線から発進し、プリレプイとオボヤンを結ぶ線を突破後、クルスク東方の地点で中央軍集団の先頭部隊と合流する。中央軍集団は、攻撃部隊の主力を用いてトロスナ＝マロアルハンゲリスクを結ぶ線の北側で攻勢を開始し、ファテージとヴェレウテノウォを結ぶ線の突破を目指す。攻撃軸の重点は、やや西側に置き、南方軍集団の先頭部隊とクルスクないしその東方で連絡すること」

◆ミュンヘンでの戦略会議

この「ツィタデレ」作戦の具現化を話し合うため、ヒトラーは五月三日から四日にかけて、ミュンヘンに中央と南方両軍集団の最高幹部を召集し、戦略会議を開いた。

列席者は、中央軍集団司令官クルーゲ元帥、南方軍集団司令官マンシュタイン元帥、第9軍司令官モーデル上級大将、南方軍集団参謀長ブッセ少将、陸軍参謀総長ツァイツラー歩兵大将、装甲兵総監グデーリアン上級大将、空軍参謀総長イェショネク上級大将、そして軍需大臣シュペーアだった。

この会議で、ヒトラーはクルスク突出部への攻勢「ツィタデレ」作戦の開始を、六月中旬以降に遅らせる考えを披露した。六月十日以降になれば、充分な数のティーガー重戦車と突撃砲、そして現在生産中の新型中戦車パンターと重駆逐戦車フェルディナントを攻撃部隊に加えられる予定で、それまで作戦開始を延期すれば、戦車台数における劣勢を、戦車の質によってカバーできるはずだというのが、その理由だった。

ティーガーI型は、一九四二年秋から生産が開始された頑強な重戦車で、一九四三年の東部戦線においては「不死身の戦車」だった。その長砲身（五六口径）八・八センチ砲は、一〇〇〇メートルの距離からでもソ連軍の戦車を撃破できたが、ソ連側にはこの距離で応戦できる戦車は存在しなかったからである。

一方、ヒトラーが戦局挽回の「救世主」として期待した新型のV号中戦車パンターは、ソ連軍戦車部隊の主力であるT34やKVなど全ての戦車の装甲を貫通できる、新設計の長砲身（七〇口径）七・五センチ砲を備えていた。パンターの分厚い前面装甲は、ソ連軍の標準的な火砲である七六・二ミリ野砲や同口径の戦車砲では貫通できなかった。

そして、重駆逐戦車フェルディナントは、口径はティーガーと同じだがより長砲身（七一口径）の八・八センチ砲を、フェルディナント・ポルシェ博士が設計した車台（ティーガーの競争試作に参加し不採用となったもの）に固定式で搭載したもので、対戦車戦における威力が期待されていた。

これに対し、ドイツ軍首脳部の意見は真っ二つに分かれていた。

マンシュタインは、クルスク突出部に対する攻勢は四月にしておくべきだったとの認識を示した上で、もし東部戦線における大攻勢の実行が不可避ならば、実行の延期はさらなる状況悪化を招くことになるがゆえ、五月中に攻勢を開始すべきだと主張した。

「敵の戦車生産数は、少なくとも月産一五〇〇輌に達していると考えられます。時間の経過を無為に眺めれば、ソ連軍の防衛態勢は強化され、突破の成功は困難となります」

中央軍集団の司令官クルーゲと空軍参謀総長イェショネクもまた、攻勢を開始するのであれば早いほど良いというマンシュタインの見解に賛同する姿勢を見せた。だが、モーデルとグデーリアン、シュペーアらは、彼らとは見解を異にし、クルスク突出部に対する大攻勢そのものを実行すべきでないという意見を提示した。

前記した通り、最初はクルスクへの攻勢に賛成したはずのモーデルは、第9軍の前線部隊や航空偵察で得られた最新の情報に基づいて考えを変え、敵が待ち構える中でクルスク突出部に正面から攻勢を行うことは自殺行為に等しいと主張した。彼が手にしていた情報は、ソ連側が戦線背後のはるか奥地まで広がる縦深《じゅうしん》の塹壕線を幾重にも張りめぐらせつつあることを示しており、またドイツ軍装甲部隊の主力であるⅣ号戦車の装甲を貫通できる新型の対戦車ライフルの開発に、ソ連側は成功した模様だと報告した。

一方、グデーリアンはやや違った見地から自説を述べた。彼は、莫大な戦車の損失が予想されるクルスク突出部への大規模攻勢は、軍事戦略的に見てほとんど意味がなく、行うべきではないとした上で「それよりは、西部戦線で近い将来に実施されるであろう米英連合軍の大反攻作戦に備えて、戦車兵力の温存を図るべきです」と主張した。戦車の生産を統括するシュペーアもまた、グデーリアンとほぼ同意見だった。

しかし、ヒトラーは結局、新型戦車の実戦配備を待つという自説を捨てることができず、クルスクへの攻勢開始はとりあえず六月十日まで延期するという決定を下した。

◆政治的に追い詰められていたヒトラー

五月十日、パンター戦車の生産状況を報告するためベルリンを訪れたグデーリアンは、ここで再び、クルスク突出部への攻勢計画を放棄するようヒトラーに直訴した。

「総統は、なぜこれほどまでに東部戦線での新たな攻勢に執着されるのですか？」

この質問にヒトラーが答える前に、国防軍総司令部総監のカイテル元帥が高飛車に口を挟んだ。「我々は、政治的理由から、攻勢を実行しなくてはならんのだ！」

ヒトラーが、グデーリアンらの慎重論を無視して、東部戦線での新たな夏季攻勢の実施に固執した背景には、軍事的な情勢判断以外に、ドイツ政府と枢軸同盟諸国間の結束を、今一度引き締め直さなくてはならないという、政治的な理由が存在していた。

本来ならば半年で終わるはずのソ連との戦争が、遂に三年目へと突入したことで、ルーマニア、ハンガリー、ブルガリア、フィンランドなどの枢軸同盟国では、欧州戦争の行方についての不安感が少しずつ生まれ始めていた。そのため、枢軸同盟各国の政府と国民に「最終的なドイツの勝ち」を信じさせ、今後も枢軸陣営に留まらせるためには、ドイツ軍が戦場で新たな「軍事的大勝利」という明白な結果を勝ち取る必要があった。

こうした独ソ戦の手詰まり感に加えて、ヒトラーの頭を悩ませていたのは、地中海方面における米英連合軍の躍進と、それに伴う中立国トルコの動向だった。

イギリスのチャーチル首相は、外務次官カドガンとイギリス軍の主な幹部を引き連れて一九四三年一月三十日にエジプト経由でトルコ南部のアダナを訪れ、そこでトルコ政府首脳と秘密会談を行って、トルコを連合国側から参戦させる工作を進めていたのである。

トルコとイギリスの首脳会談は、トルコ政府が用意した特別列車の中で行われた。列車には、イスメット・イノニュ大統領以下、トルコ政府の全閣僚と、トルコ共和国参謀総長チャクマク元帥が乗車していた。会議では、トルコの連合国側での参戦や、第二次世界大戦後に作られる新秩序の構想などについて、突っ込んだ話し合いが行われた。

トルコ側は、会議を通じて慎重な姿勢を崩さず、ドイツへの宣戦布告はもちろん、米英連合軍にトルコ領内の飛行場を使用させることも拒絶した。しかし、チャーチルの働きかけにより、ソ連に対する伝統的な警戒心をいくぶん和らげられたトルコ政府は、二週間後の二月十三日に首都アンカラでメネメンジオウル外相を駐トルコのソ連大使と面会させ、両国の関係改善に向けた交渉を開始することで合意した。

また、イギリスとトルコの両軍首脳による軍事会談では、イギリスからトルコへの軍事援助や、トルコ参戦の場合の英連邦軍によるトルコ軍の増強計画などが話し合われた。

イギリスとトルコが政府と軍の両面で秘密首脳会談を行ったという情報は、すぐにトルコ国内に配置されたドイツ側諜報員と、ドイツの駐トルコ大使パーペンによってドイツ本国へと通報された。数か月以内に情勢が大きく動く可能性は少ないとの分析結果が出されたものの、ドイツ軍が東部戦線で目立った戦果を挙げられないまま戦争が推移すれば、近い将来にトルコが連合軍に加わる可能性も否定できなかった。

もしトルコが連合軍側に立って参戦すれば、ドイツにとって最も重要な石油産出地であるルーマニアのプロエシュチ油田をはじめ、バルカン半島におけるドイツ支配下の重要拠点は大きな危機に直面することになる。そうした事態を回避するには、伝統的にロシアの勢力拡張に神経を尖らせてきたトルコの政治的不安につけ込み、ソ連（ロシア）の南下政策を阻止できるのは米英ではなくドイツだという現実を再認識させる必要があった。

つまり、東部戦線における新たな大攻勢の実施は、枢軸同盟国を引き留めるための方策であるのと同時に、トルコ政府に対する重要な政治的メッセージでもあったのである。

だが、己の誤算が原因で生じたこのような政治的事情を、居並ぶ軍人の前で告白することなどできなかった。クルスクの占領にどのような軍事的・政治的意味があるのか、どうして今年中に東部戦線で大攻勢を行う必要があるのか、との問いかけに対し、ヒトラーはグデーリアンに向き直ると、攻勢実施の理由を説明する代わりに、こう言い放った。

「君の言うことは、全くもって正しい。この攻勢計画のことを考えると、私自身も胃がひっくり返りそうになるのだ！」

《突出部の防御を固めるソ連赤軍》

◆ソ連軍首脳部の情勢判断

ヒトラーが、クルスク突出部への攻勢を延期するとの決定を下したのと同じ頃、戦線の反対側では、ソ連赤軍の高官たちが、ドイツ軍の戦略意図の分析に忙殺されていた。

一九四三年四月十日、クルスク方面を管轄するソ連中央方面軍の参謀長マリーニン中将は、モスクワの赤軍参謀本部に対し、次のような報告を提出していた。

「現在の展開兵力、資材、そして一九四一～四二年の作戦行動の実績を考慮すれば、敵軍の本年春季～夏季における攻勢の作戦地域はクルスクおよびヴォロネジ方面のみと考えられる。他の地域に対して攻撃が実施される可能性は、きわめて低い。敵は、予定している攻撃発起点に対する部隊の集結や再配置、補給網の整備などを、泥濘期と春の融雪以前には行えないであろう。従って、敵の攻勢開始は、おおむね五月後半頃と予想できる」

スタフカの代表として、クルスク突出部の前線をくまなく視察したジューコフもまた、四月十二日にクレムリンで開かれた会議で全般的な状況を報告し、同地に対する敵の攻勢開始は五月中旬以前には行い得ないと結論づけた。そして、第三次ハリコフ会戦で失った戦車部隊の再建には少なくとも数か月の時間を要することを考慮して、次なる会戦はドイツ軍の攻勢を迎え撃つ形で行うべきだとする戦略方針を、スターリンに提言した。

報告を吟味したスターリンは、ドイツ軍の攻勢が頓挫した段階でただちに機動的な大反攻へと転ずることを条件に、赤軍参謀本部の提案する「戦略的守勢」の実行を承認した。

赤軍の最高司令官であるスターリンの手許には、前線司令部からの状況分析報告に加えて、赤軍参謀本部内の情報管理総局（ＧＲＵ）および内務人民委員部（ＮＫＶＤ）という二大諜報機関が収集した、ドイツ軍の作戦計画に関する膨大な情報が集められていた。その中でも、とりわけ信憑性が高かったのは、イギリス経由でもたらされる最高機密の暗号解読情報だった。

イギリス政府直属の暗号解読機関「政府暗号学校（ＧＣ＆ＣＳ）」は、ドイツ軍が通信連絡で使用する暗号装置「エニグマ」をほぼ完全に解読しており、通信傍受などで得られたドイツ軍の軍事情報は最高機密情報「ウルトラ」として厳重に取り扱われていた。そして、一九四一年六月にドイツ軍のソ連侵攻が開始されると、イギリス首相チャーチルは、自国の諜報能力の手の内を晒すことを巧妙に避けながら、共にドイツと戦う仲間であるソ連にも、スイスの諜報員を通じてウルトラ情報の一部を分け与える決断を下していた。

だが、ソ連側はイギリス国内で極秘活動を行っていたＧＲＵの工作員を通じて、英政府機関の暗号解読官を密《ひそ》かに金で買収し、ルシーなどの諜報網から得たものだけでなく、解読されたドイツ軍の「ウルトラ」情報を丸ごとかすめ取ることに成功していた。

こうして、ソ連側はドイツ軍のクルスクへの攻勢計画に新たな進展があるごとに、その正確な情報を入手して、突出部一帯の防御陣地の構築に役立てていった。ハリコフ東方を流れるドニェツ川から、オリョール南東部へと湾曲する、巨大なクルスク突出部の前線に沿って、主陣地帯、第二線陣地帯、後方防御陣地帯の三層にわたる防衛線が築かれた。主陣地帯と第二線陣地帯は、一五ないし二〇キロの深さを持つ戦術的防御地帯で、後方防御陣地帯は二〇〜三〇キロの帯域に予備部隊が配置される作戦的防御地帯だった。一定の間隔を空けて構築された、この三線の陣地帯全体の縦深は、七〇キロ前後に達した。

そして、突出部の東方には四月十五日にステップ軍管区が新設され、予備の防御線が幾重にも張りめぐらされた。仮にドイツ軍が最前線を突破しても、ソ連軍後背地への突破を拡大できないよう、総延長五〇〇〇キロ以上、深さ一六〇キロという縦深を備えた巨大な蜘蛛の巣のような防御線が、六〇万個を超える各種の地雷を伴って構築されたのである。

◆未完成の新型戦車とトルコ軍参謀団の視察

五月十三日、北アフリカで戦いを続けてきたドイツ・アフリカ軍集団の最後の部隊が、チュニジアで連合軍に降伏した。これを聞いたヒトラーは、イタリア国内での政治的動揺を危惧し、「ツィタデレ」作戦の開始を六月二十五日まで再延期するとの決定を下した。

一方、ヒトラーが長らく待ち望んでいた新型戦車パンターの部隊への配備は、五月十日から三十一日にかけてようやく完了し、同戦車の配属を受けた第51および第52戦車大隊はただちに戦闘訓練を開始した。しかし、これらの大隊の戦車兵のほとんどは、まだ一度も実戦を経験していない若い新兵であり、実戦経験豊富な大隊・中隊指揮官を除き、戦場でのソ連軍戦車の戦いぶりについて正確に理解している者はほとんどいなかった。

しかも、配備された初期生産型のパンターD型は、複雑な機構を持つ全ての精密機械がそうであるように、設計上の問題に起因する初期不良を完全に克服できておらず、戦車兵はたびたび車輌のトラブルによって訓練を中断することを余儀なくされた。とりわけ深刻だったのは、キャブレター内の燃料が排気管に漏れ出して発火する事故の多発だった。

結局、ドイツの戦車工場はこの危険なトラブルを期日までに解決することができず、クルスク戦に参加させるために工場敷地内で貨車へと戦車を搭載する過程や、戦場に近いビエルゴロド近郊の停車場で貨車から下ろされた戦車が攻勢発起点へと向かう途上でも、数輌のパンターが排気管から火焔を噴く事故を引き起こしていた。

こうした新型戦車の抱える機構上の問題点を、装甲兵総監のグデーリアンから聞かされたヒトラーは、場当たり的に攻勢開始日を延期する決定を下し、六月二十一日には「七月三日」、七月一日には「七月五日」が、新たな作戦発動日と定められた。攻勢延期が重なれば重なるほど、軍事的な情勢は悪化すると確信していた将軍たちは、この決定を聞いて暗澹《あんたん》たる心境になったが、枢軸同盟国に対する政治的威信の低下を恐れるヒトラーには、もはや攻勢の中止という選択肢は残されていなかった。

「ツィタデレ」作戦の開始を九日後に控えた一九四三年六月二十六日、クルスク突出部の南部戦域での攻勢発起点に当たるビエルゴロド近郊に、トルコ軍参謀総長ケミル・トイデミル大将をはじめとする五人のトルコ軍将校が姿を現し、攻勢の先鋒となる重戦車ティーガーI型を装備した第503重戦車大隊の演習などを視察した。

この戦術演習の目玉は、言うまでもなくドイツ軍が誇るティーガーI型重戦車だった。第503重戦車大隊の三個中隊を構成するティーガーIの集団が、縦列を組んで平原を走行する迫力ある姿は、トルコ軍の高級将校たちを度肝を抜いた。

戦術演習が終了すると、平原の別の場所に露天でテーブルが用意されており、ドイツ軍とトルコ軍の高級将校たちは煮込み料理の昼食会を楽しんだ。長いテーブルの上には、ドイツとトルコ両国の「友情」を示す小旗が飾られ、乾杯の祝辞では「第一次世界大戦で同盟関係にあったドイツとトルコの戦友愛」を喚起する言葉が感情を込めて語られた。

トルコとイギリスの秘密交渉が既に「公然の秘密」である以上、同盟国でもないトルコ軍の最高幹部にティーガーIの戦術演習を披露し、青空の下で攻勢発起点付近の視察機会を設けることは、機密保持の観点から見れば信じがたいほどの暴挙と言えた。だが、軍事よりも政治を重視してきたヒトラーは、攻勢準備の情報がトルコからイギリス経由でソ連へと漏れるリスクを覚悟の上で、敢えてトルコ政府に対する政治的配慮を優先させた。来るべき大攻勢で主役を演じるティーガーI型重戦車の強烈なイメージをあらかじめ相手の脳裏に深く植え付けておくことで、トルコに対する「ツィタデレ」作戦の政治的効果をより高めようと考えたのである。

◆独ソ両軍の兵力と配置

一九四三年七月一日の時点で、ドイツ軍はクルスク突出部の北と南に、三個軍合わせて六八万五〇〇〇人の兵員（後方支援要員を含む）と、約九〇〇〇門の各種火砲、約二八〇〇輛の戦車および突撃砲を展開していた（主戦場ではない突出部西側の第2軍は含まず）。また、地上部隊の攻勢を空から支援するため、南北合わせて一八五〇機の戦闘機と爆撃機（枢軸同盟国ハンガリー空軍の航空隊も含む）が、戦線の背後で待機していた。

北部戦域を担当する、ヴァルター・モーデル上級大将の第9軍には、第20、第23、第41装甲、第46装甲、第47装甲の五個軍団司令部に、装甲師団六個と装甲擲弾兵師団一個、歩兵師団一四個の計二一個師団、そして一個重戦車大隊、二個重駆逐戦車大隊、七個突撃砲大隊、一個重突撃砲大隊の計一一個大隊に所属する戦車／突撃砲が配属された。

南部戦域のドイツ軍は、ヘルマン・ホート上級大将の第4装甲軍と、ヴェルナー・ケンプフ装甲兵大将率いる「ケンプフ軍支隊（実質的に軍司令部に相当）」の二個軍に分かれており、西から南東に向けて、第52、第48装甲、第2SS装甲、第3装甲、第11、第42の六個軍団が前線を形成していた。配備師団の数は、第4装甲軍が装甲師団二個と装甲擲弾兵師団四個、歩兵師団四個の計一〇個師団で、装甲旅団一個、突撃砲大隊一個と合わせても北部の第9軍に較《くら》べて見劣りがしたが、実際には四個装甲擲弾兵師団（うち三個は武装SS）は通常の装甲師団を上回る数の戦車を配備されており、配備された戦車／突撃砲の台数では、第9軍の一〇一四輛に対し、第4装甲軍は一〇九五輛と上回っていた。

第4装甲軍の東に隣接するケンプフ軍支隊には、装甲師団三個と歩兵師団六個の計九個師団に加え、一個重戦車大隊、一個突撃砲大隊、一個重自走砲大隊が配属され、戦車／突撃砲の総数は四一九輛だった。

ドイツ軍が「ツィタデレ」作戦に投入した戦車のうち、最も数が多かったのは補助装甲板を装着したⅣ号中戦車（八四一輛）で、新型のⅤ号中戦車パンターは第4装甲軍の第10戦車旅団（第51、第52戦車大隊）に二〇〇輛のみが配備された。当時のドイツ軍で最も強力なⅥ号重戦車ティーガーⅠ型は、北部の第505重戦車大隊に三一輛と、南部の第503重戦車大隊に四五輛、それに第4装甲軍の各装甲擲弾兵師団に各一個中隊（一三～一五輛）が配備され、南北両戦域を併せると計一四三輛のティーガーが戦場に投じられた。

これらの戦車部隊による攻勢を空から支援するため、ドイツ空軍は「ツィタデレ」作戦に、三センチないし三・七センチカノン砲一門と二センチ機関砲二門を搭載した対戦車攻撃機Hs129Bを六四機投入し、さらに急降下爆撃機（シュトゥーカ）Ju87の機体に三・七センチ自動カノン砲二門を搭載した対戦車攻撃型のJu87Gも、少数ながら実戦部隊に配備していた。

一方のソ連側は、北部戦域ではロコソフスキー上級大将の中央方面軍に属する第13、第48、第70の三個軍、南部ではヴァトゥーティン上級大将率いるヴォロネジ方面軍所属の第40、第6親衛、第7親衛の三個軍を、ドイツ軍の上記三個軍に対峙する第一線に配置し、

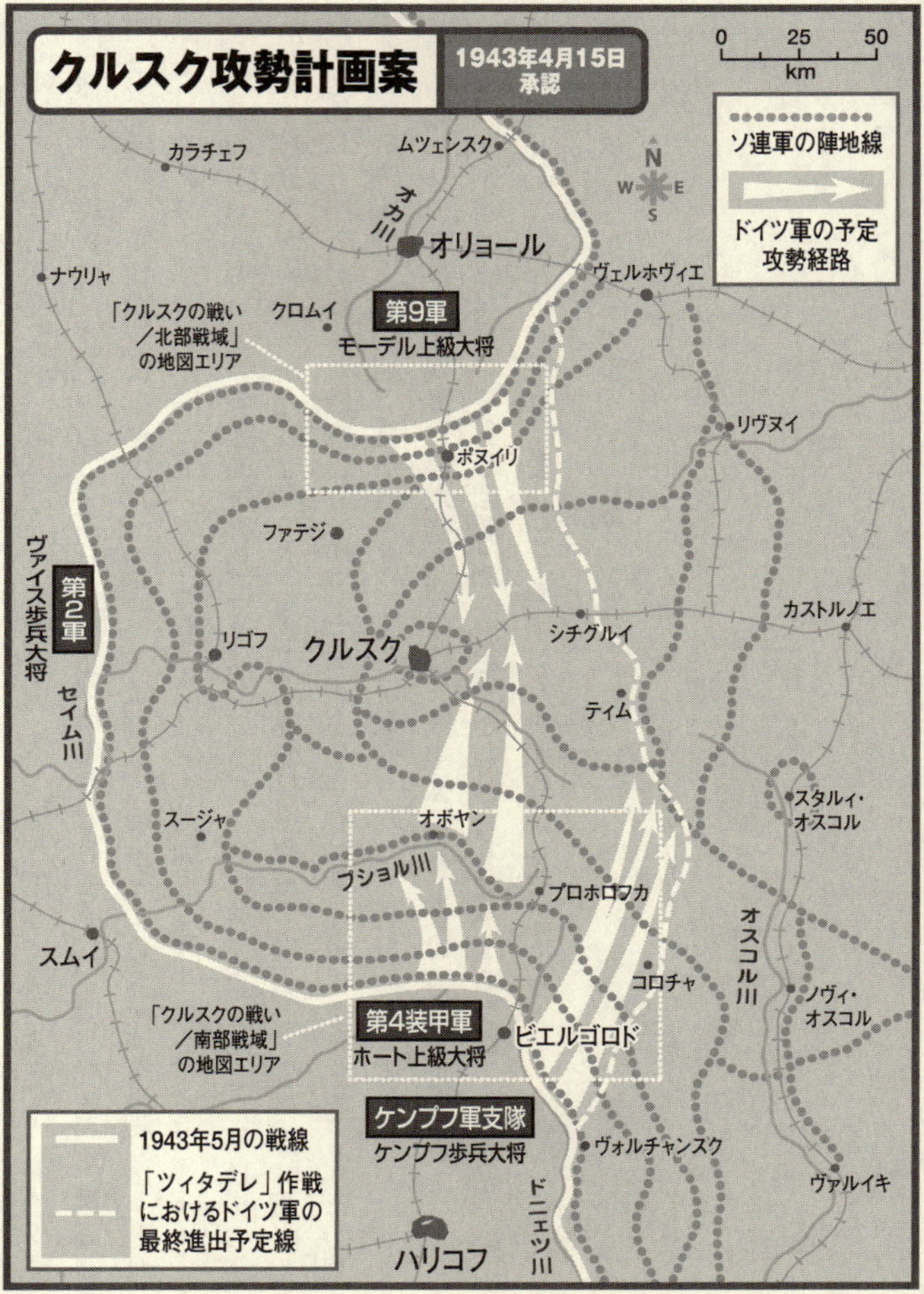

クルスク攻勢計画案
1943年4月15日承認
0 25 50 km
ソ連軍の陣地線
ドイツ軍の予定攻勢経路
カラチェフ
ムツェンスク
オカ川
オリョール
ナウリャ
ヴェルホヴィエ
クロムイ
第9軍
モーデル上級大将
「クルスクの戦い／北部戦域」の地図エリア
リヴヌイ
ポヌイリ
ファテジ
第2軍
ヴァイス歩兵大将
カストルノエ
シチグルイ
リゴフ
クルスク
ティム
セイム川
スタルィ・オスコル
スージャ
オボヤン
プショル川
プロホロフカ
オスコル川
スムイ
コロチャ
ノヴィ・オスコル
「クルスクの戦い／南部戦域」の地図エリア
第4装甲軍
ホート上級大将
ビエルゴロド
ケンプフ軍支隊
ケンプフ歩兵大将
ヴォルチャンスク
ヴァルイキ
1943年5月の戦線
「ツィタデレ」作戦におけるドイツ軍の最終進出予定線
ドニェツ川
ハリコフ

北部の後方には第2戦車軍、南部では第1戦車軍と第69軍を後方に展開させた（ドイツ軍と同様、主戦場以外の兵力は除く）。さらに、戦略予備として第27、第47、第53、第4親衛、第5親衛、第5親衛戦車軍が、コーニェフ大将を司令官とするステップ軍管区（七月九日に「ステップ方面軍」に改組）の管轄下で突出部の東側に控置された。

これらの計一五個軍と、各方面軍の指揮下に配属された二個航空軍（第2、第16）の総兵力は、兵員数が約一一万五七〇〇人（後方支援要員を含む）に達し、最終的に野砲・迫撃砲約二万門と対戦車砲約六〇〇〇門、カチューシャ砲（多連装ロケット砲）九二〇基、戦車と自走砲約三三〇〇輛、航空機一九一五機が配備された。兵員数と火砲の数ではドイツ軍に対し一・六対一、戦車と自走砲／突撃砲、航空機の数ではほぼ互角だった。

だが、ソ連側には兵力の多寡とは別に、決定的とも言える強みがあった。敵の攻勢計画に関する詳細な情報と、それに基づいて築かれた重厚な陣地網である。

《「城塞（ツィタデレ）」作戦の発動》

◆不運に見舞われ続けたパンター

一九四三年七月五日の午前三時三〇分、ドイツ軍はクルスク突出部の南北で、東部戦線のソ連領内での最後の戦略的大攻勢となる「ツィタデレ」作戦を開始した。

ホート上級大将率いる南部のドイツ第4装甲軍に所属する、第48装甲軍団（フォン・クノーベルスドルフ装甲兵大将）と第2SS装甲軍団（ハウサーSS大将）の戦区では、前日の午後に限定的な攻撃を行って確保した、ビエルゴロド＝トマロフカ間の緩やかな丘陵地帯の出撃拠点から、装甲および装甲擲弾兵六個師団と歩兵二個師団が、ティーガー四個中隊を先頭に立てて、チスチャーコフ中将のソ連第6親衛軍（第21軍から四月十六日に改組）が守る防御陣地に襲いかかった。

ソ連第6親衛軍の第一線では、西から東に第71親衛、第67親衛、第52親衛、第375の四個狙撃兵師団が、独立戦車連隊二個、独立自走砲連隊一個、独立対戦車砲連隊一〇個と共に、幅約五〇キロ、奥行き約一〇キロの陣地帯を形成していた。

そして、最前線から約一五～二〇キロの位置には、第90親衛と第51親衛の二個狙撃兵師団と、第27および第28の二個対戦車砲旅団に所属する計六個の独立対戦車砲連隊による第二線の陣地帯が構築され、そこからさらに奥地へと二〇キロ進むと、第69軍（クリュチェンキン中将）所属の第183および第305狙撃兵師団と第1戦車軍（カトゥコフ中将）に配属された第3機械化軍団、第31戦車軍団が第三線を形成し、彼らの一〇～二〇キロ北にはこの戦域の予備兵力として、第6戦車軍団と第5親衛戦車軍団が控えていた。

総兵員数約八万人を擁する強力なソ連第6親衛軍に対し、ドイツ軍は最精鋭とも言える第48装甲軍団と第2SS装甲軍団の二個軍団で総攻撃を仕掛けた。両軍団は、九二五輛の戦車と一七〇輛の突撃砲を攻撃部隊の最前衛に配置して、敵の防衛陣地を平押しで強引に突破しようと試みた。陣地に籠もる敵兵に対して、とりわけ大きな威力を発揮したのは、頑強な装甲で護られたティーガー重戦車と、火焔放射器搭載型のⅢ号戦車だった。

だが、ソ連側が長い時間をかけて構築した奥行きの深い地雷原と、地形の起伏を利用して巧妙に偽装された対戦車砲陣地に手こずったドイツ軍は、初日には予定した進撃距離の半分以下しか前進できなかった。第48装甲軍団は攻勢発起点から五～一〇キロ、第2SS装甲軍団は一五キロほどの地歩を確保しただけで、七月五日の日没を迎えることとなったが、南部戦域のドイツ軍戦車部隊の中で、とりわけ深刻な問題に直面していたのは、第48装甲軍団の後続部隊として戦場に到着した第10装甲旅団のパンターだった。

第51と第52の二個大隊から成るパンター部隊は、第10装甲旅団司令部の指揮下にあったが、第4装甲軍はこの新型戦車の旅団を「大ドイツ（グロスドイッチュラント）」装甲擲弾兵師団に編入し、同師団の打撃力をさらに向上させようとした。ところが、パンター旅団は標準的な装甲師団を上回る数の戦車を保有していたため、この判断は師団内における戦車部隊の指揮系統に大きな混乱を引き起こす結果となってしまう。

そして、大攻勢の開始を翌朝に控えた七月四日の夜、クルスク南部の戦場一帯に豪雨が降り注ぎ、第52戦車大隊長フォン・ジーフェルス少佐が急性肺炎で倒れたことで、事態はさらに悪化した。実戦経験のない後任の大隊長は、巨大なパンター大隊の運用を誤り、ソ連軍工兵が仕掛けた地雷原の真っ只中へと前進させてしまったのである。ただちに師団の戦車修理部隊が急派され、キャタピラの破損で動けなくなったパンターの修理に駆り出されたが、大隊が移動能力を回復するまでには六時間もの貴重な時間が浪費された。

前進を再開したパンター大隊は、その後も敵部隊との交戦に加えて、戦闘以外の理由でも数多くの戦車を失い、作戦開始五日目の七月九日には、行動可能なパンターの数は一〇輌にまで減少していた。脱落した一九〇輌の過半数は、修理すれば再び戦場への復帰が可能な状態だったが、深刻なトラブルを抱えた車輌も四六輌あり、ヒトラーが期待したような劇的な活躍を、パンターがクルスクの戦場で見せることは一度もなかったのである。

◆平原で狙い撃ちにされるフェルディナント

クルスク突出部の北部戦域では、ドイツ第9軍に所属する第41、第46、第47の三個装甲軍団と第23軍団が、ソ連第13軍と第70軍の防御陣地に襲いかかった。だが、各装甲軍団は、第6、第7、第31、第78突撃、第86、第258、第292の七個歩兵師団を主力として北部における第一撃を実施した。

第9軍司令官モーデルは、敵の第一線陣地が歩兵と対戦車砲を主体に構築されているのを見て、攻勢の初期段階で戦車を投入することは無用な損害を招くと判断し、装甲および装甲擲弾兵師団の大半（五個師団）を後方で温存する方針をとっていた。そのため、最前線には第20装甲師団（保有戦車八二輛）のほか、ティーガーを装備した第505重戦車大隊、新型の重駆逐戦車フェルディナントを装備する重駆逐戦車二個大隊、突撃砲七個大隊などの支援部隊のみが投入され、歩兵の肉弾突撃への火力支援任務が与えられていた。

フェルディナント重駆逐戦車は、第653と第654の二個重駆逐戦車大隊に計八九輛配備され、ハルペ装甲兵大将の第41装甲軍団に所属していた。

しかし、前線で部隊を指揮するドイツ軍指揮官の多くは、せっかくの装甲師団を敵の戦車部隊が反撃に出てくるまで温存するというモーデルの方針に疑問を抱いていた。機動力を持たない歩兵部隊による攻撃では、突破口の迅速な拡大は望めないからである。

そして、実際に戦いが開始されると、彼らの懸念は的中した。第20装甲師団と、第505重戦車大隊の支援を受けた第6歩兵師団だけは、攻撃初日に七～一〇キロ前進したが、それ以外の戦区では攻勢発起点からわずか一～三キロほどしか進めなかったのである。

フェルディナント重駆逐戦車の二個大隊は、それぞれ第292歩兵師団と第78突撃師団の戦区で第一撃に投じられたが、前進速度の違いから、歩兵と連携することなく単独で敵陣に突入したフェルディナントは、一輛また一輛と敵の地雷でキャタピラを破損させられて頓挫し、そこで敵砲兵と対戦車ライフルの一斉射撃を受ける羽目に陥った。

幸い、頑強な装甲のおかげで撃破される車輛はなかったものの、攻勢第一撃を担う歩兵への火力支援兵器としての役割は、ほとんど果たせずに終わった。旋回砲塔を持たず、対歩兵用の機関銃すら備わっていないフェルディナントは、敵歩兵が籠もる陣地に対してはほとんど威力を発揮できない、純然たる「対戦車戦専用の駆逐兵器」であり、本来ならば装甲師団の代わりに後方で温存しておくべき存在だったのである。

七月五日の午後五時頃、前線部隊の苦戦を知ったモーデルは、戦車の温存という当初の方針を撤回し、第2と第9、第18の三個装甲師団を第47装甲軍団の戦区で前線に投じる命令を下した。一方、ソ連側の計画通りに事態が進展しているのを見た中央方面軍司令官のロコソフスキーは、七月六日の午前に早くも戦車による反撃を命令し、第16と第19の二個戦車軍団に所属する約一五〇輛の戦車が、ドイツ第9軍の矛先へと突進していった。

だが、このソ連軍戦車部隊による北部戦域での反撃開始のタイミングは、戦局の見極めという観点からすれば明らかに時期尚早だった。敵の攻勢意図を破砕する目的で最前線へと投入されたT34戦車の大群は、ドイツ軍が前衛に配した強力な重戦車ティーガーの鋭い牙によって、搭載砲の射程内へと接近する前に返り討ちにあったのである。

◆T34をむさぼり喰うティーガー

戦場で不本意な姿を露呈したパンターやフェルディナントとは対照的に、八・八センチ砲を搭載した重戦車ティーガーは、クルスク南北の戦場で目覚ましい活躍を見せていた。

北部戦域のほぼ中央部で攻勢初日に戦闘へと投入された第505重戦車大隊は、敵の歩兵陣地と対戦車砲陣地、そして午後から戦場に姿を現した敵戦車部隊の全てに対して、圧倒的とも言える戦闘力を発揮していた。このティーガー大隊は、七月五日と六日のわずか二日間の戦いで、三輌の損失と引き換えに、一〇〇輌近いソ連軍戦車を撃破するという戦果を記録した。前線で同大隊の火力支援を受けた第6歩兵師団の師団長グロスマン中将は、戦場でのティーガー重戦車の働きぶりについて、回想録にこう書き記している。

「ティーガー大隊が戦いを始めると、ソ連軍の戦車は文字通り戦場から一掃された。もしこの機会を捉えて、一個装甲師団が戦場に投入されていたなら、我々はソ連軍の防衛陣を崩壊させ、作戦目標のクルスクにまで到達できていたかもしれない」

第505重戦車大隊は、二個中隊のティーガーを左右に配し、一方が前進する間はもう一方が支援するという形で前進しながら、地平線の彼方から続々と登場するソ連軍のT34を、狩猟のように次々と撃破していった。ティーガーの第一発目は、敵戦車との距離が二〇〇〇メートル前後となった時に放たれたが、この距離ではT34の七六ミリ徹甲弾がティーガーの前面装甲を貫通できる可能性はゼロに等しかった。

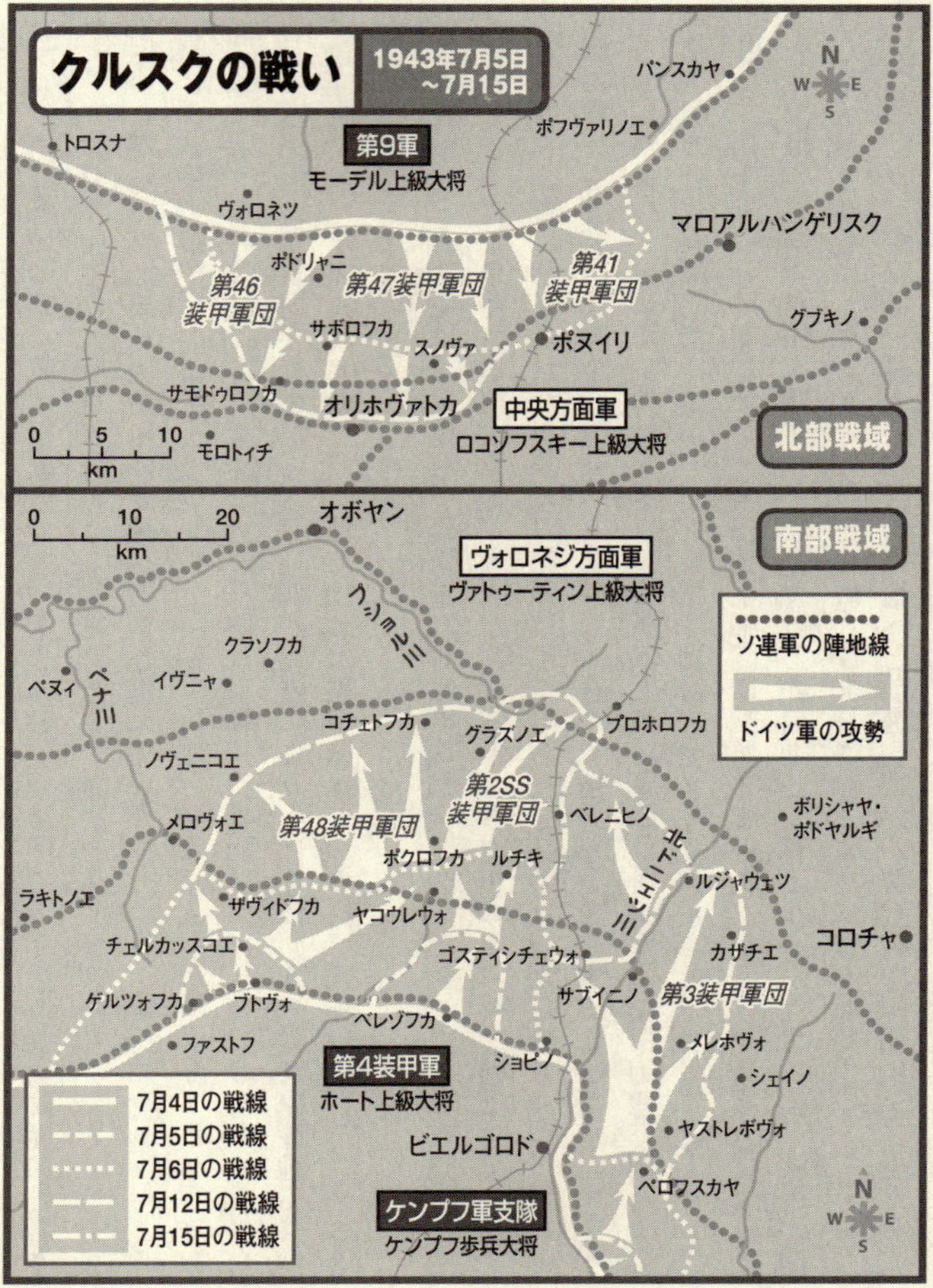
クルスクの戦い
1943年7月5日
～7月15日
北部戦域
第9軍
モーデル上級大将
トロスナ
パンスカヤ
ポフヴァリノエ
ヴォロネツ
マロアルハンゲリスク
ポドリャニ
第46
装甲軍団
第47装甲軍団
第41
装甲軍団
サボロフカ
スノヴァ
ポヌイリ
グプキノ
サモドゥロフカ
オリホヴァトカ
中央方面軍
ロコソフスキー上級大将
モロトィチ
0 5 10
km
南部戦域
0 10 20
km
オボヤン
ヴォロネジ方面軍
ヴァトゥーティン上級大将
ペスィ川
クラソフカ
ペズィ
ペナ川
イヴニャ
ソ連軍の陣地線
ドイツ軍の攻勢
コチェトフカ
グラズノエ
プロホロフカ
ノヴェニコエ
第2SS
装甲軍団
ベレニヒノ
ポリシャヤ・
ボドヤルギ
メロヴォエ
第48装甲軍団
ポクロフカ
ルチキ
北ドネツ川
ルジャウェツ
ラキトノエ
ザヴィドフカ
ヤコウレヴォ
コロチャ
チェルカッスコエ
ゴスティシチェウォ
カザチエ
サブイニノ
第3装甲軍団
ゲルツォフカ
ブトヴォ
ベレゾフカ
メレホヴォ
ファストフ
ショピノ
シェイノ
第4装甲軍
ホート上級大将
ヤストレボヴォ
ビエルゴロド
ペロフスカヤ
ケンプフ軍支隊
ケンプフ歩兵大将
7月4日の戦線
7月5日の戦線
7月6日の戦線
7月12日の戦線
7月15日の戦線
N
W E
S

一方、南部戦域の第4装甲軍戦区では、第2SS装甲軍団の各装甲擲弾兵師団に配属されたティーガー中隊が、戦車部隊による楔形陣形《くさびがた》（パンツァーカイル）の先鋒という重責を担いながら、ソ連第6親衛軍の陣地へと突き進んでいた。

第2SS装甲軍団に所属する「LAH（アドルフ・ヒトラー親衛旗）」「ダス・ライヒ（帝国）」「トーテンコップフ（髑髏《どくろ》）」の三個装甲擲弾兵師団は、ブイコフカからルチキに通じる道路沿いに戦力を集中して、ソ連側が綿密に作り上げた多層式の対戦車陣地帯（パックフロント）を強引に突破し、七月八日には攻勢発起点から約三五キロのグラズノエという村に到達した。

第4装甲軍の東隣では、ソ連第7親衛軍に対して攻撃を開始したケンプフ軍支隊が、四五輌のティーガーを擁する第503重戦車大隊と共に、ドニエツ川の東岸へと前進していた。ケンプフ軍支隊に与えられた任務は、第4装甲軍の右翼を敵の反撃から護りつつ、彼らの東側に並行して突出部の中心方向へと進撃し、敵の予備兵力を誘引することだった。

この攻撃に投じられた兵力は、第3装甲軍団と第11軍団に所属する装甲師団三個と歩兵師団三個の計六個師団だったが、ケンプフは最初、ティーガー大隊を一か所に投入する代わりに二個中隊に分けて、第7と第19装甲師団に配属していた。ケンプフ軍支隊による初日の攻撃は、ドニエツ川に阻まれて数キロほどの前進しか行えなかったものの、戦場が開けた地域へと進むにつれ、ティーガーの威力が発揮されるようになり始めた。

そこで、ケンプフは七月七日、最も奥地へと前進している第6装甲師団にティーガー二個中隊を統合した楔形陣形を形成し、ソ連第7親衛軍の戦線を切り崩そうと試みた。歴戦の戦車部隊指揮官フォン・ヒューナースドルフ少将に率いられた第6装甲師団と第503重戦車大隊の合同部隊は、第25親衛狙撃兵軍団の戦区で槍《やり》のように突進し、七月八日には攻勢発起点から二五キロのメリホヴォ村まで進出した。

《鋼鉄の獣たちの激突》

◆決戦場を目指す独ソ両軍

ヒトラーが承認を与えた「ツィタデレ」作戦の計画案では、ドイツ第4装甲軍の二個装甲軍団（第48、第2SS）はプショル川の西側を走る街道に沿ってオボヤンへ進撃し、そこからクルスクへと向かう予定になっていた。だが、五月十日と十一日に南方軍集団司令部で開かれた会議で、第4装甲軍全体をプショル川の西に向ける作戦の危険性に気付いていたマンシュタインとホートは、第2SS装甲軍団の攻勢軸を、頑強な抵抗が予想されるオボヤン方面ではなく、敵の戦車兵力と地形の障害がより少ないと思われるプショル川上流（東側）方向に振り向けるという方針を固めていた。

「ツィタデレ」作戦の進展に際して、マンシュタインとホートが最も恐れていたのは、プショル川とドニェツ川に挟まれた陸地の回廊にソ連軍の大規模な予備戦車部隊が大挙して出現し、オボヤンに向けて進撃中の第4装甲軍の側面に対して大反撃を仕掛けることだった。彼らは、この回廊部で敵戦車部隊の主力と一大決戦を行って殲滅《せんめつ》しておかない限り、プショル川からクルスクへの進撃など不可能であるとの認識で一致していたのである。

この作戦方針に従い、ホートは七月九日にプロホロフカへの攻撃命令を、第2SS装甲軍団長ハウサーに下した。この時まで、ほぼ真北に向けて進撃してきたハウサーの三個SS装甲擲弾兵師団は、ただちに進路を北東に変え、プショル川とドニェツ川に挟まれたプロホロフカ一帯の回廊部へと向かった。

一方、クルスクの上空では、ドイツ空軍の急降下爆撃機と地上攻撃機が、猛禽類《もうきんるい》のように地上のソ連軍戦車に襲いかかっていた。七月八日の朝、ドイツ空軍の第8航空軍団に所属するヘンシェルHs129B型戦車襲撃機の六四機が、ビエルゴロド南西のミコヤノフカにある基地を出発し、両軍の地上部隊の最前線を越えて敵軍部隊の上空へと向かった。ヘンシェルHs129Bは、一九四二年五月から前線に投入され始めた地上攻撃機で、搭載する三センチのカノン砲から発射される徹甲弾は、厚さ八〇ミリの装甲を貫通できた。最初に標的となったのは、増援として到着したばかりのソ連第2戦車軍団（ポポフ少将）で、とりわけマロフ中佐の第99戦車旅団は、空襲で瞬く間に二三輌の戦車を撃破されるという甚大な損害を被った。

また、第8航空軍団の第2急降下爆撃航空団には、急降下戦車襲撃機ユンカースJu87G型も計四機が投入されていた。この機体は、既に第二次世界大戦でドイツ空軍のシンボル的存在となっていた急降下爆撃機Ju87シュトゥーカに、三・七センチの自動カノン砲二門を搭載した「大空の戦車」とも呼べる存在で、クルスクの戦場ではHs129B型と共に、ソ連軍の戦車兵を恐怖の坩堝《るつぼ》へと突き落とした。

七月十一日、軍団の左翼を担う第3SS「トーテンコップフ」師団が、プショル川の対岸に橋頭堡を確保し、右翼を進む第2SS「ダス・ライヒ」師団は、ビエルゴロドからプロホロフカを経由してクルスクに通じる鉄道線の土手を越えて東へと進出した。

プショル川に沿ってオボヤンに向かうと見られていた第2SS装甲軍団が、プロホロフカ方面へと転進したことを知ったソ連側は、予備兵力をヴォロネジ方面軍の戦区に投入することを決定し、T34中戦車やT70軽戦車、英米両国からの援助兵器であるM3リーやチャーチルⅢ型など、膨大な数のソ連軍戦車が、プロホロフカからコロチャに至る狭い地域へと参集していった。その大半は、ティーガー重戦車に対しては太刀打ちできない性能しか持たなかったが、中には少数ながらドイツ軍の全戦車を凌駕《りょうが》するほどの重武装と頑強な装甲を備えた怪物のような車輌も含まれていた。

T34をはるかに上回る破壊力の一五二ミリ砲を車体の前面に固定搭載した、不気味な姿の「猛獣ハンター」が、ドイツ軍戦車部隊の目前に初めてその姿を見せたのである。

◆ソ連軍の「猛獣ハンター」登場

クルスク会戦から半年前の一九四三年一月十四日、レニングラード近郊の湿地にはまって動けなくなっていた一輌のティーガーを幸運にも鹵獲したソ連側は、その並外れた重装甲や備砲の性能、機構上の弱点などを徹底的に研究した上で、ティーガーへの対抗兵器として、T34とKVの車体に85ミリ対戦車砲を搭載する新型戦車の開発に着手した。

前者はT34／85、後者はKV85として、クルスク会戦の後に実戦へと配備されることになるが、両戦車の量産体制が整うまでの繋ぎ役として、KVの車体に一五二ミリ榴弾砲を搭載した単純な構造の自走砲が短期間で製造され、ただちに前線へと送られた。

こうして誕生したSu152重自走砲は、一九四三年五月に最初の四個連隊が編成され、クルスク会戦では北部戦域に三個（第1442、第1540、第1541）、南部戦域に二個（第1529、第1549）連隊が展開した。各重自走砲連隊には、一二輌のSu152が配備されていたが、フェルディナント重駆逐戦車の投入された第13軍の戦区では、最前線から一五キロの位置で待機していた第1442重自走砲連隊が七月七日の午後から反撃に投入され、第129戦車旅団のT34と共に、ポヌイリ周辺の激闘でドイツ軍の攻撃部隊に襲いかかった。

モーデルが三個装甲師団を投入した七月六日以降、北部戦域の戦況はラグビーのスクラムにも似た一進一退の様相を呈していたが、ソ連側はポヌイリからオリホヴァトカを経てモロトィチに連なる高地帯に頑強な防御陣地を構築しており、ドイツ軍は七月九日から十一日にかけて、この鉄壁の防御陣に対する総攻撃を試みていた。だが、ソ連側は甚大な出血と引き換えにこの高地帯を死守することに成功し、これによって北部戦域でのドイツ第9軍のクルスク方面への突破という望みは完全に断ち切られることとなった。

同じ頃、南部戦区では、第5親衛戦車軍に配属された第1529重自走砲連隊が、七月十日にプロホロフカ付近へと移動し、第2SS装甲軍団に対する反撃の準備を進めていた。

クルスク突出部の陣地を守るため、必死の防戦を続けるソ連軍の歩兵や砲兵たちにとって、ソ連軍戦車部隊の中で唯一、重装甲のティーガーやフェルディナントを正面から破壊できるSu152重自走砲は、この上なく頼りになる存在だった。ドイツ軍はクルスクの戦いで数輌のティーガーと七輌のフェルディナントをSu152重自走砲によって撃破され、ソ連兵たちはこの獰猛《どうもう》な怪物を「ズヴェロボイ（猛獣ハンター）」と呼んで敬愛した。

ドイツ軍にとって幸いなことに、ソ連軍の重自走砲連隊が大挙してクルスクの戦場に現れることはなく、猛獣ハンターが不在の戦場では常に、ドイツ軍が戦車戦における戦術的優位を確保することができた。だが、攻勢軸の正面へと叩きつけられるように投入されるソ連軍の戦車旅団をいくつ壊滅させても、なお新手の戦車旅団が後方から出現するという苛酷な戦車戦を繰り返すうち、敵陣の奥地へと前進するドイツ軍の戦車部隊は機械的な疲労による消耗などで稼働車輌を急速に磨り減らし、搭乗員の疲労も蓄積していった。

戦車兵力による機動的な包囲作戦として立案されたはずの「ツィタデレ」作戦が、ソ連軍の縦深陣地によって泥沼のような消耗戦へと変貌させられたことで、当初の突破計画が成功する見込みは日ごとに失われたのである。

攻勢開始から五日後の七月十日、米英連合軍がイタリア南部のシチリア島への上陸を開始したとの報せが届くと、ヒトラーは地中海方面での戦況とドイツ軍部隊の配備状況に神経を尖らせ、「ツィタデレ」作戦に対する彼の関心は瞬く間に薄れていった。

そして、七月十二日にクルスク突出部の北方地域で、ソ連軍の西部方面軍とブリャンスク方面軍によるオリョール奪回を企図した大攻勢「クトゥーゾフ」作戦（後述）が開始されると、ドイツ第9軍は逆包囲を避けるために防戦へと転じることを余儀なくされた。ドイツ軍に残された希望は、南方戦域で前進を続ける三個装甲軍団の奮戦だけだった。だが、彼らの目前には、なお多数のソ連軍予備兵力が無傷で控えていたのである。

◆プロホロフカの大戦車戦

七月十一日の日没時点で、第2SS装甲軍団が保持していた稼働戦車の台数は、作戦開始当初の四五一輌から、LAH師団に七七輌（うちティーガーは四輌）、ダス・ライヒ師団に九五輌（同一輌）、トーテンコップフ師団に一二一輌（同一〇輌）の計二九三輌（同一五輌）にまで減少していた。

約一週間の戦闘で、稼働戦車台数は三分の二にまで低下したものの、損失台数の多くは一時的な故障による脱落であり、全損した戦車はわずかしかなかった。

一方、彼らの行く手に立ちはだかるロトミストロフ中将率いる第5親衛戦車軍は、この時点で戦闘未投入の第18戦車軍団（保有戦車台数一九〇輌）と第29戦車軍団（同一九一輌）、第5親衛機械化軍団（同二二八輌）の三個軍団に加えて、既にドイツ軍への反撃に投じられて戦力を磨り減らしていた第2および第2親衛の二個戦車軍団の計五個軍団を中核とする戦略予備兵力で、総戦車台数は自走砲を含めて約八五〇輌に達していた（うち五〇一輌がT34中戦車、二六四輌がT70軽戦車）。

七月十二日の午前六時、第2SS装甲軍団は、プロホロフカに向けた突撃を開始した。今にも雨が降りそうな曇り空の下、戦史に残る激闘の幕が切って落とされたのである。

決戦の舞台となった戦場は、プショル川と鉄道線路の土手によって三つに区切られた形となっており、ドイツ側は各区域に、トーテンコップフとLAH、ダス・ライヒの各師団を配していた。最も重要な川と線路の中間部には、ヴィッシュSS少将の率いるLAH装甲擲弾兵師団が投入され、プロホロフカの奪取を目指して北東へと進路をとった。

この動きを見たロトミストロフは、ただちに第18と第29戦車軍団をLAH師団の正面に投入し、敵の進撃を封じようとした。

午前六時三〇分、バハーロフ少将の第18戦車軍団に所属する戦車約五〇輛が、先陣を切ってLAH師団への反撃を試みたが、二時間にわたる近接戦闘の末、大損害を被って撃退された。午後八時三〇分、ポポフ少将の第2戦車軍団が、クリューガーSS中将率いるダス・ライヒ師団の側面へと攻撃を開始し、午前九時には第18戦車軍団によるLAH師団への第二波の襲撃が開始されたが、ドイツ軍の戦車兵は数で優る敵戦車部隊に対して冷静に対処し、ソ連軍の波状攻撃を粉砕することに成功した。

午前九時三〇分頃に進撃を再開したLAH師団は、それから二時間ほどの間に七〇輛近いソ連軍のT34とT70を撃破したが、それでもソ連側は新手の戦車を地峡部へと送り込み続けた。午後一時頃、キリチェンコ少将の第29戦車軍団が、第1529重自走砲連隊と共にLAH師団とダス・ライヒ師団の境界部へと襲いかかると、ドイツ軍の両師団は後退を余儀なくされ、数輌のT34は一時的にコムソモーレッツ集団農場付近にまで進出した。

間もなく態勢を立て直したLAH師団は、ダス・ライヒ師団から急派された戦闘団と共に再び線路の西側で攻勢に転じ、日没までに同師団戦区だけで二五〇輌近い敵戦車を撃破して、川と線路に挟まれた回廊を保持し続けた。しかし、ソ連側はまだ、スクヴォルツォフ少将の第5親衛機械化軍団を後背地に温存しており、LAH師団がプロホロフカへの攻勢を継続できる見込みはほとんどなかった。

その左翼では、プリースSS少将のトーテンコップフ師団がプショル川の橋頭堡から奥地へと六キロほど進出したが、ジャドフ中将の指揮する第5親衛軍の頑強な抵抗に遭遇して、そこで前進を停止させられていた。プショル川北岸のソ連軍の防備は厚く、これを突破してオボヤンへ突破することは、絶望的な状況だった。

結局、ドイツ軍の第2SS装甲軍団は、この日だけで三〇〇から三五〇輌の敵戦車を破壊することに成功したものの、七輌の戦車を敵の反撃で撃破され、一輌のティーガーを含む二五輌を修理のために後送しなくてはならなくなった。精神的にも装備の面でも満身創《そう》痍《い》となった彼らには、もはやプロホロフカを奪取する余力は残されていなかった。

◆「ツィタデレ」作戦の中止

プロホロフカで第2SS装甲軍団が死闘を繰り広げていた頃、その両翼で死闘を続ける第48装甲軍団と第3装甲軍団も、それぞれの攻勢限界点へと到達しつつあった。

プショル川の西側でオボヤンを目指す第48装甲軍団は、ようやく戦列へと加わったパンター大隊と共に、カトゥコフ中将の第1戦車軍に対する攻撃を続けていたが、カトゥコフは戦車部隊の機動力を敢えて犠牲にし、緩やかな斜面に大量のT34戦車を埋めて固定の対戦車砲台とする奇策で、ドイツ軍戦車の進撃を阻害することに成功していた。

そして、七月十二日の午前九時頃、ステップ方面軍から第1戦車軍に移管された第10戦車軍団と第5親衛戦車軍団が第48装甲軍団の正面で大反撃を開始すると、この戦域における主導権はソ連側へと移行し、第48装甲軍団の所属部隊は防御へと転じさせられることとなった。

ブライト装甲兵大将率いる第3装甲軍団の戦区では、第6装甲師団と第503重戦車大隊が北ドニェツ川(ドニェツ川の源流の一つ)沿いに北進を続け、七月十二日にはルジャヴェツで北ドニェツ川の橋頭堡を確保していた。この場所からプロホロフカまでは、直線距離で約一五キロしかなく、マンシュタインは第3装甲軍団の先鋒がさらに突進してプロホロフカを側面から衝き、第2SS装甲軍団と合流してくれることを期待した。

だが、最高司令官ヒトラーの目は、既に作戦成功の見込みが薄れたクルスク突出部ではなく、シチリア島における米英連合軍に対する防御戦闘へと向けられていた。

七月十二日、プロホロフカでは第2SS装甲軍団と第5親衛戦車軍による熾烈な戦車戦が繰り広げられ、オリョールの北ではソ連第11親衛軍が第2装甲軍に対する攻勢を開始していた頃、南方軍集団司令官マンシュタインは「中央軍集団司令官クルーゲと共に、翌七月十三日の正午から総統大本営で開かれる作戦会議に出席せよ」との命令を受けた。

これを聞いたマンシュタインは、攻勢が決定的な時期に差しかかっている時に司令官を戦場から引き離すような召喚に激昂したものの、命令を無視して前線の指揮を執り続けるわけにもいかず、翌十三日に渋々飛行機で、東プロイセンの総統大本営に向かった。

正午に予定されていた会議は結局中止となり、同日夜に総統大本営で改めて戦略会議が開かれた。この会議には、マンシュタインとツァイツラー、クルーゲ、そして北アフリカで華々しい名声を獲得したエルヴィン・ロンメル元帥らが参加していた。

ヒトラーは、ツィタデレ作戦の「中止」については明言しなかったが、シチリアおよび地中海戦域での情勢変化に対処するために中央と南方の両軍集団から兵力を引き抜くことを示唆し、マンシュタインとクルーゲに「両軍集団は削減された兵力でその任務を遂行するために、何か良い知恵を出してほしい」と言った。

参加者は皆、この歯切れの悪い言葉を聞いて、ヒトラーが本心ではツィタデレ作戦を中止したがっていると感じた。会議が終わった後、マンシュタインとクルーゲ、ロンメルの三元帥は、別室でフランス産の上等なワインを呑みながら、率直な意見を述べ合った。

クルーゲとロンメルは、もはやドイツの敗北は時間の問題になったと考えていたが、マンシュタインだけは楽観的な見通しを持ち、「まだ負けたと決まったわけではない。ヒトラーは敗北する前に、総司令官の職を（軍人の誰かに）譲り渡すだろう」と言った。

これを聞いたロンメルは、マンシュタインに強い口調で反論した。

「ヒトラーは絶対に、総司令官の職を自ら手放すような真似はしないよ。マンシュタイン元帥、私は貴官よりもヒトラーのことをよく知っているんだ」

七月十三日、ヒトラーは正式に「ツィタデレ」作戦の中止を決定し、第2SS装甲軍団をただちにシチリアへ送るよう命令を下した。

この移送命令は、いまだ攻勢を続ける南方戦域での戦局への影響が大きすぎるとして間もなく撤回され、ケンプフ軍支隊の第3装甲軍団によるプロホロフカ方面への攻勢は、これ以後も数日間にわたって続けられた。しかし、北部戦域のドイツ軍部隊が既に退却している今となっては、もはやクルスクへの突破という作戦目標の意義は失われていた。

七月十五日、第3装甲軍団はステップ方面軍に多大な損害を与えて支配地域を拡大し、第2SS装甲軍団と並列する位置にまで進出したが、この日ヒトラーは改めて南部戦域での攻勢中止を命令した。これにより、クルスク南北の大平原で独ソ両軍が鋼鉄の獣をぶつけ合った「ツィタデレ」作戦にピリオドが打たれたのである。

《ドニエプル川に殺到したソ連軍》

◆オリョール突出部の放棄

クルスク突出部の北側では、大きく湾曲した戦線がオリョールを中心に弧を描いて東へと突出しており、クルーゲ元帥のドイツ中央軍集団は、この「オリョール突出部」に第2装甲軍と第9軍の二個軍を配備していた。

第9軍司令官のモーデル上級大将は、七月十日以降は第2装甲軍の司令官も兼任しており、ツィタデレ作戦が中止された後のオリョール突出部の命運は、「防御戦の達人」との異名をとるモーデルの双肩にかかっていた。

第9軍の五個軍団は、前記した通りクルスク突出部への「ツィタデレ」作戦に投入されたが、クルスク北部戦域でのドイツ軍の攻勢が頓挫した七月十二日、突出部の北面に対峙する西部方面軍（ソコロフスキー大将）と、同じく東正面に布陣するブリャンスク方面軍（ポポフ大将）が、大規模な反攻作戦を開始して、ドイツ軍の防衛線に襲いかかった。

帝政ロシアの名将にちなみ「クトゥーゾフ」作戦と名付けられた反攻作戦の第一撃を担ったのは、西部方面軍に所属するバグラミヤン中将の第11親衛軍だった。第1、第5の二個戦車軍団と一二個の狙撃兵師団を擁する第11親衛軍は、この攻撃を行うに際して野戦砲兵一個師団と独立砲兵一個旅団、親衛迫撃砲（ロケット砲）二個旅団、高射砲一個師団、独立砲兵一六個連隊の計六〇〇〇門近い火砲およびロケット砲の支援を受けており、その密度は攻勢正面の五メートル当たり一門という途方もないものだった。

一方、ブリャンスク方面軍の正面でも、北から第61（ベロフ中将）、第3（ゴルバトフ中将）、第63（コルパクチ中将）による広範囲な攻撃が進められ、三個軍を合わせた兵力は、戦車軍団二個（第1親衛、第20）と狙撃兵師団二二個に達していた。

この大反攻の矢面に立たされたドイツ軍の兵力は、第2装甲軍の三個軍団（第35、第53、第55）に所属する計一四個師団だったが、第5装甲師団（フェーケンシュテット少将）と第25装甲擲弾兵師団（グラッサー中将）を除く一二個師団は機動力のない歩兵であり、第11親衛軍の先頭部隊が七月十八日に攻勢発起点から六〇キロの位置にあるイリインスコエに到達すると、ドイツ中央軍集団の二個軍はスターリングラードを上回る規模で包囲される危機に直面した。

七月十五日、ドイツ第9軍の攻勢を防ぎ切ったロコソフスキーの中央方面軍が攻勢に転じると、オリョール突出部におけるソ連軍の兵力的優位はさらに決定的となった。だが、モーデルはあらかじめ、オリョール突出部からの段階的な撤退を想定して、突出部の内側に計四本の陣地線を構築させており、前線を突破したソ連軍の戦車部隊が、第2装甲軍と第9軍の背後へと迅速に進出することはできなかった。

結局、ソ連軍の猛攻によって廃墟と化したオリョールの街は、八月五日にソ連第3戦車軍の部隊によって解放され、オリョール突出部の戦線は、空気の抜けた風船のように急速にしぼんでいった。だが、スタフカが意図したオリョール突出部の包囲という目標は達成されず、ドイツ中央軍集団は最小限の損害を被っただけで、四七万人以上の将兵をブリャンスク周辺の最終防衛線「ハーゲン線」へと撤退させることに成功したのである。

◆第四次ハリコフ会戦

オリョール突出部に対する「クトゥーゾフ」作戦で広大な領土を奪回できたことに気を良くしたスターリンは、クルスク南方のヴォロネジ方面軍に対し、同じく帝政ロシアの名将の名が付けられた大反攻「ルミヤンツェフ司令官」作戦を開始するよう急き立てた。

「ルミヤンツェフ司令官」作戦の概要は、まずヴォロネジとステップの二個方面軍で挟撃作戦を展開して、クルスク突出部南翼に打ち込まれたドイツ軍南方軍集団の「装甲の楔」を潰した後、その南に隣接する南西方面軍を攻勢に加わらせ、三個方面軍の強力な連携攻撃を実施して要衝ハリコフを敵の手から奪回する、というものだった。

だが、ドイツ軍の攻勢能力が完全に失われていたオリョール方面の場合とは異なり、南部戦域では七月十三日以降もドイツ軍の装甲部隊が各地で優勢を保持しており、この地域に展開する赤軍部隊が防御から攻勢へと移行するのは容易なことではなかった。

ジューコフとヴァシレフスキーから、周到な準備と補給物資の蓄積こそが攻勢作戦を成功させる鍵であると説得されたスターリンは、過去に繰り返した数々の失敗を思い出し、渋々ながら攻勢開始日の遅延を受け入れた。一九四三年八月三日、満を持して開始された「ルミヤンツェフ司令官」作戦は、スタフカの思惑通り順調に進展し、二日後の八月五日には最初の作戦目標であるビエルゴロドの街が赤軍によって解放された。

ハリコフ周辺に展開するドイツ軍の第4装甲軍とケンプフ軍支隊は、オリョール突出部と同様、戦線が停滞していた春期のうちに幾重もの陣地線を構築して敵の襲来に備えており、クルスク戦を生き延びたドイツ軍の装甲部隊は果敢に反撃を行って、赤軍部隊の進出を遅らせることに成功していた。だが、八月十一日に第1戦車軍がハリコフ・ポルタヴァ間の重要な鉄道線上にあるヴァルキという街の手前まで進出すると、マンシュタインはまたしてもハリコフの死守をめぐって、ヒトラーと議論する羽目になった。

「ハリコフの陥落は、重大な政治的敗北を招きかねん！ トルコとブルガリアの態度は、この都市にかかっているのだぞ！」

政治的影響の波及を恐れて、ウクライナ第二の都市ハリコフの死守に固執するヒトラーを、マンシュタインは根気強く説き伏せて死守命令を撤回させた後、八月二十二日にハリコフを守るドイツ第11軍団の六個師団に撤退を命じた。

八月二十三日、ソ連軍部隊がハリコフの街へ入るのと引き換えに、ラウス装甲兵大将の第11軍団は敵の包囲から逃れたが、戦況は依然としてドイツ軍に不利な方向へと傾いていた。九月八日、総統大本営でヒトラーと会談したクルーゲとマンシュタインは、それぞれの軍集団戦区の危険な突出部を撤収させる許可を得ることに成功したが、ソ連軍の勢いは留まるところを知らずにドニエプル川への道を走り続けていた。

一九四三年の五月から八月（両軍の攻勢準備段階を含む）にかけて、クルスクとその南北を舞台に繰り広げられた東部戦線の一大決戦は、敵に先手を取らせることを選んだソ連側の勝利に終わった。今や独ソ戦の戦略的主導権を完全にその手中へと収めたソ連軍は、ドイツ軍と対峙する全ての戦線で、次々と攻勢作戦を開始していったのである。

◆ソ連軍のドニエプル川渡河作戦

九月十五日、ドイツ南方軍集団司令部は、配下の部隊をドニエプル川沿いの防衛線へと撤退させる命令を下達した。

「南方軍集団は、ドニエプル川沿いの陣地線『東方防壁』および、ザポロジエ＝メリトポリ陣地線『ヴォータン線』へと撤退する」

ロシア第二の大河ドニエプルは、ドイツ軍にとって幸いなことに、西岸が東岸より一段高く隆起しており、東方からの攻撃に備える防御陣地としては充分な視界を確保することができた。だが、東方防壁の構築命令は一九四三年八月十二日に出されたばかりで、局所的な工事しか完成していなかった。しかも、南方軍集団とA軍集団の一部である四個軍・六三個師団の一〇〇万人が敵の包囲を避けつつ、数百キロを後退しなければならなかった。

十月の第一週に、ドイツ南方軍集団は三七個師団を保有していたが、各師団の平均前線兵力は約一〇〇〇人、一キロ当たり五〇人という薄さだった。地形効果がなければ、またたく間に崩壊してしまう戦線である。しかも、慢性的な補給不足のため、敵部隊の集結が確認できても、弾薬不足のために砲撃を控えなくてはならない有様だった。

一方、ソ連側は九月九日、クルスクの勝利で意気上がる赤軍将兵の士気をさらに高揚させることを狙って、大々的な褒章授与の発表を行った。

「スモレンスクより下流のデスナ川、および強行渡河の難易度においてデスナ川と同等と見なされた河川の渡河に成功した場合、軍司令官に対してはスヴォーロフ第一級勲章、軍団長、師団長、旅団長には同第二級勲章、連隊長、工兵大隊長には同第三級勲章を授与される。また、スモレンスクより下流のドニエプル川、および強行渡河の難易度においてドニエプル川と同等と見なされた河川の渡河に成功した場合、レーニン勲章と共にソ連邦英雄の称号を授与される」

明確でわかりやすい目標を与えられたソ連軍の将兵は、創意工夫の才を発揮して、前進の妨げとなる大河の渡河作戦に取り組んでいった。

九月二十一日、キエフ北方のリュテジという村の対岸で、ドニエプル川に到達した第13軍（プホフ中将）の先遣部隊は、正規の渡河資材が届くのを待たず、自力で強行渡河を行う準備を開始した。川の周辺に散乱する丸太や板きれ、針金、布、果ては民家の扉などの資材を手当たり次第に調達して筏《いかだ》を作ったり、付近の住民から提供された河川用の小型漁船などを使って渡河準備を整えた。

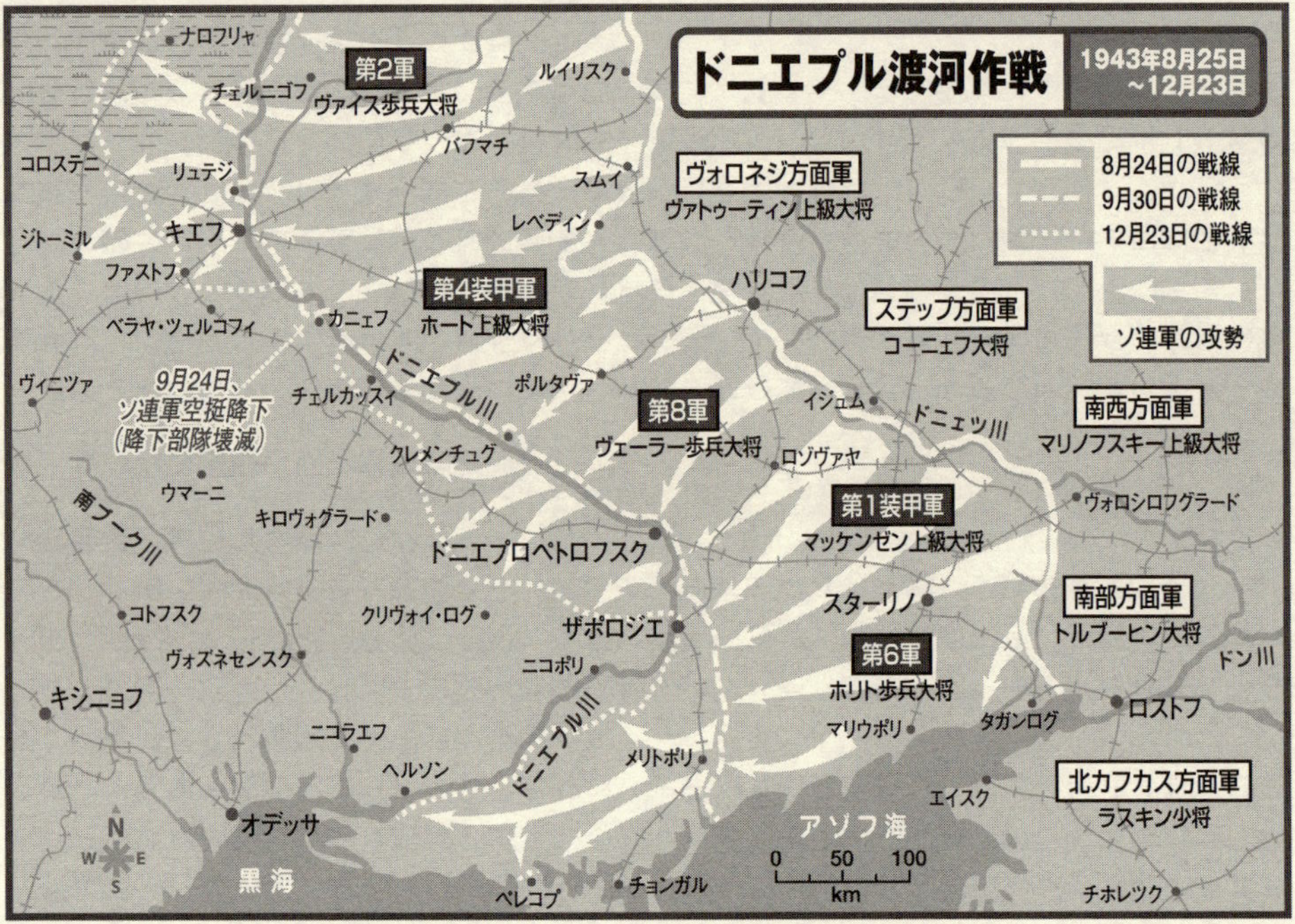
ドニエプル渡河作戦
1943年8月25日
~12月23日
8月24日の戦線
9月30日の戦線
12月23日の戦線
ソ連軍の攻勢
第2軍
ヴァイス歩兵大将
第4装甲軍
ホート上級大将
第8軍
ヴェーラー歩兵大将
第1装甲軍
マッケンゼン上級大将
第6軍
ホリト歩兵大将
ヴォロネジ方面軍
ヴァトゥーティン上級大将
ステップ方面軍
コーニェフ大将
南西方面軍
マリノフスキー上級大将
南部方面軍
トルブーヒン大将
北カフカス方面軍
ラスキン少将
9月24日、
ソ連軍空挺降下
(降下部隊壊滅)
ナロフリャ
チェルニゴフ
ルイリスク
バフマチ
コロステニ
リュテジ
スムイ
レベディン
キエフ
ジトーミル
ファストフ
ハリコフ
カニェフ
ベラヤ・ツェルコフィ
ドニエプル川
ポルタヴァ
イジュム
ドニェツ川
ヴィニツァ
チェルカッスィ
クレメンチュグ
ロゾヴァヤ
ウマーニ
ヴォロシロフグラード
南ブーク川
キロヴォグラード
ドニエプロペトロフスク
スターリノ
コトフスク
クリヴォイ・ログ
ザポロジエ
ヴォズネセンスク
ニコポリ
ドン川
キシニョフ
タガンログ
ロストフ
ニコラエフ
マリウポリ
ヘルソン
メリトポリ
エイスク
オデッサ
アゾフ海
黒海
ペレコプ
チョンガル
チホレツク
0
50
100
km
N
W
E
S

九月二十二日未明、第13軍の狙撃兵から成る小部隊が、砲兵の支援を受けながらドニエプル川を渡りきり、対岸に最初の橋頭堡を築くことに成功した。翌九月二十三日には、その南方に隣接する第60軍（チェルニャホフスキー中将）の部隊が、同様にドニエプル川の強行渡河を行って橋頭堡を確保していた。

キエフ南東部でドニエプル川が大きく湾曲するブクリン周辺でも、ルイバルコ中将率いる第3親衛戦車軍の先遣隊が二十二日に強行渡河を成功させており、翌二十三日には重装備の多い第3親衛戦車軍に代わって、第40軍（モスカレンコ大将）の狙撃兵師団がブクリン湾曲部に橋頭堡を構築した。

◆失敗したソ連軍の空挺降下作戦

九月末の時点で、ソ連軍が構築したドニエプル川の橋頭堡は、上流から下流まで大小合わせて二三か所に達しており、スタフカが打ち出した「褒章作戦」は予想以上の効果を挙げていることがわかった。だが、喜ぶのはまだ早かった。

大河越しに築かれた橋頭堡の拡大は褒章の対象にはなっておらず、河岸から内陸部への戦線の拡大は、スタフカが予想した以上の困難に直面することになる。

一九四三年九月二十四日の夕刻、ブクリン橋頭堡に近いドニエプル川畔の街カニェフの上空に大量のソ連軍輸送機が低空飛行で姿を現し、パラシュートを装着した空挺降下兵が次々と空に向けて放たれていった。

三個旅団から成る独立空挺軍団が投入されたこの空挺作戦は、奥行き五キロ、幅七キロのブクリン橋頭堡の拡大を目指して、ヴォロネジ方面軍のヴァトゥーティンが実施した大きな賭けだったが、その結果は惨憺たる失敗に終わった。

出撃準備の手際の悪さ、輸送機を操縦するパイロットの練度不足、悪天候、そして敵の予備兵力の位置を誤認したことなどが重なり、空挺軍団は保有する一万人のうち半数程度の人員しか目標地に降下させることができなかった。しかも、パラシュートで出撃した降下兵の約六割は、味方歩兵の撤退を支援中のドイツ第24装甲軍団（ネーリング装甲兵大将）に所属する敵戦闘部隊（第19装甲師団や第10装甲擲弾兵師団など）の真上に降下してしまったため、着地する前に激しい機銃掃射を受けて絶命させられることとなった。

残り四割の半数は、風に流されて戦線のソ連側やドニエプル川の川面に着地し、敵陣の背後で辛くも生き延びた一〇〇〇人弱の降下兵は、分散したままパルチザン（赤軍の正規軍と呼応してドイツ軍の背後で破壊活動や妨害工作を行う民兵のゲリラ部隊）に助けられて深い森へと逃れたが、もはや橋頭堡拡大の戦力としては使い物にならなかった。

赤軍の参謀本部は当初、ブクリン＝カニェフの橋頭堡を拡張して第3親衛戦車軍の戦車軍団を渡河させ、ここを基点としてキエフに向けた攻勢を行うつもりでいた。だが、中途半端な空挺作戦の実行はドイツ軍の予備兵力をこの地域へと誘引する結果をもたらし、もはやブクリンからキエフへの攻勢は不可能と判断された。

スタフカは、第3親衛戦車軍を隠密裏にブクリンからキエフ北方に位置するリュテジの橋頭堡へとシフトさせる決定を下し、十一月一日までに大量の戦車と砲兵がリュテジ橋頭堡に集められた。

十一月三日の早朝、キエフ市街から二五キロほどしか離れていないリュテジ橋頭堡の正面で凄まじい砲撃が開始された。氷雨が降る悪天候の中、二〇〇〇門の火砲と五〇〇基のカチューシャが火を噴き、続いてソ連第38軍と第3親衛戦車軍が、ドイツ第88歩兵師団に襲いかかった。

ロート中将の第88歩兵師団は、四日間にわたって必死に防戦したが、二個軍対一個師団では勝負は最初から決していた。十一月六日の夕方、戦火で燃え上がるウクライナの首都キエフ市の中心部に、ソ連第3親衛戦車軍の戦車が次々と突入した。

ヒトラーは、キエフ放棄の責任を第4装甲軍司令官ホート上級大将に押し付け、長らく東部戦線で獅子《しし》奮迅の働きを見せたこの名将を十一月三十日付で罷免した。だが、ヒトラーの面子のみを重んじたこの処分は、東部戦線における戦況の改善には何一つ寄与しなかった。

《ソ連軍のウクライナ解放作戦》

◆コルスン＝チェルカッスイ包囲戦

キエフからアゾフ海に至るソ連軍の四個方面軍（ヴォロネジ、ステップ、南西、南部）は、戦線の推移に伴って一九四三年十月二十日付で、それぞれ第1～第4ウクライナ方面軍へと改称されていた。ドニエプル川を力ずくで押し渡ったこれらの方面軍は、十二月二十三日までにキエフの北西では奥行き一三〇キロ、クレメネツの南西では九〇キロの位置にまで、ドニエプル川の対岸に築いた橋頭堡を拡げることに成功していた。

前線各地を精力的に視察していたジューコフとヴァシレフスキーは、十二月中旬にモスクワからの召喚命令を受けて、クレムリンで一九四四年の全般的な戦略についての国防委員会の会議へと出席した。この時点での赤軍参謀本部による彼我の兵力算定は、兵員数で一・三倍、火力で一・七倍、航空機の数で二・七倍の優位を獲得していたが、敵が防御戦に徹した場合、確実な撃破が約束されるほどの比率には達していなかった。

そのため、一九四三～四四年の冬季攻勢作戦は、前年と前々年の冬に行ったような全戦線での同時攻勢ではなく、兵力を一戦域に集中して行うことが決定され、第1～第4ウクライナ方面軍が主攻勢正面と定められた。そして、レニングラード解囲作戦など一部の例外を除き、他の方面軍戦区では補助的な作戦以上の行動は行わないよう指令が下された。

一九四四年一月二十四日、コーニェフ上級大将の第2ウクライナ方面軍に所属する第4親衛軍と第53軍、第5親衛戦車軍の三個軍が、カニェフ南東のチェルカッスイ付近でドイツ第11軍団の戦線を突破し、ドイツ軍の背後へと突入した。

二日後の一月二十六日、ヴァトゥーティン上級大将率いる第1ウクライナ方面軍の第6戦車軍と第40軍も、ブクリン南西部でドイツ第7軍団の右翼を分断し、戦線の間隙部を突破したソ連軍戦車部隊は東へと進路をとった。

一月二十八日、両方面軍に所属するソ連軍部隊は合流に成功し、コルスン＝シェフチェンコフスキーと呼ばれる小さな村の周囲に展開するドイツ第8軍（ヴェーラー歩兵大将）の将兵約五万六〇〇〇人が、雪原に現れた包囲環の中へと完全に閉じこめられた。

この新たな危機に直面したマンシュタインは、ただちに第8軍の救出を実行すべく、予備の装甲部隊をかき集めた。スターリングラードでの失敗を繰り返さぬためにも、救出部隊の編成は迅速に行い、準備が整い次第、一刻も無駄にせずに出撃せねばならなかった。

そして、第1SS「LAH」、第1、第16、第17の四個装甲師団とベーケ重戦車連隊（ティーガー三四輛とパンター四七輛を装備）から成る第3装甲軍団（ブライト装甲兵大将）がコルスン包囲環の南西から、第3、第11、第14の三個装甲師団で編成される第47装甲軍団（フォン・フォアマン中将）は南から、それぞれ敵の戦線を突破して、実質七個師団に相当する第8軍の残存兵力と合流する予定だった。

二月十一日の深夜に開始されたドイツ軍のコルスン救出作戦は、七日間にわたる死闘を繰り広げた末に、包囲された兵力のうち三万五〇〇〇人の将兵を包囲環の外へと救い出すことに成功する。だが、撤退の過程で重装備のほとんどを失ったドイツ第8軍は、もはや防衛線を維持する力を持たなかった。

◆包囲を解かれたレニングラード

東部戦線の南方戦域で大きく戦線が動いていたのとほぼ時を同じくして、北方のレニングラード正面でも、ソ連軍の二個方面軍による限定的な攻勢が開始されていた。

一九四一年九月八日以降、陸路での連絡を絶たれて包囲されていたレニングラードに対し、スタフカは一九四二年一月十三日に最初の解囲作戦を実施していた。この一度目の試みは、ドイツ北方軍集団の迅速な反撃に遭遇して頓挫させられたが、翌一九四三年一月十二日に、シュリッセリブルク回廊部を守るドイツ第26軍団（五個歩兵師団）へのソ連軍の打通作戦が開始されると、この地域の情勢はソ連側に有利な方向へと動き始めた。

「火花（イスクラ）」作戦と名付けられたこの作戦において、兵員数で勝るソ連軍（レニングラード方面軍とヴォルホフ方面軍から計一四個師団と二個旅団を投入）は常に優位に立ち続け、一月十八日には東西から進撃した両方面軍の先頭部隊が手を結んだ。これにより、レニングラードは四七九日ぶりに陸路での連絡を回復することができた。

ソ連側は、レニングラードとヴォルホフを結ぶ幹線鉄道を使用可能な状態にするため、この狭い連絡路を南のムガまで拡張しようと試みたが、リンデマン上級大将の率いるドイツ第18軍の抵抗も頑強で、二月十日と三月十九日に実施されたソ連軍の第二次・第三次攻勢はいずれも撃退された。だがそれでも、ソ連側は狭い回廊部に突貫工事で迂回鉄道を構築することに成功し、レニングラード市内へと流れ込む食糧や生活用品、武器弾薬などの物資の量は飛躍的に増加していった。

レニングラード方面軍とヴォルホフ方面軍は、さらに約一年にわたる持久戦を続けながら市内に弾薬と燃料を備蓄した後、一九四四年一月十四日に満を持してドイツ第18軍に対する大攻勢を開始した。この頃には、東部戦線のドイツ軍は戦略的後退の段階に入っており、弾薬の備蓄は少なく、兵員の質の面でも緒戦の頃とはほど遠い状態にあった。

そして、攻勢開始後の一月二十七日には、市の外郭防衛線に築かれていたドイツ軍の最後の拠点が放棄され、レニングラードはようやく、ドイツ軍砲兵の射程圏外へと逃れることができた。

長きにわたったレニングラード包囲戦の終幕。それは、ドイツ第4装甲集団の先遣部隊が市の外郭防衛線に姿を見せた一九四一年八月二十一日から数えて、ちょうど八八九日目のことだった。

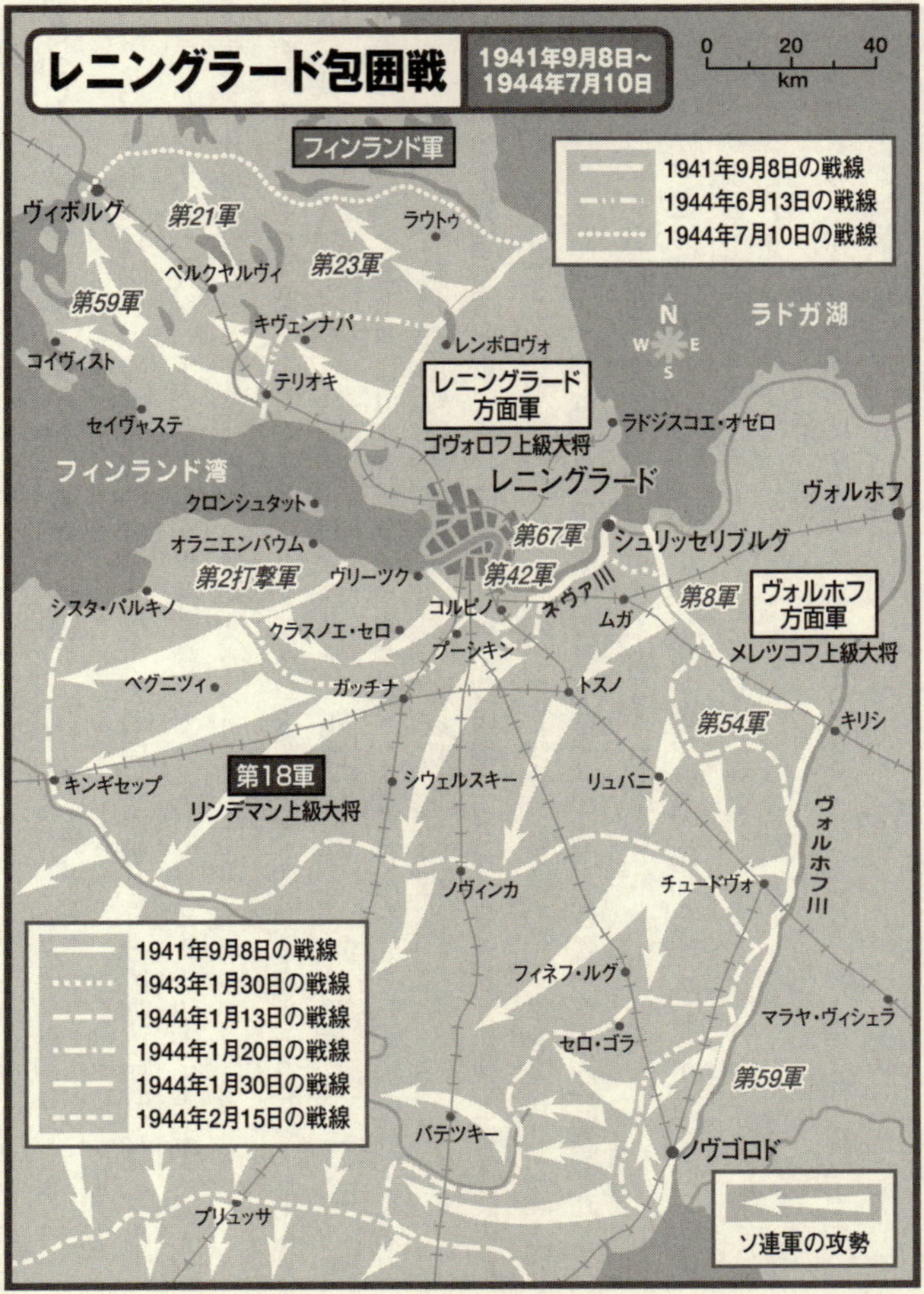
レニングラード包囲戦
1941年9月8日～
1944年7月10日
0 20 40
km
フィンランド軍
1941年9月8日の戦線
1944年6月13日の戦線
1944年7月10日の戦線
ヴィボルグ
第21軍
ラウトゥ
第23軍
ペルクヤルヴィ
第59軍
キヴェンナパ
レンボロヴォ
ラドガ湖
N
W
E
S
コイヴィスト
テリオキ
レニングラード
方面軍
ゴヴォロフ上級大将
セイヴァステ
ラドジスコエ・オゼロ
フィンランド湾
レニングラード
ヴォルホフ
クロンシュタット
第67軍
シュリッセリブルグ
オラニエンバウム
第2打撃軍
ヴリーツク
第42軍
ネヴァ川
第8軍
ヴォルホフ
方面軍
シスタ・パルキノ
コルピノ
ムガ
メレツコフ上級大将
クラスノエ・セロ
プーシキン
ベグニツィ
ガッチナ
トスノ
第54軍
キリシ
第18軍
キンギセップ
シウェルスキー
リュバニ
リンデマン上級大将
ヴォルホフ川
ノヴィンカ
チュードヴォ
1941年9月8日の戦線
1943年1月30日の戦線
1944年1月13日の戦線
1944年1月20日の戦線
1944年1月30日の戦線
1944年2月15日の戦線
フィネフ・ルグ
マラヤ・ヴィシェラ
セロ・ゴラ
第59軍
バテツキー
ノヴゴロド
プリュッサ
ソ連軍の攻勢

◆ジューコフ対マンシュタイン：最後の決闘

一九四四年三月四日、前線視察中にウクライナの民族派ゲリラの凶弾に倒れたヴァトゥーティンに代わってジューコフ自らが指揮を執っていた、プリピャチ沼沢地南方の第1ウクライナ方面軍戦区で、ソ連軍の新たな大攻勢が開始された。

チェルニャホフスキー中将の第60軍とグレチコ大将の第1親衛軍を主力として、南西方向へ向けて実施されたこの攻勢は、第一日目から順調に推移し、二日間で三〇キロ近い進撃を行った上、三月七日には南部のドイツ軍部隊へと補給物資を送り込む大動脈であるリヴォフ＝オデッサ間の鉄道線路を遮断することに成功していた。

ソ連軍の攻勢軸の西と東には、それぞれ第1装甲軍（フーベ装甲兵大将）と第4装甲軍（ラウス装甲兵大将）が配置されていたが、両装甲軍が分断されることを危惧した南方軍集団司令官マンシュタインは、東側の第1装甲軍を強引に西へと脱出させる計画を立て、第1ウクライナ方面軍の側面に対して強力な反撃を開始した。

ところが、この計画を知ったヒトラーは、第1装甲軍の退却を禁止し、現在位置で防御を続けさせよとの総統命令をマンシュタインに送りつけた。

三月二十五日、マンシュタインはドイツ南部のベルヒテスガーデンにあるヒトラーの山荘に乗り込み、第1装甲軍を脱出させる許可を今すぐ与えるよう、ヒトラーに直言した。

「このままでは第1装甲軍は敵に包囲され、スターリングラードの二の舞となります。そして、第1装甲軍の壊滅は、隣接する第4装甲軍の破滅をも意味します」

不愉快な決断を迫られたヒトラーは、感情を高ぶらせてマンシュタインを非難した。

「貴官は、作戦のことだけを考えておるが、いつも退却ばかりしておるではないか」

この台詞を聞いたマンシュタインは、冷静さを保ちつつも、辛辣《しんらつ》な言葉を返した。

「総統閣下、このような事態を招いた責任は全て総統ご自身にあります。閣下は、この八か月間、わが軍集団に対し、作戦的に実行不可能な任務を課し続けてこられた。充分な予備兵力も、行動の自由も、本官に許可されなかった。もし許可されていたなら、現在のような破滅的状況は回避されていたでしょう。全ては、閣下の責任ですぞ」

その日の夜、再びマンシュタインを山荘に迎えたヒトラーは態度を改め、彼の提言した第1装甲軍の西方向への脱出を承認し、さらに同軍を西側から迎える第4装甲軍に、第9SSと第10SSの二個装甲師団と、第367歩兵師団、第100猟兵師団の四個師団を配属することを約束した。マンシュタインは、予想外の展開に意表を衝かれたが、この段階ではまだ、その背後に隠されたヒトラーの決意を知る由もなかった。

三月二十九日、第1ウクライナ方面軍の先頭部隊はドニエストル河畔の古都チェルノフツィに入り、間もなく第2ウクライナ方面軍との合流に成功した。東部戦線南翼で、またしても包囲環が形成され、ドイツ第1装甲軍の将兵二〇万人が袋に閉じこめられた。

だが、ジューコフもこの時ばかりは武運を味方につけることができなかった。ドイツ側は、第1ウクライナ方面軍の通信を傍受して暗号を解読しており、現地の赤軍部隊の兵力や配置、補給状況などについてのほぼ完全な情報を得ていた。これらの情報をフル活用したフーベのドイツ第1装甲軍は、航空補給に頼りながら必死に西へと脱出を図り、赤軍の兵力が疎《まば》らな地点を突破して、辛くも第4装甲軍と合流することに成功したのである。一個装甲軍の包囲・殲滅はとり逃がしたとはいえ、脱出した第1装甲軍はコルスン包囲戦の時と同じく、大量の重装備を遺棄しており、またカルパチア山脈という移動を阻む地形によってドイツ軍の前線を分断することに成功した点を考えると、この大攻勢はほぼ成功を収めたと言ってもよかった。

そして、このジューコフの攻勢は、ソ連側が全く予期しなかった重大な副産物を生む結果となった。三月三十一日、ドイツ陸軍最高の頭脳と謳われたフォン・マンシュタイン元帥が、作戦遂行中における総統命令への度重なる反抗とヒトラー自身に対する批判的言動が原因で、ドイツ南方軍集団司令官の座を追われたのである。

ホートとマンシュタインという機動戦の名手を相次いで失ったドイツ軍には、もはや津波のように押し寄せるソ連軍の攻勢に対して能動的に対処できる力はなかった。各部隊に占める経験不足の新兵の割合も増加の一途をたどっており、東部戦線に展開するドイツ軍部隊の作戦遂行能力は、本来の柔軟性と創造性を喪失して、徐々に硬直化していった。

◆クリミア半島の解放

第1ウクライナ方面軍の南東では、コーニェフの第2ウクライナ方面軍がドニエストル

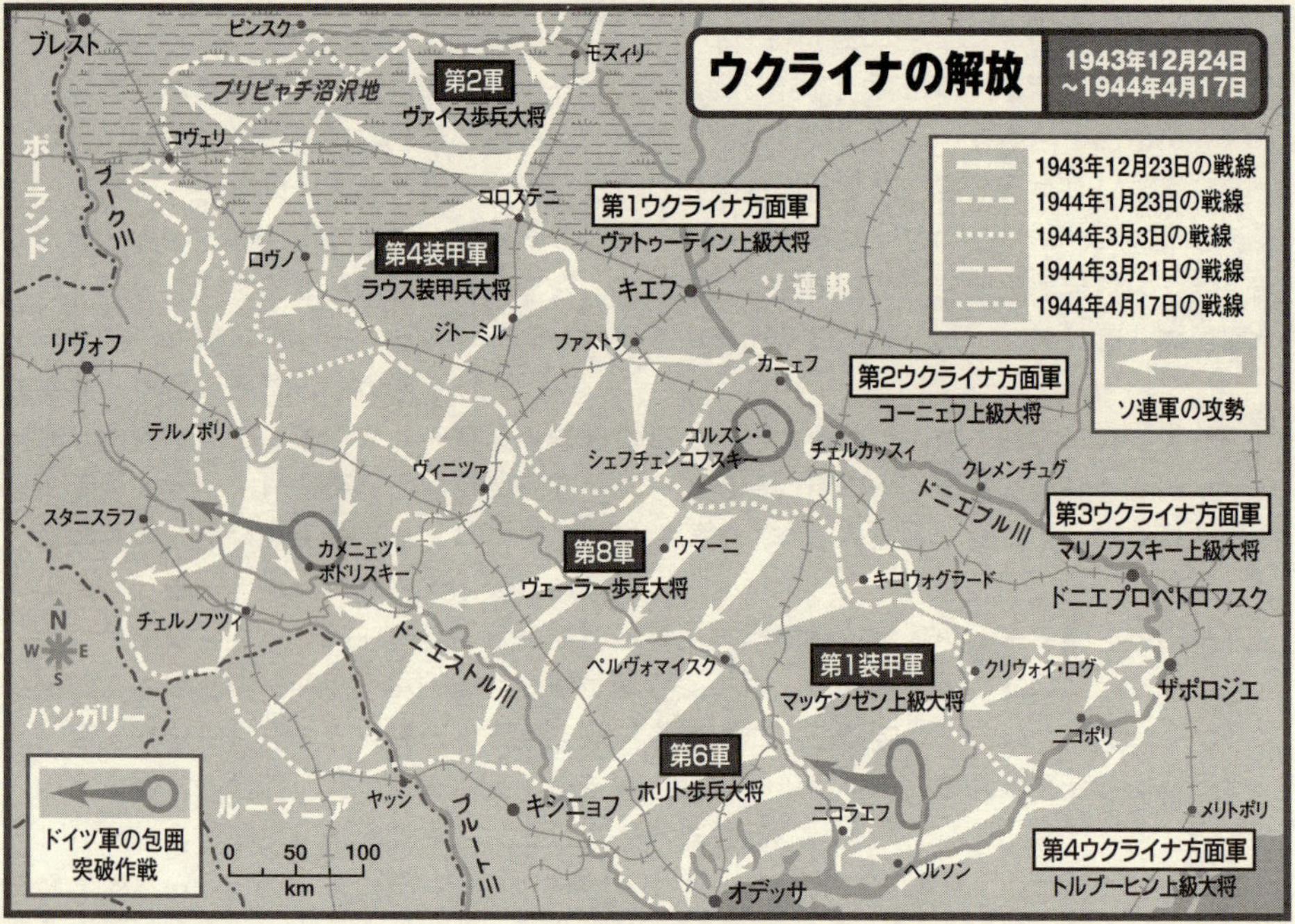

ウクライナの解放
1943年12月24日
~1944年4月17日
1943年12月23日の戦線
1944年1月23日の戦線
1944年3月3日の戦線
1944年3月21日の戦線
1944年4月17日の戦線
ソ連軍の攻勢
ドイツ軍の包囲
突破作戦
ブレスト
ピンスク
モズィリ
プリピャチ沼沢地
第2軍
ヴァイス歩兵大将
コヴェリ
ポーランド
ブーク川
コロステニ
第1ウクライナ方面軍
ヴァトゥーティン上級大将
ロヴノ
第4装甲軍
ラウス装甲兵大将
キエフ
ソ連邦
ジトーミル
ファストフ
リヴォフ
カニェフ
第2ウクライナ方面軍
コーニェフ上級大将
テルノポリ
コルスン・
シェフチェンコフスキー
チェルカッスイ
ヴィニツァ
クレメンチュグ
ドニエプル川
第3ウクライナ方面軍
マリノフスキー上級大将
スタニスラフ
カメニェツ・
ポドリスキー
第8軍
ヴェーラー歩兵大将
ウマーニ
キロウォグラード
ドニエプロペトロフスク
チェルノフツィ
ドニエストル川
N
W
E
S
ペルヴォマイスク
第1装甲軍
マッケンゼン上級大将
クリウォイ・ログ
ザポロジエ
ハンガリー
ニコポリ
第6軍
ホリト歩兵大将
ルーマニア
ヤッシ
キシニョフ
ニコラエフ
メリトポリ
プルート川
0
50
100
km
ヘルソン
第4ウクライナ方面軍
トルブーヒン上級大将
オデッサ

川を越えてモルダヴィア（旧ルーマニア領ベッサラビア）に進撃し、三月二十六日にはルーマニアとの国境線であるプルート川の畔まで進出した。

そのさらに南では、第3ウクライナ方面軍（マリノフスキー上級大将）と第4ウクライナ方面軍（トルブーヒン上級大将）が、春雨の降り続く中を西へと前進し、四月十日には黒海沿岸の港湾都市オデッサを敵の手から奪い返すことに成功していた。

そして、第4ウクライナ方面軍の南端部では、東部戦線におけるドイツ軍の没落を決定づける戦いが、今まさに始まろうとしていた。

四月八日、第2親衛軍（ザハロフ中将）と第51軍（クレイゼル中将）が、ペレコプ地峡の正面からクリミア半島への強襲を開始したのである。四月十一日には、エリョーメンコ上級大将の独立沿海軍がケルチ海峡を東から西へと押し渡り、四月十六日には黒海沿岸の保養地ヤルタが赤軍の手に戻った。

クリミア半島には、イエネッケ上級大将率いるドイツ第17軍のドイツ軍六個歩兵師団とルーマニア軍七個師団が展開していたが、彼は東部戦線南翼の戦況が退潮期に入った一九四三年十一月以降、セヴァストポリ港から輸送船を用いて配下の兵力をルーマニアの港湾へと撤退させる計画を、軍司令部の参謀たちに研究させていた。狭いペレコプ地峡に蓋をされてしまったなら、第17軍が退却すべき道は、黒海の洋上だけとなるからである。

ソ連軍の攻撃開始から三日目の四月十日、イエネッケは部隊の海上撤収計画「鷲（アドラー）」作戦の発動を命令し、ドイツ軍とルーマニア軍は四月十二日から段階的に、船で黒海へと脱出することとなった。しかし、この計画案を聞かされたヒトラーは、四月十二日にクリミアからの海上撤退を厳禁する指令を下した。クリミアの放棄は「トルコに対する政治的影響が大きすぎる」というのがその理由だった。

ソ連軍の攻勢が、ペレコプとケルチから津波のように押し寄せるのを見て、イエネッケは南ウクライナ軍集団（一九四四年三月三十日にA軍集団より改称）の司令官フェルディナント・シェルナー上級大将を通じて繰り返しヒトラーに直訴し、クリミアからの撤退許可を求めたが、彼の努力が実を結ぶことはなかった。五月一日、第17軍司令官イエネッケは更迭され、第5軍団長アルメンディンガー歩兵大将が後任となったが、司令官の首をすげ替えてみてもクリミアの戦況は全く変わらなかった。

五月八日の深夜、戦況報告を受けたヒトラーはようやく、クリミア半島の保持を諦めて死守命令を撤回したが、その時には既に、三万人近いドイツ兵と二万人以上のルーマニア兵がソ連軍の攻撃によって失われていた。一九四四年五月十二日、クリミア半島に残る最後のドイツ軍部隊が降伏し、クリミアは再びソ連邦の手中へと取り戻された。

これにより、プリピャチ沼沢地《しょうたくち》以南のソ連領内におけるドイツ＝ルーマニア軍の支配地域は、旧東ポーランドのリヴォフ周辺と、モルダヴィアの南半分だけとなった。

悲劇的な開戦から三年を経て、スターリンにとっての対ドイツ戦は、ようやく彼が戦前から長らく思い描いてきた「敵国の領土で戦う」段階へと入ったのである。

第七章　ベルリンに翻る赤旗

（一九四四年六月〜一九四五年五月）

《浮き彫りになる独ソの国力差》

◆独ソ両国の兵員数と戦車生産台数

一九四四年五月に、ドイツ国防軍の戦時捕虜管理局からヒトラーに提出された報告書によると、東部戦線でドイツ軍の捕虜となったソ連兵の総数は、五一六万五三八一人に達していた。しかし、独ソ開戦から丸三年が経過したこの時点で、ソ連軍は六四〇万人近い将兵を、総延長三五〇〇キロに及ぶ戦線に配備しており、この時までの戦死・行方不明者約八五〇万人（負傷者・罹病者《りびょうしゃ》は含まず）と合計すれば、ソ連軍は既に二〇〇〇万人以上の将兵を、この戦争に投じた計算だった。

一方のドイツ軍は、一九四四年五月には約二五〇万人（ルーマニアとハンガリー、フィンランドの枢軸同盟国軍約八〇万人は含まず）を東部戦線に展開していたが、この時期までのヨーロッパ戦争全体（西部戦線や北アフリカでの戦いも含む）で四五〇万人を喪失しており、独ソ双方の兵力比は日を追うごとにソ連側の優位へと傾いていった。

戦争継続の基盤となる経済面においても、戦争が長引くにつれて、ソ連とドイツの差が浮き彫りとなっていった。ソ連軍は、一九四三年の終わりまでに五万八〇〇〇輛もの戦車と自走砲を戦場で失ったものの、一九四一年には四七〇〇輛、一九四二年には二万四五〇〇輛、一九四三年には二万四一〇〇輛を国内の工場で生産（三年間の合計は五万三三〇〇輛）しており、一九四四年一月には二万四四〇〇輛の戦車／自走砲が前線部隊に配備されていた（後述する米英両国からの援助車輛も含む）。

対するドイツ軍の戦車・自走砲・突撃砲の総生産台数は、一九四一年が三八〇〇輛、一九四二年が六二〇〇輛、一九四三年が一万二〇〇〇輛（三年間の合計は二万二〇〇〇輛）に過ぎず、しかも全ての戦車を東部戦線に投入できないことを考慮すれば、戦争が長期化すればするほどドイツ側が劣勢となるのは当然の成り行きと言えた。

ドイツ軍の対ソ侵攻が開始された後、ヨーロッパ＝ロシアの諸都市から東方に疎開していたソ連の軍需工場の生産も、一九四三年の中頃からは軌道に乗り、一九四四年の前半期だけで約一万四〇〇〇輛の各種戦車および自走砲が、ソ連国内の工場から吐き出されていた。この、工場疎開という戦略的にきわめて意義の大きい大事業は、開戦翌日の一九四一年六月二十三日には早くも開始されており、公式記録によれば大小合わせて一五二三の軍需工場が、約一五〇万輛の貨車に積み込まれて、ウラル山脈の麓やヴォルガ川沿岸地域、シベリア、中央アジアなど、最前線から遠く離れた場所へと疎開させられていた。

ドイツ空軍は、一九四一年の十一月頃から、ソ連側の兵器生産に打撃を与えるため、奥地の工業地帯に対する戦略爆撃の研究を開始したが、ヒトラーと国防軍の上層部は一九四二年の秋頃まで、この研究の必要性を認めようとはしなかった。

しかし、「青」作戦の失敗で、ソ連軍を陸上作戦のみで撃滅できないことが明白になると、ヒトラーは遅ればせながら戦略爆撃の持つ潜在的な可能性に着目し、一九四三年六月にはゴーリキーとサラトフ、ヤロスラヴリの各都市に対する戦略爆撃を想定した長距離爆撃部隊を編成させた。

◆ドイツ空軍のソ連への戦略爆撃

モスクワの東方約三五〇キロにある工業都市ゴーリキーには、一九三二年にアメリカの援助で建設され、戦時には数種類の軍用トラックとT60、T70軽戦車、T34の部品などを生産していた「ゴーリキー自動車工場（GAZ：別名モロトフ工場）」や、月に二七〇輛のT34を生産する「赤いソルモフ工場」、LaGG3型戦闘機を生産する「ゴーリキー航空機工場」などがあり、前線に比較的近いソ連軍の兵器廠《しょう》としてフル稼働していた。

一九四三年六月五日の第一回目の爆撃を皮切りに、ドイツ空軍は計七回、延べ六八二機の爆撃機を投入して、ゴーリキーに対する戦略爆撃を敢行した。また、六月九日と二十日には、ヤロスラヴリの合成ゴム工場が、六月十二日から十五日にはサラトフの石油精製工場が、ドイツ空軍による爆撃の洗礼を受けた。

だが、これらの戦略爆撃はそれぞれ一定の戦果を挙げ、とりわけゴーリキー自動車工場は壊滅的な損害を被ったものの、ソ連の軍需経済全体に対する打撃という点では、軽微と言ってもよかった。ソ連側における軍需生産の拠点は、ドイツ空軍の主力爆撃機ハインケルHe111型の遠く及ばないウラル山脈と中央アジアに広がっており、重要な兵器や弾薬類の大半は、それらの安全な後方地域で生産されていたからである。

そして、クルスク会戦後に戦線が西へと大きく引き戻されると、ドイツ軍の爆撃機が攻撃できる範囲はさらに後退させられてしまった。

広大なソ連邦の奥地へと疎開した工場群に加えて、ソ連側の軍需経済を陰で支えていたのが、アメリカとイギリス両国による各種軍需物資の援助だった。

対ドイツ戦に先立つ一九四一年三月十一日に米連邦議会で可決された「レンドリース（武器貸与）法」の適用対象となったソ連は、終戦までに約一一〇億ドルに相当する兵器や食糧、衣類、工業用の原料資材などを受け取った。兵器面での内訳は、戦車が七〇五六輌、航空機が一万四七九五機、高射砲が八二一八門などだったが、これらの大半は米英両軍で既に時代遅れと見なされていた型式ばかりで、一部の例外（P39エアラコブラ戦闘機など）を除けば、ソ連軍内部での評判はきわめて悪かった。

しかし、頑強で故障が少なく、不整地走破能力の高いアメリカ製の軍用トラック（約四〇万九〇〇〇輌）は、戦争後半期におけるソ連軍の攻勢作戦を維持する上で、絶大な効果を発揮していた。攻勢を続ける赤軍の前線部隊の背後には、入念に準備された補給段列が続いており、米国製トラックの活躍もあって、一九四三年春にウクライナで起こった「補給途絶による各個撃破」という失態が戦場で繰り返されることはほとんどなかった。

これらの米英両国からの援助物資は、極北のムルマンスクとアルハンゲリスク両港、南方のイラン、そして極東のウラジオストク港から、鉄道でソ連国内の工業生産地や戦線後方の部隊集結地点へと送られ、ソ連軍の装備を強化するのに役立っていた。

戦略レベルにおける物量的な条件を比較すれば、ソ連側は一九四四年五月の段階で、圧倒的な優位に立っていたのである。

◆スターリンとヒトラーの戦争指導法の違い

前線で戦う将兵の数や、戦車や大砲などの兵器の量、そして部隊に供給される補給物資の総量でも劣勢に立たされたドイツ軍が、戦局を巻き返して戦略的な優位を取り戻すためには、それまでの三年間の戦い以上に、指揮統率面で敵を凌駕する必要があった。

しかし、独ソ両軍の最高統帥レベルでの情勢判断能力と戦略立案能力を比較すると、この分野においてもドイツ側が危機的な状況へと陥っていることは明白だった。

ソ連軍の最高司令官スターリンは、スターリングラードでの大反攻以前においては、独断で戦略や作戦計画を決定する場合が多く、その軍事的な基礎知識を欠いた場当たり的な決定は、数多くの失敗と、それに伴う将兵の犠牲を生み出していた。しかし、スターリングラードの戦勝以降は、実質的な決定権を赤軍指導部へと移譲し、スターリン自身はクレムリンの執務室で計画内容を確認して裁可を与えるだけの存在へと変わっていった。

スターリンは、ソ連邦が対独戦で勝利を収めるには、ジューコフとヴァシレフスキーに代表されるような、軍事上の専門知識と参謀将校の資質、そして豊富な実戦経験を備えた軍の首脳部に可能な限り権限を与えることが不可欠だとの結論に達していたのである。

スターリンのこうした心境の変化は、赤軍統帥部の組織改革にも多大な影響を及ぼしていた。一九四二年十月、共産党組織によるソ連軍の管理官として軍司令部や方面軍司令部に着任していた軍事委員（コミッサール）の制度が廃止され、統帥上は司令官の下位に位置する政治的副司令官のような形へと改められた。

そして、一九四三年一月には、戦車や砲兵、空軍などの兵科元帥の称号が新たに制定されるのと同時に、革命以来二十年以上にわたって廃止されてきた将校の階級を示す金色の肩章が復活した。スターリングラードの戦勝は、大粛清の後遺症に苦しんできたソ連赤軍が、再びその本来あるべき地位を取り戻すきっかけとなる戦いでもあったのである。

こうしたスターリンの変化とは対照的に、ドイツ軍の最高司令官ヒトラーは、自らが計画した戦略や作戦が失敗に終わるたびに、軍の首脳部に対する不信感を強め、彼らの下す軍事的采配への干渉の度合いを強めていった。

ヒトラーは、限られた兵力を駆使して最善の努力を続けるホートやマンシュタインらの将軍に相応の権限を与えなくなり、逆に敗北の責任を理不尽な形で彼らに押し付けて、重要な司令官ポストから解任する暴挙を繰り返した。

そして一九四四年三月八日、ヒトラーはドイツ軍の命運を決定づける重大な指令を下達した。「総統訓令第11号」と題されたこの指令の内容は、次のようなものだった。

「作戦上の重要地点を『確地（フェステプレッツェ）』と定義し、戦意の高い将官をそれそれの『確地』司令官に任命する。『確地』は、敵に包囲されても決して撤退せず、そこに多数の敵兵力を誘引して消耗させ、反撃の機会が到来するまでそこを死守すること」

この指令は、ヒトラーが東部戦線で数限りなく発してきた「死守命令」の集大成とも言えるものだった。だが、将兵の損失を無視した死守命令に抗弁する気概のあるマンシュタインのような将官は、この時期の東部戦線には一人も存在せず、ヒトラーの「確地戦略」は事実上、ドイツ国防軍に対する「死刑宣告」のような役割を果たすことになるのである。

《ドイツ中央軍集団の壊滅》

◆白ロシア方面での攻勢準備

　一九四四年四月二十二日、スターリンはクレムリンの執務室にソ連軍の主要幹部を集めて、この年に行う夏季攻勢の戦略プランを検討させた。

　この時点で、独ソ両軍が対峙する主戦場の前線は、レニングラードからプリピャチ沼沢地まで、ほぼ真南に下ったところで直角に真西へと向かい、三五〇キロほど進んだところで再び南へと折れて、カルパチア山脈まで約五〇〇キロ続き、そこからさらに東へ戻って黒海沿岸まで伸びていた。

　プリピャチ沼沢地を横断する戦線の最先端から、バルト海沿岸のケーニヒスベルクまでは、直線距離で四〇〇キロほどしかないため、電話で会議に参加していた参謀総長ヴァシレフスキーは、このルートで次なる攻勢を実施すべきだと提案した。だが、参謀本部の作戦部長兼参謀総長第一代理として、実質的にスターリンの軍事的補佐官のような役割を果たしていたアレクセイ・アントーノフ上級大将は、この攻勢案に異論を唱えた。

「戦線の形状を考えれば、ドイツ側も当然この戦域を重視していると思われ、また長い戦線の中心部でこちらが攻勢を実行すれば、敵は容易に機動予備を集中できるでしょう。状況次第では、クルスク戦での敵の誤りを踏襲することにもなりかねないと思います」

このアントーノフの認識は、見事に的を射ていた。ヒトラーは、四月二日付の作戦命令において、中央軍集団の予備兵力をプリピャチ沼沢地の先端部に近いブレスト周辺へと集中的に配備するよう指示していたのである。

結局、この日の会議では全体の結論は下されず、スターリンはいくつかの攻勢計画案を検討するよう、ジューコフとアントーノフに命じた。

数日後、再びスターリンの執務室へと呼び出された両名は、立案した作戦計画書を提出し、正式な認可を受けた。それによると、一九四四年夏期における攻勢は、レニングラード北方のカレリア地峡と、白ロシアの広い正面で実施すると決定された。

白ロシアからスモレンスクへと通じるモスクワ街道沿いの戦線では、ソ連西部方面軍とカリーニン方面軍が一九四三年八月七日に実施した「スヴォーロフ」作戦を皮切りに、数回にわたって攻勢が仕掛けられたが、いずれも目立った戦果を挙げられずにいた。

一九四三年八月から一九四四年の五月までの十か月間に、南部の戦域では一〇〇〇キロ近い戦線の移動が達成されていたが、ドイツ中央軍集団と対峙する戦域では、スモレンスク正面で一六〇キロ、オリョールからゴメリに至る正面でも四二〇キロほどしか前進できていなかった。

ナポレオン軍とのボロジノの戦いで戦死した名将にちなんで「バグラチオン」作戦と命

名された白ロシア大攻勢の参加兵力は、第1沿バルトおよび第1、第2、第3白ロシアの計四個方面軍に及び、ソ連軍が行った単一の攻勢としては対ドイツ戦で最大規模の作戦だった。五月二十日に「バグラチオン」作戦の詳細がクレムリンで決定されると、スターリンは各方面軍の司令官と相次いで面談し、作戦計画の概要を自ら説明した。

バグラミヤン上級大将の率いる第1沿バルト方面軍と、チェルニャホフスキー大将の第3白ロシア方面軍は、西ドヴィナ河畔の要衝ヴィテブスクを攻略後、白ロシアの北部から西に向かって進撃する。一方、作戦上の最南端に位置するロコソフスキー上級大将の第1白ロシア方面軍は、プリピャチ沼沢地から北に出撃して、ドイツ中央軍集団の弱い側面に打撃を与える。そして、両者の中間に位置するザハーロフ大将の第2白ロシア方面軍は、ドニエプル川東岸に残る最後のドイツ軍兵力を一掃した後、ミンスク方面へと進出する。

作戦の実施に際しては、それまでと同様、ジューコフとヴァシレフスキーがスタフカ代表として現地に派遣され、第1・第2白ロシア方面軍をジューコフが、第1沿バルトと第3白ロシアの両方面軍をヴァシレフスキーが担当して軍務調整を行うものと定められた。

モスクワの参謀本部は、攻勢継続に必要となる四〇万トンの弾薬や三〇万トンのPOL（燃料および各種オイル）、五〇万トンの食料を滞りなく前線部隊に供給できるよう、万全の手筈を整えた。

◆「確地戦略」で機動力を失ったドイツ軍

一九四四年六月当時、エルンスト・ブッシュ元帥が司令官を務める中央軍集団には、ラインハルト上級大将の第3装甲軍と、ティッペルスキルヒ歩兵大将の第4軍、そしてヨルダン歩兵大将の第9軍が所属し、この三個軍麾下の総兵力八八万八〇〇〇人が、一〇〇〇キロ近い前線に展開していた。

機動戦に適した平原が広がるウクライナとは異なり、白ロシアの戦場は森と湿地が複雑に入り組んだ地形が多く、これらの地形と前記した陣地線、そして後方の適所に配置した装甲師団と装甲擲弾兵師団の「機動予備」を最大限に活用すれば、ドイツ軍はソ連軍の攻勢を適時受け止めつつ、包囲を避けて段階的に後退することが可能なはずだった。

しかし、中央軍集団司令官ブッシュは、ドイツ軍にとって最善策であるはずの、そうした防御戦略をとることができなかった。その原因は、前記した「総統指令第11号」に記されたヒトラーの「確地戦略」にあった。

ヒトラーは、一九四四年夏の戦いにおいて、自らの「死守命令」を前線部隊に徹底する決心を固めており、中央軍集団戦区にあるヴィテブスク、ボブルイスク、スルーツク、モギリョフ、オルシャ、ポロツクと、北ウクライナ軍集団の戦区にあるコヴェリの計七都市が、総統指令で「確地」に指定されて、同地の死守が求められていた。

ドイツ軍の野戦部隊にとって不幸なことに、当時の軍集団司令官ブッシュは、ヒトラーへの抗命はおろか、異議を差し挟むことにも消極的な、親ヒトラー派の軍人だった。

また、先に述べたように、ヒトラーは一九四四年四月二日付の作戦命令において、中央軍集団と陸軍総司令部直轄の機動予備を、プリピャチ沼沢地の西端部に近い、ブレストの周辺へと集中的に配備させていた。これは、前記したソ連軍の戦略案における「第二の選択肢」を、ヒトラーが現実の脅威と誤認して警戒したことによる措置だった。

その結果、ドイツ陸軍が持つ機動予備兵力のうち、装甲八個師団と装甲擲弾兵二個師団が、ドニエプル川の橋頭堡から五〇〇キロ、ミンスクからでも三〇〇キロ離れた後方に配備されることとなった。そして、中央軍集団の最前線の背後には、装甲一個師団と装甲擲弾兵三個師団が配置されたが、このうちフェルトヘルン・ハレ（FHH）装甲擲弾兵師団は、スターリングラードで壊滅した第60自動車化歩兵師団から再編された後、まだ一度も本格的な東部戦線の戦闘に参加しておらず、その戦闘力は未知数だった。

つまり、一九四四年六月のドイツ中央軍集団は、兵力面と運用面の両方にハンデを負った状態で、ソ連軍の大攻勢を正面から受け止める形となったのである。

◆バグラチオン作戦の発動

一九四四年六月二十三日、第1沿バルト方面軍と第2、第3白ロシア方面軍の戦区で猛烈な砲撃と爆撃が開始され、赤軍の夏季大攻勢「バグラチオン」作戦の火蓋が切って落とされた。天候は悪かったものの、赤軍の進撃は着実な進展を見せ、初日の日没までに戦線を一六キロ西へと後退させた。

翌六月二十四日、第1白ロシア方面軍の前線でも攻勢が開始され、ミンスク南東の街ボブルイスクを二方向から挟撃する形で前進していった。

四個方面軍から計二四一万人（ドイツ軍に対する兵力比は二・七対一）もの兵員を投入したソ連軍の攻勢は、まさに破竹の進撃と呼ぶにふさわしいものだった。ヒトラーは、ソ連軍の攻撃兵力が「確地」に吸い寄せられて勢いを失うことを期待していたが、ソ連赤軍の将兵は既に、三年前にドイツ軍が同じ白ロシアの戦域で繰り広げた鮮やかな「電撃戦」から多くのことを学び取っていた。彼らは、ドイツ軍が拠点を築いた「確地」を迂回してすり抜け、迅速な進撃でドイツ軍の後方をズタズタに切り裂いていったのである。

スタフカは、大攻勢の開始に先立ち、空軍の地上攻撃機とパルチザンを大規模に動員して、ドイツ軍の後方砲兵陣地と鉄道線、そして鉄道運行管理用の有線電話網を徹底的に破壊していた。ヒトラーの「確地戦略」で足首を縛られ、さらに血液の循環をも阻害されたドイツ中央軍集団の各師団は、あたかも三年前のソ連軍のように、為す術もなく赤い津波に呑み込まれていった。

六月二十七日の朝、北の要衝ヴィテブスクが包囲攻撃の末に陥落し、六月二十九日には南の要衝ボブルイスクがソ連軍の手に戻った。オルシャとモギレフの「確地」も、それぞれ二十七日と二十八日に失われていた。予想外の展開に驚いたヒトラーは、中央軍集団の南に隣接する北ウクライナ軍集団（一九四四年三月三十日に南方軍集団より改称）の司令

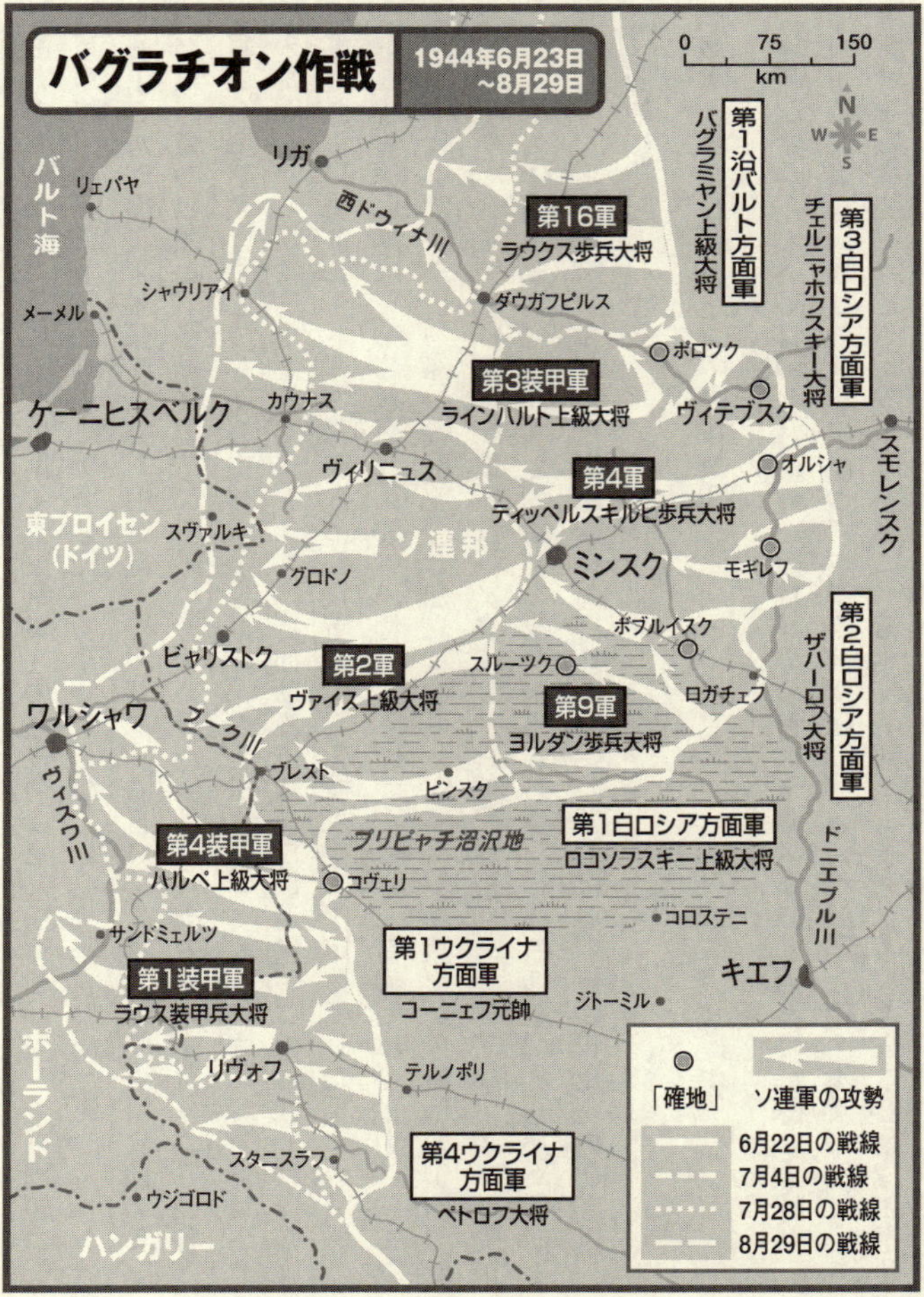

バグラチオン作戦
1944年6月23日
~8月29日
0 75 150
km
N
W E
S
バルト海
リェパヤ
リガ
西ドヴィナ川
第16軍
ラウクス歩兵大将
第1沿バルト方面軍
バグラミヤン上級大将
第3白ロシア方面軍
チェルニャホフスキー大将
シャウリアイ
ダウガフピルス
メーメル
ポロツク
第3装甲軍
ラインハルト上級大将
ヴィテブスク
カウナス
ケーニヒスベルク
スモレンスク
ヴィリニュス
オルシャ
第4軍
ティッペルスキルヒ歩兵大将
東プロイセン
(ドイツ)
スヴァルキ
ソ連邦
ミンスク
モギレフ
グロドノ
第2白ロシア方面軍
ザハーロフ大将
ボブルイスク
ビャリストク
第2軍
ヴァイス上級大将
スルーツク
ロガチェフ
第9軍
ヨルダン歩兵大将
ワルシャワ
ブーク川
ヴィスワ川
ブレスト
ピンスク
第1白ロシア方面軍
ロコソフスキー上級大将
プリピャチ沼沢地
第4装甲軍
ハルペ上級大将
コヴェリ
ドニエプル川
コロステニ
サンドミェルツ
第1ウクライナ
方面軍
コーニェフ元帥
第1装甲軍
ラウス装甲兵大将
キエフ
ジトーミル
リヴォフ
テルノポリ
「確地」
ソ連軍の攻勢
6月22日の戦線
7月4日の戦線
7月28日の戦線
8月29日の戦線
スタニスラフ
第4ウクライナ
方面軍
ペトロフ大将
ウジゴロド
ポーランド
ハンガリー

官モーデル元帥を六月二十八日付で中央軍集団の兼任司令官に任命し、ブレスト周辺に配置した装甲部隊を用いてすぐに反撃を行うよう命令した。

モーデルが中央軍集団の指揮を引き継いだ六月二十八日、スタフカは中央軍集団のミンスク東方での包囲と、機動集団によるモロデチノとバラノヴィチの封鎖を行うよう、各方面軍に命令した。そして、第3白ロシア方面軍司令官チェルニャホフスキーは、奪回されたオルシャからボリソフを経てミンスクへと伸びるモスクワ街道に、この作戦で唯一の戦車軍である、ロトミストロフ元帥の第5親衛戦車軍を投入する決定を下した。

第5親衛戦車軍は、第3親衛と第29の二個戦車軍団から成り、装備戦車の主力は、T34／76型中戦車だった。一部の戦車旅団と独立重戦車連隊には、少数ながら新型のT34／85型中戦車やIS2型重戦車も配備され、アメリカからの武器貸与（レンドリース）で受領したM4A2シャーマン中戦車を装備する戦車旅団もあった。このほか、Su76M型やISU122型、ISU152型などの自走砲も持ち、作戦開始時における戦車と自走砲の総数は、五二四輌に達していた。

◆事実上壊滅したドイツ中央軍集団

作戦開始から十一日目の七月三日、白ロシアの首都ミンスクにソ連軍の部隊が入城し、中央軍集団は全面崩壊の危機に陥った。モーデルは、第5装甲師団と第170歩兵師団（ハス少将）を第3装甲軍と第4軍の間隙部に、第4装甲師団（ベッツェル大佐）と第12装甲師団（ミュラー大佐）、第28猟兵師団（ハイスターマン・フォン・ツィールベルク中将）を第4軍と第9軍の間に派遣して、この戦域に開いた穴を塞ごうと試みた。だが、このモーデルの二次防衛線も、わずか一週間ほどしか持たなかった。

　七月六日には、ブレスト正面の第1白ロシア方面軍左翼でも大攻勢が始まり、七月二十四日にルブリンを占領した第2戦車軍の先頭部隊は、そのままヴィスワ川沿いに北へと転じ、七月二十八日にはワルシャワ市外郭から南東に二五キロしか離れていないコルベルという街に入った。

　白ロシアの北西に位置するバルト三国では、七月十三日にリトアニアの首都ヴィリニュスが陥落し、ソ連第51軍（クレイゼル中将）は、八月二十九日までにリガ湾まで三五キロの地点へと進出して、ドイツ軍の中央と北方の二個軍集団を分断の危機に陥らせた。

　こうして、ソ連軍の「バグラチオン」作戦はほぼ完璧とも言える大成功を収め、東部戦線におけるソ連軍の優位はもはや盤石のものとなった。軍集団としての体裁を完全に喪失したドイツ中央軍集団は、戦死者・行方不明者・負傷者合わせて四〇万人を失い、六月中旬に展開していた三八個師団のうち二八個師団が、戦況地図上から消滅した。

　ソ連軍もまた、この一連の作戦で、一七万八〇〇〇人の戦死・行方不明者と五七万七〇〇〇人の負傷者を出したが、独ソ双方の損害回復力と、攻勢で奪回した土地の広さを考えれば、ソ連側がこの作戦を「大成功」と見なしても不思議ではなかった。

　そして、各方面軍の後方地域では、毎日一〇〇本近い列車と一万輌以上のトラックが、圧倒的なソ連空軍の制空権下で燃料や弾薬を満載して、白ロシアの交通網を血流のように行き来していたのである。

《東欧諸国と東プロイセンの戦い》

◆枢軸同盟国の対ソ戦からの脱落

東部戦線の戦場が、ソ連領内から国境を越えて東欧諸国へと移行すると、これまでヒトラーの側について戦ってきた枢軸同盟国の内部では、大きな政治的動揺が沸き起こった。そして、「バグラチオン」作戦によるドイツ中央軍集団の壊滅と、米英連合軍が一九四四年六月六日に実施したノルマンディ上陸作戦の成功を見て、まず最初にヒトラー陣営からの離脱を選んだのは、バルカン半島東部の国・ルーマニアだった。

バルカン東部地方の戦況は、ソ連軍のルーマニアへの侵攻作戦が開始された八月二十日以降、ソ連側が優勢を保持したまま進展しており、八月二十九日には黒海沿岸の港湾都市コンスタンツァと、ルーマニアで最も重要な石油産出地プロエシュチがソ連軍によって占領されていた。だが、ルーマニアの首都ブカレストでは、ソ連軍による「解放」を待つことなく、八月二十三日に現地の共産主義勢力による親ソ派の革命政権が樹立された。

ルーマニアの新政権は翌八月二十四日、スターリンの思惑通り、ドイツに対して宣戦布告を行った。独ソ開戦以来、枢軸同盟国軍の一翼を担ってきたルーマニア軍が、一転してソ連側の同盟軍となり、ドイツ本国へと進撃を開始したのである。

この離反劇により、戦線を共に維持してきたはずの友軍を突然失ったドイツ第6軍（フレッター=ピコ砲兵大将）は、瞬く間にソ連軍とルーマニア軍によって包囲され、壊滅的な打撃を受けて西の方角へと撤退した。

一九四四年六月八日に、カレリア地方でソ連軍の大規模な攻勢に晒されていたフィンランドでも、政治的な判断と無縁ではいられなかった。ソ連軍の攻勢は、八月十日には停止していたものの、フィンランド軍が失った領土を回復できる望みは皆無に等しかった。

もはや対ソ戦争に意義を見失ったフィンランド政府は、八月二十五日にソ連側へと休戦を申し込んだ。九月四日、フィンランド政府がドイツとの協力関係の断絶を宣言すると、スターリンは翌日フィンランド方面のソ連軍全部隊に軍事行動の停止を命じた。そして、九月十九日にはモスクワでフィンランド=ソ連間の休戦協定が調印され、フィンランドは第二次世界大戦の舞台を去ることとなった。

しかし、フィンランド領内の北極圏地方には、いまだレンドゥリク上級大将率いるドイツ第20山岳軍の三個軍団（第18、第19、第36山岳猟兵軍団）が展開しており、ソ連軍は酷寒の地で作戦行動を継続することを余儀なくされた。

十月七日、シチェルバコフ中将に率いられた第14軍の九万七〇〇〇人が北緯六九度〜七〇度の戦線で攻撃を開始し、十月十五日にはフィンランド北端の港街ペツァモを占領、同月二十五日にはノルウェー領の港キルケネスがソ連軍の支配下に入った。

補給拠点の港湾を失ったドイツ軍は、ノルウェー領内への全面撤退を開始し、フィンランド領内のドイツ軍部隊は、十二月までにほぼ一掃された。そして、ルーマニアとフィンランドが脱落したことで、ドイツの盟友として枢軸陣営に残る有力な同盟国は、事実上ハンガリーただ一国となった。

◆ブダペスト包囲救出作戦

ハンガリーの国家元首ホルティは、一九四四年九月六日～七日の会議をきっかけに戦争からの離脱を検討し始め、同月末には西側連合軍司令部に休戦協定の交渉を打診した。

だが、この動きを察知したドイツ側は、SSの特殊任務部隊をハンガリーに派遣する一方、十月十四日にドイツと関係の深いファシストの武装勢力「矢十字党」にクーデターを敢行させてホルティを失脚に追い込み、ハンガリーの政権を掌握させることに成功した。

ヒトラーを崇拝する「矢十字党」の政権奪取によって、ハンガリーはドイツ第三帝国と一蓮托生《いちれんたくしょう》の体制となり、対ソ単独講和の可能性は完全に失われた。だが、それはハンガリーの国土が、情け容赦のない独ソ戦の戦場となることを意味していた。

ハンガリー正面のソ連軍部隊を統括していたのは、マリノフスキー元帥率いる第2ウクライナ方面軍だったが、彼は十月六日、ハンガリー領内に向けて総攻撃を開始した。

第2ウクライナ方面軍は、この時点でルーマニア軍の三万五〇〇〇人を含む六〇万人の兵力を擁していた。しかし、山岳地帯を越えて長距離の行軍を続けてきた同方面軍の補給線は、この頃には限界近くまで伸びきっており、十一月五日には首都ブダペストの直前まで迫ったソ連軍部隊のほとんどが、弾薬不足によって攻撃中止を余儀なくされていた。

敵の進撃が停滞している間に、ドイツ第6軍の残存部隊とハンガリー第3軍（ツァタイ大将）は態勢を立て直して、大量の資材をブダペスト市内に搬入し、同市内をスターリングラードと同様の要塞化都市へと変貌させてしまった。

もはやブダペストの早期攻略は不可能と判断したスタフカは、防備の堅い同市を迂回して包囲し、前線を西へと進出させる作戦に切り替えた。十二月二十六日、ソ連軍のブダペスト包囲は完了し、ドイツ・ハンガリー軍合わせて七万人（実質六個師団）の兵力が、包囲環の中に閉じこめられた。

一九四五年一月一日、ドイツ南方軍集団（一九四四年九月二十日に南ウクライナ軍集団より改称）の司令官ヴェーラー歩兵大将は、ブダペスト包囲陣の救出作戦を開始した。ヘルベルト・オットー・ギレSS大将率いる第4SS装甲軍団の四個装甲師団（第6、第8、第3SS「トーテンコップフ」、第5SS「ヴィーキング」）と第509重戦車大隊（Ⅵ号Ⅱ型「ケーニヒス・ティーガー」重戦車を四五輛装備）を主力とする攻撃部隊は、ソ連第46軍（シュレーミン中将）の戦線を突破し、一月十一日には包囲環まで約一五キロの位置にまで進出したが、険しい地形と方面軍予備兵力の投入によって間もなく頓挫させられた。

その間にも、ソ連軍のブダペストへの包囲攻撃は続き、一月十八日までには同市のドナウ川東岸地域（ペスト地区）が赤軍の支配下に入った。そして二月十一日、ドナウ川西岸のブダ地区に残るドイツ軍とハンガリー軍の混成部隊が西方への脱出作戦を開始したことにより、ハンガリーの首都ブダペストはソ連軍によって陥落させられたのである。

だが、首都を失ったにもかかわらず、ハンガリー軍は降伏という道を選ぶことなく、赤軍との戦いを続行した。一九四五年四月にハンガリー全土がソ連軍に占領されると、もはや本国政府も帰る場所もないハンガリー軍部隊は、隣国オーストリア領内へと退却した。彼らはそこで、ドイツ第三帝国最後の日まで、頑強な抵抗を続けることになる。

◆ポーランドと東プロイセンの占領

一九四五年一月十二日の朝、ヴィスワ川沿いの第1ウクライナ方面軍の前線で、ソ連軍砲兵による一斉砲撃が開始され、西へと向かう新たな大攻勢が開始された。

赤軍のベルリン攻略戦の前段階となるこの大攻勢は、五個方面軍によって実施される計画だったが、その先陣を切ってコーニェフ元帥の第1ウクライナ方面軍が、サンドミールの橋頭堡から南ポーランドへと出撃したのである。続いて一月十三日、ヴァシレフスキー元帥の第3白ロシア方面軍が東プロイセンを南方から包囲・挟撃すべく、ナレフ川を渡河して北西方向へと進撃を開始した。

そして、ジューコフ元帥率いる第1白ロシア方面軍は、一月十四日にワルシャワ南方のマグヌッツェフとプラービの両橋頭堡から攻勢を開始し、一月十七日には赤軍の指揮系統に編入されて戦っていた（親ソ派のポーランド兵から成る）ポーランド第1軍の部隊が、廃墟と化したワルシャワを解放した。コーニェフの南隣では、ペトロフ上級大将の第4ウクライナ方面軍が、スロヴァキア領内を西に向かって進撃していた。

ポーランドの正面に展開していたのは、ヨーゼフ・ハルペ上級大将率いるドイツA軍集団（一九四四年九月二十日に北ウクライナ軍集団より改称）指揮下の四個軍（第9、第17、第1装甲、第4装甲）だったが、先の「バグラチオン」作戦で半ば壊滅した名称だけの師団や、敗残兵を寄せ集めた応急編成部隊が兵力の大半を占めていた。

しかし、ヒトラーは一月十六日に、西部戦線から引き抜いた貴重な装甲兵力（ディートリヒSS上級大将の第6SS装甲軍）をポーランド正面ではなくハンガリーに投入（後述）するとの命令を下したため、ポーランドを前進するソ連軍部隊は目立った抵抗に遭遇することもなく、二月二日までにはオーデル川以東のポーランド領の大半が、ソ連軍の占領地域へと併呑《へいどん》されていった。

ハンガリーで苦戦を続けていたマリノフスキーの第2ウクライナ方面軍は、結果的にドイツ軍の反撃兵力をハンガリー戦線へと誘引する効果をもたらし、ベルリン正面の大攻勢を間接的に助けることになったのである。

一方、東プロイセンへの攻勢を開始したヴァシレフスキーの第3白ロシア方面軍は、一月十三日から十四日にかけて、ロコソフスキーの第2白ロシア方面軍、バグラミヤンの第1沿バルト方面軍と共に、三方向から一五個軍を放ち、ドイツ中央軍集団（ラインハルト

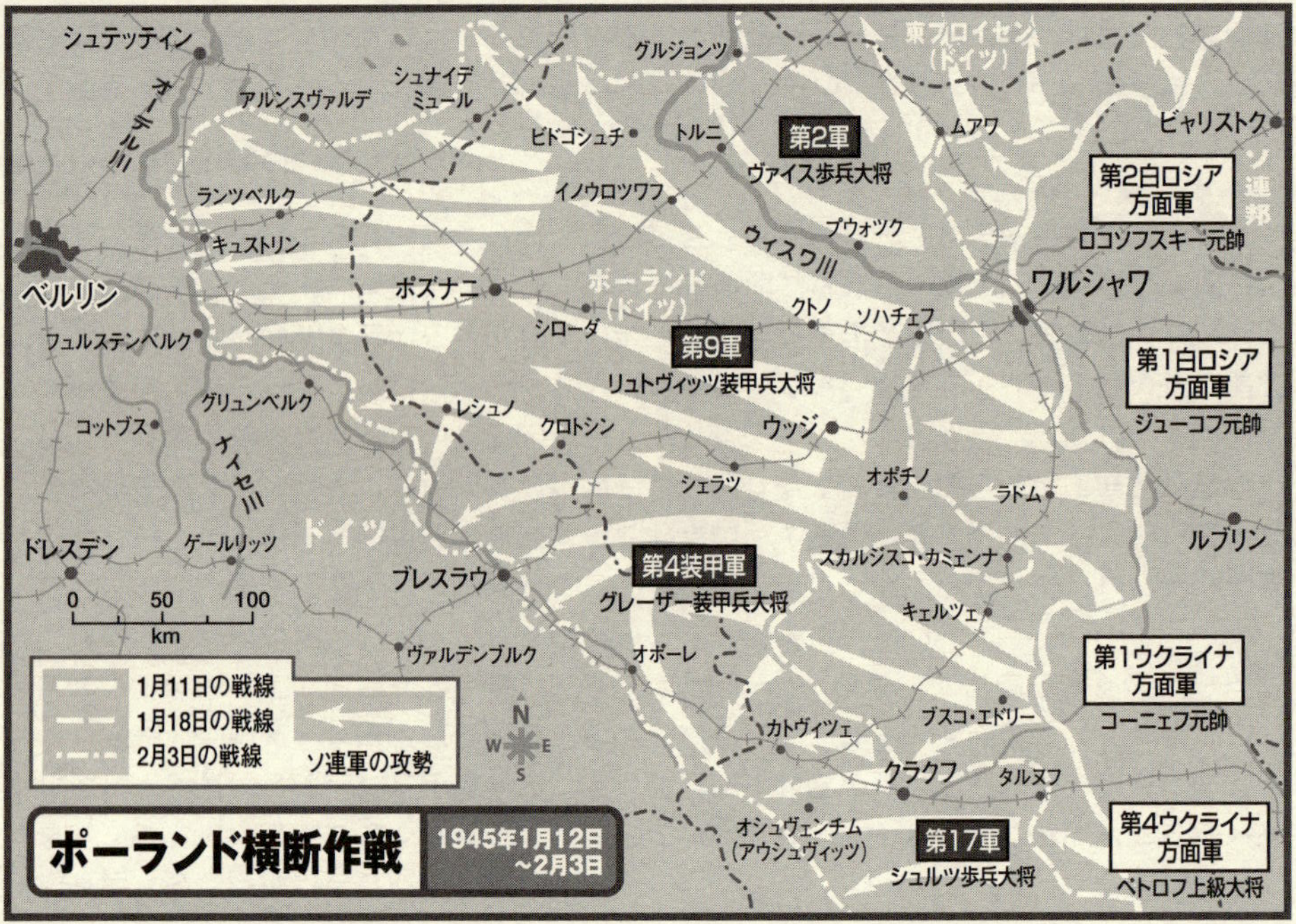
ポーランド横断作戦
1945年1月12日
~2月3日
1月11日の戦線
1月18日の戦線
2月3日の戦線
ソ連軍の攻勢
0
50
100
km
N
W
E
S
シュテッティン
オーデル川
アルンスヴァルデ
シュナイデミュール
グルジョンツ
東プロイセン
(ドイツ)
ビドゴシュチ
トルニ
第2軍
ヴァイス歩兵大将
ムアワ
ビャリストク
ソ連邦
第2白ロシア
方面軍
ロコソフスキー元帥
ランツベルク
イノウロツワフ
プウォツク
キュストリン
ヴィスワ川
ベルリン
ポズナニ
ポーランド
(ドイツ)
ワルシャワ
クトノ
ソハチェフ
シローダ
フュルステンベルク
第9軍
リュトヴィッツ装甲兵大将
第1白ロシア
方面軍
ジューコフ元帥
グリュンベルク
レシュノ
クロトシン
ウッジ
コットブス
ナイセ川
シェラツ
オポチノ
ラドム
ドイツ
ルブリン
ドレスデン
ゲールリッツ
ブレスラウ
第4装甲軍
グレーザー装甲兵大将
スカルジスコ・カミェンナ
キェルツェ
ヴァルデンブルク
オポーレ
第1ウクライナ
方面軍
コーニェフ元帥
ブスコ・エドリー
カトヴィツェ
クラクフ
タルヌフ
オシュヴェンチム
(アウシュヴィッツ)
第17軍
シュルツ歩兵大将
第4ウクライナ
方面軍
ペトロフ上級大将

上級大将）の防衛線に襲いかかった。

ドイツ軍は、この戦域にラウス上級大将の第3装甲軍と、ホスバッハ歩兵大将の第4軍、ヴァイス上級大将の第2軍に所属する計四二個師団を展開していたが、東と南から押し寄せるソ連軍と守るドイツ軍の兵力比は、将兵の数で二・一対一（ソ連側一六六万九一〇〇人に対し、ドイツ側は民間人の志願兵を含め七八万人）、戦車／自走砲の数では五・五対一（ソ連側三八五九輛に対し、ドイツ側七〇〇輛）に達していた。

第二次世界大戦が開始される以前からの、純然たるドイツ領土である東プロイセンの戦いにおいて、ドイツ軍の各部隊はソ連軍の攻勢初日から頑強な抵抗を見せ、一部では果敢にも戦車を用いた反撃すら繰り広げた。しかし、数少ない精鋭部隊による局地的な優勢だけでは、戦局全体を変えることはできなかった。

ソ連側は一月二十七日までに、ケーニヒスベルクとハイリゲンベイルを中心とする幅六〇キロ、長さ一二〇キロほどの袋状地へとドイツ軍部隊を押し込むことに成功した。陸路での退路を失ったドイツ軍の守備隊は、これ以降も各地に拠点を築いて粘り強い抵抗を見せたが、四月二十五日には東プロイセンの全域が、ソ連軍によって制圧された。

◆オーデル川で停止したソ連軍

一九四五年一月三十一日、快調な進撃を続けるジューコフの第1白ロシア方面軍の先頭部隊は、遂にベルリン前面に立ちはだかる最後の大河オーデル川を渡河し、対岸に橋頭堡を確保することに成功する。

ベルリンから直線距離で七〇キロの地点まで迫ったジューコフは、繰り返しスターリンに電話を入れ、このまま攻勢を続行させてほしいと要請した。しかし、スターリンの作戦指導は戦争の終盤に入って慎重さを増し、ジューコフの要請はにべもなく却下された。

「第1と第2白ロシア方面軍の境界が伸びきっているのは危険だ。ロコソフスキーが東プロイセンでの作戦を終えて、そちらの戦線に合流するまで待て」

ベルリンという大きな獲物を目前にして、待機を命じられた第1白ロシア方面軍の前線部隊は、攻撃開始命令を今か今かと待ち続けた。

しかし、二月十六日に第1白ロシア方面軍の右翼でドイツ軍の反撃「冬至（ゾンネンベンデ）」作戦が実施されると、ジューコフもまた事態の危険性を認識し、伸びきった側面を強化すべく兵力の再配置を行うのと共に、方面軍に所属する各軍の作戦目標を、オーデル川東岸に残る敵部隊の一掃へと変更させた。

「冬至」作戦とは、陸軍参謀次長ヴェンク中将が実質的に立案・実行した、ソ連第1白ロシア方面軍の側面に対する機動反撃作戦で、SS装甲擲弾兵師団四個（第11SS「ノルドラント」、第23SS「ネーダーラント」、第27SS「ランゲマルク」、第28SS「ヴァローニエン」）と装甲師団「ホルシュタイン」がこの作戦に投じられた。しかし、燃料と弾薬が三日分しか用意されておらず、また攻撃開始三日目の二月十八日には雪解けで地面が泥沼と化したため、攻撃部隊は最大でも五キロほどしか前進できなかった。

結局、「冬至」作戦そのものは、攻撃側の準備不足とソ連第2親衛戦車軍（ボグダノフ戦車兵大将）の抵抗により、完全な失敗に終わった。だが、ドイツ軍の指揮官自身が「敵は我々が反撃したことに気づいてくれただろうか」と危惧したほど尻すぼみに終わったこの反撃は、期せずしてソ連軍の戦略を大きく転換させ、首都ベルリンの防備を固める時間をドイツ軍のヴァイクセル軍集団に与えるという間接的効果をもたらしたのである。

◆ドイツ軍の最後の大攻勢「春の目覚め」作戦

ジューコフの第1白ロシア方面軍が、ドイツの首都ベルリンを目前にして足踏みをしていた頃、その南方のハンガリーでは、この戦争で事実上最後となる、ドイツ軍装甲部隊の大攻勢「春の目覚め（フリューリングスエルヴァッヘン）」作戦が実施されていた。

ヒトラーが、ドイツから遠く離れたハンガリー戦域で新たな攻勢を行わせた理由は、二つ存在した。一つは、この戦域で攻勢を行うことにより、ベルリン方面に向かうソ連軍の戦力を側面に分散させる効果を期待したこと。そしてもう一つは、ハンガリーのバラトン湖南西に存在するナジカニジャ油田とその周辺の精油所の保持だった。

ハンガリーは、同国で産出される石油（一九四三年の時点で年間約八五万トン）の半分以上と、航空機の製造に不可欠なアルミニウムの原料となるボーキサイト（同一〇〇万トン）の約九割を、同盟国であるドイツ向けに輸出しており、ヒトラーにとっては絶対に失うわけにはいかない、戦争経済の「最後の生命線」だったのである。

だが、現実にはこの頃のドイツ軍装甲部隊にはもはや、かつてのような電撃的攻勢で戦局を大きく挽回できるような能力は残されていなかった。

例えば、攻撃の主力を担う第6SS装甲軍（ディートリヒSS上級大将）の稼動戦車数は、一九四五年三月一日時点でわずか二七八輌に過ぎなかった。

また、この時期に武装SS師団へと補充された兵員の大半は、独ソ戦前半のような精鋭の兵士ではなく、空軍と海軍から徴用された地上戦闘の経験がない「転職組」であり、それでも足りない分は未成年者で埋められていた。一九四一年から一九四三年の東部戦線で戦闘を指揮した経験を持つ、ベテランSS将校の多くは、一九四四年夏の西部戦線のノルマンディ戦と同年冬のアルデンヌ戦で戦死するか、または敵の捕虜となっていた。

一九四五年三月六日、予定通りにドイツ軍の「春の目覚め」作戦が開始されたが、戦場一帯は既に春の雪解けでぬかるんだ状態にあり、迅速な突破転進などは不可能だった。三二輌のケーニヒス・ティーガー重戦車を装備する第509重戦車大隊では、あまりにも重い車重のため、泥沼に沈み込んで出られなくなる戦車が続出した。

第6SS装甲軍の第1SS装甲軍団（プリースSS中将）は、作戦開始から九日後の三月十五日、攻勢発起点から二五キロほど南東に位置するシモントルニャにようやく到達した。だが、ビットリヒSS中将に率いられた第2SS装甲軍団の前進距離は、わずか八キロほどに留まっていた。ドイツ軍の攻勢は、ソ連軍にとってはさほど深刻な脅威とはならず、従ってスタフカがベルリン正面の兵力をハンガリー方面へ転用するという、ヒトラーが期待したような効果は生じなかった。

そして、三月十六日にソ連第3ウクライナ方面軍が反撃攻勢に転じると、ディートリヒはヒトラーの命令を無視して独断で攻勢継続を中止し、部隊を西へと撤退させた。

これにより、第6SS装甲軍はソ連軍の新たな包囲から逃れることができたが、それと引き換えに、ドイツ軍最後の大攻勢は、ほとんど成果がないまま中止されたのである。

《ソ連赤軍最後の大攻勢》

◆ベルリン攻略の策を練るスターリン

一九四五年一月末にオーデル河畔のキュストリンで攻防戦が始まった時、ジューコフの第1白ロシア方面軍に充分な支援と補充兵、そしてスタフカからの攻撃命令が与えられていれば、ベルリン占領は遅くとも三月には可能だったと言われている。

だが、スターリンは熟考の末、軍事上の判断に加えて、より高度な政治的判断から、ベルリンへの直接攻撃を一か月以上も遅らせる方策を選んだ。

もし、ドイツ国内の主要な都市をほとんど占領しないまま、ベルリンだけを占領してドイツを降伏させた場合、非占領地に住むドイツ国民が、占領軍としてのソ連の威信を受け入れない可能性は充分にあったからである。また、戦後の西側諸国に対して、対ドイツ戦の戦勝国としての政治的影響力を保持するためには、ドイツ南東部の工業都市ドレスデンやチェコスロヴァキアの首都プラハなど、東欧の主要地域をソ連軍が占領下に置いた上で戦争が終結したという既成事実を作っておく必要があった。

しかしその一方で、ベルリン攻略を延期する場合の危険性についても、スターリンは理解していた。とりわけ彼を不安にさせたのは、ソ連軍がベルリン市内へと足を踏み入れる前に、ドイツ国防軍の高官を中心とする反ヒトラー（＝親西側）の「民主主義ドイツ新政府」がベルリンに樹立されて、彼らが西側連合国との間で単独講和を結ぶという、ソ連側にとって最悪とも言える結末を迎える可能性だった。

実際、赤軍情報部や内務人民委員部から寄せられる報告書は、ドイツ軍高官の一部が秘密裏に西側連合軍と接触を持ち始めていることを示していた。もはや無制限のベルリン攻略延期は得策ではない。そう考えたスターリンは、キュストリンとその周辺地域が確保された三月三十一日、遂に決断を下した。

モスクワの参謀本部で、ジューコフと第1ウクライナ方面軍司令官コーニェフからベルリン作戦の準備についての報告を受けたスターリンは、大筋においてそれぞれの方面軍計画に同意を与え、翌四月一日の夕方に正式な命令書を発令した（第1ウクライナ方面軍への命令書は四月二日付で発令）。ドイツ国家の崩壊を作戦目標とする赤軍の最後の総攻撃は、四月十六日に第1白ロシア・第1ウクライナ両方面軍によって開始され、四日後の四月二十日には右翼の第2白ロシア方面軍がこれに加わる予定だった。

◆ドイツ軍のオーデル＝ナイセ防衛線

一九四五年四月上旬までに、ソ連側がオーデル川とその上流のナイセ川流域に展開した総兵力は、三個方面軍の合計として約二五〇万人（このうち補助的な役割しか与えられていなかった第2白ロシア方面軍の第19軍と第5親衛戦車軍、および第1・第2ポーランド軍を除いた人員数は約一九〇万人）で、支援兵力として戦車／自走砲六二五〇輌、航空機七五〇〇機、火砲四万一六〇〇門、カチューシャ砲三二五五基が前線に配備されていた。

一方、来るべきソ連軍大攻勢の矢面に立たされるオーデル＝ナイセ川沿いの戦線では、地形を最大限に活用したドイツ軍の陣地線が縦深《じゅうしん》に構築されていた。とりわけ、キュストリンからベルリンへと直進する街道一号線の要衝ゼーロウ付近では、台地状に起伏した地形の稜線からオーデル川までの平原が一望の下に見渡せる射線を設定可能であり、ドイツ軍はこの高地帯を中心に数本の防衛線を形成していた。

オーデル川流域のドイツ軍部隊を統括していたのは、ゴットハルト・ハインリーチ上級大将を長とするヴァイクセル（ヴィスワ）軍集団司令部だった。

ヴァイクセル軍集団は、ハッソ・フォン・マントイフェル装甲兵大将の第3装甲軍と、テオドール・ブッセ歩兵大将の第9軍から成り、第3装甲軍は第27軍団（三個師団）、第32軍団（三個師団）、第46軍団（二個師団）、第3SS装甲軍団（二個師団）の四個軍団（一〇個師団）と若干の予備兵力（第28SS装甲擲弾兵師団「ヴァローニエン」など）で構成されていた。

その南方で、ゼーロウ高地からオーデル川に至る平原、すなわちジューコフの第1白ロシア方面軍と対峙する最も重要な正面を守るドイツ第9軍は、第101軍団（四個師団）、第56装甲軍団（三個師団）、第11SS装甲軍団（三個師団）、第5SS山岳猟兵軍団（三個師団）の四個軍団（一三個師団）が北から順に布陣しており、後方には装甲擲弾兵師団「クルマーク」や第18装甲擲弾兵師団、第502SS重戦車大隊（二九輌のケーニヒス・ティーガーを装備）などの予備兵力が配備されていた。また、ゼーロウ高地上には、第404、第406、第408の三個国民砲兵軍団（各五個大隊）の砲列が敷かれ、眼下に広がる平原に砲口を向けていた。

だが、ドイツ軍の各師団の兵員数は、一九四五年型編成の定数一万二〇〇〇人に対し、それぞれ四〜六〇〇〇人という有り様で、戦車の台数も、第9軍全体で五一二輌、第3装甲軍は二四二輌に過ぎなかった。さらに致命的なのは火砲の数で、第9軍は高射砲を含めても七〇〇門前後しか保有しておらず、さらに弾薬も携行定数を大きく割り込んでいた。

最後の決戦を目前にして、ベルリン前面のドイツ軍はもはや充分な防衛作戦を行える能力を有してはいなかった。防衛陣の主力である第9軍の兵員総数は実質九万人ほどしかおらず、左翼の第3装甲軍と右翼の第4装甲軍（中央軍集団所属）を加えてもなお、ドイツ軍は兵員数で敵の十分の一という圧倒的な劣勢に立たされていたのである。

◆失敗したジューコフの第一撃

一九四五年四月十六日の午前四時、オーデル川流域に展開したソ連軍砲兵部隊がいっせいに砲撃を開始した。一九三九年から六年間続いた第二次欧州大戦の最終章となる、ソ連軍のベルリン攻略作戦が開始されたのである。

約三〇分続いた砲爆撃の後、ソ連軍の地上部隊による前進が開始された。だが、作戦初日における第1白ロシア方面軍の攻撃は、惨憺たる結果に終わった。ハインリーチの巧みな計略（敵の総攻撃を予期して前夜のうちに前線の将兵を第二線に退避させていた）により、ドイツ軍の守備隊は砲撃の被害を最小限に食い止めることに成功し、砲撃後に敵陣へと突入したソ連軍狙撃兵は、予想外の激しい防御射撃に遭遇したのである。

前線部隊の苦戦を見て動揺したジューコフは、ベルリンへの進撃計画に遅延が生じることを恐れて、方面軍の予備として後方に待機していた第1親衛戦車軍（カトゥコフ大将）と第2親衛戦車軍（ボグダノフ大将）を前線に投入する命令を下した。

ところが、第一線を担う第8親衛軍（チュイコフ大将）が敵前線の突破を果たす前に、大量のソ連軍戦車部隊が戦線背後の道路上に現れたため、第8親衛軍の後方では大渋滞が発生した。とりわけ、支援砲兵の歩兵への追随が不可能となったのは致命的で、第8親衛軍の狙撃兵部隊は、作戦初日の目標であるゼーロウ高地の麓にすらたどり着けないまま、前進を停止させられていた。

ゼーロウ高地の突破を試みる赤軍にとって、とりわけ厄介だったのは、高低差四〜五〇メートルもある稜線の奥から砲弾を撃ち込んでくるドイツ軍砲兵の存在だった。ジューコフは、方面軍の全砲兵戦力をこの正面に向けて、集中砲撃の準備を進めさせた。

四月十七日の早朝、第1白ロシア方面軍はゼーロウ高地に対する強襲を再開した。方面軍砲兵司令官カザコフ大将の下、突破砲兵四個師団と親衛迫撃砲（カチューシャ）一個師団に所属する各種重砲が、砲口をゼーロウ高地に向けて次々と砲弾を叩き込んだ。

初日の戦闘でドイツ軍防衛線に穿《うが》たれた亀裂は、夜のうちに到着した機動予備部隊（第18と第25の二個装甲擲弾兵師団）によって埋められており、ソ連軍の将兵は各所で前日にも増して激しい抵抗に直面することとなった。だが、ドイツ軍部隊は各地で奮闘を続けたものの、第9軍が前線の補強に投入できる予備兵力は、早くも底を尽き始めていた。

四月十八日になると、ドイツ軍の防衛線は大きく後退し、戦いはゼーロウ高地の周辺から、ミュンヘベルク一帯に構築された新たな陣地「ヴォータン線」へと移行していった。

ようやくベルリンに向けた進撃を開始したジューコフだったが、彼の心中は穏やかなものではなかった。南方で同時に攻勢のスタートを切ったイワン・コーニェフ率いる第1ウクライナ方面軍が、鮮やかな快進撃を行って、スターリンを喜ばせていたからである。

コーニェフの部隊は、四月十六日にナイセ川を渡河した後、続く二日間で三〇キロ近い進撃を行ってシュプレー川を渡り、十九日にはシュプレンベルクの街に入った。小規模ながら数多くのドイツ軍機動予備部隊が後方に待機していたジューコフの正面とは異なり、第1ウクライナ方面軍の対峙する第4装甲軍（グレーザー装甲兵大将）の後方には訓練途中の二線級部隊（第404補充兵師団など）がいくつか点在しているに過ぎなかった。

第1白ロシア方面軍の苦戦を知ったスターリンは、コーニェフの戦車軍に具体的な作戦目標を与えた。「貴官の戦車部隊を、ただちにベルリンへと進撃させたまえ！」

敵の首都ベルリンを目指すレースで、ジューコフは完全に出遅れてしまった。だが、彼の軍勢と対峙するドイツ第9軍には、もはや拠点を保持する戦力は残されていなかった。

第1白ロシア方面軍の前線部隊は、行く手を阻むドイツ軍部隊をブルドーザーのように押し込みながら、ベルリンまでの距離を一キロずつ縮めていったのである。

《包囲されたベルリン》

◆ドイツ軍のベルリン防衛計画

第1白ロシアと第1ウクライナの両方面軍の攻勢開始から四日が経過した、四月二十日の午前六時、オーデル川戦線最北部に位置するドイツ第3装甲軍の戦線で、ロコソフスキー元帥率いる第2白ロシア方面軍の総攻撃が開始された。

この戦区の防衛線を守っていたドイツ軍は、弱体化した歩兵師団の残余（師団長名がそのまま付けられた「レデブール師団戦闘団」や「クロージック師団戦闘団」など）や寄せ集めの特殊任務部隊だけで、数少ない機動予備兵力だった第11SS装甲擲弾兵師団「ノルドラント」や第23SS装甲擲弾兵師団「ネーダーラント」は、既にベルリン東方の第9軍の戦線へと送られてしまっていた。第2白ロシア方面軍の攻勢は、オーデル川とそれに並行して流れる運河に手こずりながらも、着実に西方へと地歩を拡げていった。

ベルリン市内では、総統ヒトラーの五六回目の誕生日である四月二十日を祝って、帝国官房に参集した首脳陣による盛大なパーティが開かれていた。誕生日パーティの後、ヒトラーは前日夜の戦況報告会での決定に従い、ベルリン防衛戦に備えた態勢強化を命令した。

報告によれば、この時点でベルリン市の防衛に投入できる兵員数は、国防軍の正規兵一二個大隊に、国民突撃隊（フォルクス・シュトルム：応急の軍事訓練を受けた民間人から成る民兵組織）六九個大隊の計四万一二五三人となっていた。そして、暗号名「クラウゼヴィッツ」の発令から六時間以内に徴募可能な予備兵力として、国防軍二二個大隊と国民突撃隊四七個大隊、合わせて五万二八四一人が見込まれていた。

しかし、総数九万四〇〇〇人にのぼる兵員に割り当てられる火器は、小銃四万二〇〇〇丁、短機関銃七七〇丁、軽機関銃二〇〇〇丁に過ぎなかった。しかも、徴募兵員数はあくまで当局による「見込み」であり、実際にその人数が集まるかどうかは不明だった。

四月二十一日の午後、戦況図を睨《にら》んでベルリン北方の部隊配置を仔細《しさい》に研究していたヒトラーは、新たな希望の光を見出していた。

「第3SS装甲軍団長フェリクス・シュタイナーSS大将の下に『シュタイナー軍支隊』を編成させ、そこに第4SS警察師団や第5猟兵師団、第25装甲擲弾兵師団を編入して、北方からベルリンへの救出作戦を行わせよ。西方への退却は、全部隊にこれを厳禁する。この指示に無条件に従わぬ将校は逮捕の上、即座に銃殺すべし」

この命令を受けて一番驚いたのは、他ならぬシュタイナー本人だった。

「そんな作戦を行える状況にあると本気でお考えなのか、総統は？」

彼の手許にある兵力といえば、第4SS警察師団に所属する二個警察大隊のみで、反撃に使える重火器などは全く装備していなかった。そして、第5猟兵師団と第25装甲擲弾兵師団は、既に最前線で消耗しながら戦っており、第3海兵師団が交替として到着するまでは前線から引き抜くこともできなかった。

◆ドイツ第9軍の西方への脱出

四月二十三日の朝、孤立状態にある第9軍司令官ブッセは、上官である軍集団司令官ハインリーチに電話で報告を入れた。

「今こそ、軍を後退させる最後のチャンスです」

ブッセは、電話がヒトラーに近い筋に傍受されている場合に備えて「……ベルリン周辺の戦線を維持するためにも」との言葉を添えることを忘れなかった。

ハインリーチは、同日昼頃に陸軍参謀総長ハンス・クレープス歩兵大将を電話で呼び出し、第9軍の後退許可を総統に出してもらうよう頼んだ。何度かのやりとりの末、クレープスは午後二時五五分にヒトラーの決定を伝えてきた。

「第9軍の北東部隊を、新たな防衛線に後退させることに、総統は同意なさいました」

しかし、これは第9軍全体の西方への脱出を認めるものではなかった。「そんなことをすれば、敵は戦車を大量投入できるようになりますからな。後退させるのは第9軍の北東部にいる部隊のみです。すぐにヴェンクの攻撃による成果が表れることでしょう」

ヒトラーは四月二十二日、ヴァルター・ヴェンク装甲兵大将の第12軍（書類上の兵力は五個師団）を西部戦線から撤退させ、北東のベルリンへと向かわせるという命令を発して

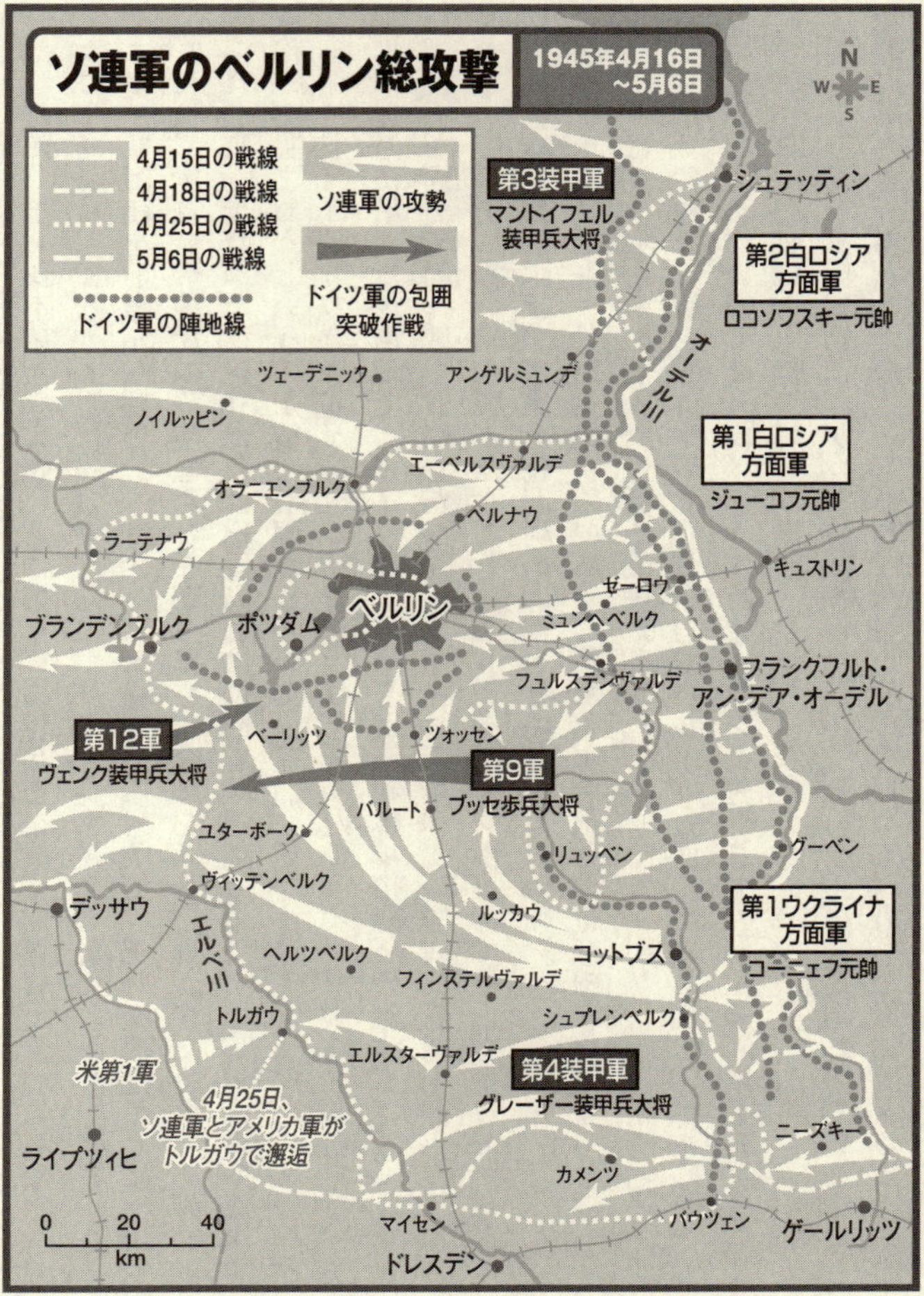

ソ連軍のベルリン総攻撃
1945年4月16日～5月6日
N
W
E
S
4月15日の戦線
4月18日の戦線
4月25日の戦線
5月6日の戦線
ドイツ軍の陣地線
ソ連軍の攻勢
ドイツ軍の包囲突破作戦
第3装甲軍
マントイフェル装甲兵大将
シュテッティン
第2白ロシア方面軍
ロコソフスキー元帥
オーデル川
ツェーデニック
アンゲルミュンデ
ノイルッピン
第1白ロシア方面軍
ジューコフ元帥
エーベルスヴァルデ
オラニエンブルク
ベルナウ
ラーテナウ
キュストリン
ゼーロウ
ベルリン
ミュンヘベルク
ブランデンブルク
ポツダム
フランクフルト・アン・デア・オーデル
フュルステンヴァルデ
第12軍
ヴェンク装甲兵大将
ベーリッツ
ツォッセン
第9軍
ブッセ歩兵大将
バルート
ユターボーク
リュッベン
グーベン
ヴィッテンベルク
デッサウ
エルベ川
ルッカウ
第1ウクライナ方面軍
コーニェフ元帥
ヘルツベルク
コットブス
フィンステルヴァルデ
トルガウ
シュプレンベルク
エルスターヴァルデ
第4装甲軍
グレーザー装甲兵大将
米第1軍
4月25日、ソ連軍とアメリカ軍がトルガウで邂逅
ニーズキー
ライプツィヒ
カメンツ
0 20 40 km
マイセン
バウツェン
ゲールリッツ
ドレスデン

いた。だが、そんな不確かな楽観と共に第9軍の将兵を奈落に突き落とすつもりなど、ハインリーチには毛頭なかった。彼はただちにブッセに命令を下した。

「まず一個師団を前線から抽出し、ヴェンク軍を迎える目的で、それを西進させよ」

これは、総統命令違反の危険を避けながら第9軍全体を西へと逃がすための、巧妙に考えられた第一歩だった。目立たぬよう段階的に師団を後退させることで、退却の既成事実を作ってしまおうというのが彼の計画だったのである。

四月二十四日、市の南東部からベルリン市内へと入ったチュイコフの第8親衛軍は、テルトウ運河に沿った市街地で、ルイバルコの第3親衛戦車軍部隊と合流することに成功した。巨大な両翼包囲作戦を展開したジューコフとコーニェフの前衛部隊同士が、遂にベルリン市内で手をつないだのである。これにより、ベルリン南東部で抵抗を続けているドイツ第9軍の主力部隊は、事実上包囲環の内部へと閉じこめられた。

四月二十五日、丸一日間途絶状態にあった第9軍司令部との電話線が復旧すると、ハインリーチはブッセからの悲壮な電話を受けた。

「第9軍は猛烈な攻撃を受けつつあり、全力でバルート方面に突破します。ベルリンはもはや撤退の支えにはなりません。わが軍はチャンスを逃しました。ソ連軍が街道に達していますから、明日はもう無理でしょう」

ハインリーチは、電話口でブッセに語りかけた。「(ヒトラーによる退却の禁止命令は)犯罪に等しき行為だったな。ともあれ、全員が秩序を保って西方へと撤退できるよう配慮してくれ。我々も総力を挙げて脱出を支援する。成功を祈るぞ」

◆ドイツ第3装甲軍の崩壊

完全に包囲されたベルリン市街に対するソ連軍の本格的な強襲が始まったのは、四月二十六日の朝だった。突撃工兵と重自走砲に支援されたソ連軍の狙撃兵部隊が、ドイツ兵の立て籠もる頑強な石造建造物の一軒一軒に襲いかかり、三年前のスターリングラードを彷《ほう》彿《ふつ》とさせる熾烈な市街戦の幕が切って落とされた。

この時点でベルリン市内に残っていたドイツ軍部隊は、「ミュンヘベルク」装甲師団と第11SS装甲擲弾兵師団「ノルドラント」、第18装甲擲弾兵師団の残党が保有する五〇輌ほどの戦車・突撃砲に加え、ヴィルヘルム・モーンケSS大佐に率いられた約一〇〇〇人のSS義勇兵、そしてパンツァーファウスト（携帯用の対戦車擲弾発射器）の応急訓練を受けた婦人たちを含む一般市民だけだった。外部との連絡を絶たれて孤立した今となっては、ベルリン防衛隊が新たな増援部隊や補充兵を得られる見込みは皆無だった。

四月二十三日付でベルリン防衛軍司令官に任命された、第56装甲軍団長ヴァイトリング砲兵大将は、二十六日の晩、一少尉から市内の戦況についての情報を聞かされた。

「最期も間近です。もはや戦意のある者はほとんどおりません。このまま市街戦を続ければ、国防軍兵士の戦死者・戦傷者・捕虜の比率は八五パーセントに達するでしょう。もちろん、国民突撃兵や民間人の損害などは、誰にも把握できていません」

オーデル川下流の戦域ではこの日、マントイフェルが必死になって繕ってきた第3装甲軍の戦線が、遂に崩壊した。ロコソフスキーの第2白ロシア方面軍は、敗走するドイツ軍部隊を追って、狩人のような勢いで北部ドイツ平原へと進出した。

マントイフェルは、ハインリーチの参謀長フォン・トロータ少将に電話を入れ、北部戦域における戦況を報告した。

「完全な崩壊を遂げたのが、『ランゲマルク』と『ヴァローニエン』の両SS師団、第1海兵師団、それに高射砲部隊すべてだ。一〇万人近いドイツ兵が、西を目指して敗走している。これほどの惨状は、第一次大戦の末期ですら見たことがない。これからも優秀な将校たちが先頭に立ち、局所的には戦うだろう。しかし、それは戦争の意義ではありえない。そのことのために、また勇敢な兵たちが死なねばならなくなる。

ことは重大なのだ。すぐにでも行動しなくてはならん。貴官は、健気な部下たちに、現在地に留まれと説得できるか？ それとも、彼らを西へと導くべきだと考えるか？」

報告内容を検討したハインリーチは、翌四月二十七日にマントイフェルへ電話した。

「撤退せよ。聞こえたかね？ 私は今、撤退せよ、と命令したのだ」

《帝都ベルリンの陥落》

◆ヴェンクのベルリン救出作戦

四月二十八日の夜、カイテル元帥は総統命令への不服従を理由に、ハインリーチをヴァイクセル軍集団司令官から解任し、後任にはマントイフェルを指名した。だが、マントイフェルもまた、無意味な戦闘継続で部下の生命を浪費することの重大さを認識していた。彼は、軍集団司令官への任命を拒絶した上、挑戦的な意見書をカイテルに返信した。

「以後、第3装甲軍戦区での命令はフォン・マントイフェルによってのみ発令される」

破滅を前にしてのドイツ国防軍内部での実質的な反乱は、遂に軍の上層部へと波及し、最も重要な指揮系統の要であるヴァイクセル軍集団司令部は事実上消滅したのである。

一方、エルベ川の流域に広く布陣していたヴェンクの第12軍にとって、「東部戦線」と「西部戦線」の区別はもはや意味を成していなかった。例えば、ベルリンとライプツィヒの中間に位置するエルベ河畔ヴィッテンベルク付近を防御していたフォン・エーデルスハイム装甲兵大将の第48装甲軍団などは、この時点で第14高射砲師団のほか、寄せ集めの大隊八個から成る「ライプツィヒ」戦隊と、同じく八個大隊の「ハーレ」戦隊だけしか保有していなかったが、この軍団は今ではムルデ川を挟んで西のアメリカ軍と、シュヴァルツェ・エルスター川を挟んで東のソ連軍と、それぞれ対峙していたのである。

四月二十九日の夜明けは、ドイツ軍による華々しい攻撃と共に始まった。ヒトラーの命令に従い、ヴェンクが放った第20軍団の三個師団が、ベルリンに向かって最後の攻勢を開始したのである。歩兵師団「シャルンホルスト」と労働者師団「テオドール・ケルナー」に、新たに配属された装甲師団「クラウゼヴィッツ」を加えた第20軍団は、ポツダム南西のシュヴィーロ湖畔まで二四キロの前進を行い、ポツダムで包囲されていたヘルムート・ライマン中将率いる守備隊と合流することに成功した。

しかし、第12軍による「ヴァルキューレの騎行」がもたらした戦果は、それが全てだった。軍団の進撃は見事だったが、兵力不足のため側面はおろか後方すら満足に防御されておらず、すぐにソ連軍の狙撃兵があちこちから現れて、第20軍団の背後を脅かした。

ポツダムからベルリン外郭までは、まだ三〇キロ以上が残されていたが、それ以上の前進はどう見ても不可能だった。ヴェンクは、現状を認識した上で攻撃中止の決断を下し、ポツダム守備隊を部隊に収容した上で、西へと脱出する準備を開始させた。

◆総統ヒトラーの最期

四月二十九日の午後七時五二分、ヒトラーは国防軍総司令部に短い質問状を託した。

「——国防軍総司令部は、ただちに以下の点について報告せよ。

（1）ヴェンクの先鋒部隊はどこか？
（2）彼らはいつ、攻撃を再開するのか？
（3）第9軍はどこにいるのか？
（4）第9軍は、どの方向に向けて突破しようとしているのか？
（5）ホルステに率いられた第41装甲軍団の現在位置は？」
この数時間前に行われた最後の戦況報告会の席上、ベルリン防衛軍司令官ヴァイトリングは、パンツァーファウストの備蓄はもう底をついており、破損した戦車の修理も不能、市内は二四時間以内に敵部隊によって制圧される見込みだとヒトラーに報告した。

だが、弾薬が尽きた後の兵士の処遇について尋ねられると、ヒトラーは答えた。

「私は、ベルリンにいる部隊の降伏を許すわけにはいかない。君の部隊は、小さな班に分かれて脱出する以外に道はなくなるだろう」

しばらくして、カイテル元帥からの返電がヒトラーの許へと届けられた。

「（1）ヴェンクの攻撃は、シュヴィーロ湖畔の南で動きを封じられてしまった模様。その東側面全域で、ソ連軍の反撃が行われているとのこと。
（2）以上の理由により、第12軍がベルリンへの攻撃を続行することはほぼ不可能。
（3）第9軍は、その大半の部隊が敵に包囲されてしまっている模様。
（4）既に一個師団が西に向けて突破したものの、その所在は現在のところ不明。
（5）ルドルフ・ホルステ中将の第41装甲軍団は、ブランデンブルクとその北西地区で防御戦を続けており、ベルリン市の救出作戦への転用は不可能」

ヒトラーが無為に時間を過ごす間にも、赤軍兵士の足音は帝国官房へと近づいていた。四月三十日、ソ連第5打撃軍の第301狙撃兵師団が、ヒトラーの地下壕のある帝国官房からわずか一ブロックの位置にまで進出し、ブランデンブルク門の北西にある旧帝国議事堂の周辺でも、ソ連第3打撃軍の所属部隊による猛攻が開始されていた。

もはや戦局挽回の望みは消滅した。四月三十日の午後三時頃、第三帝国の総統ヒトラーはピストル自殺を遂げ、死体は帝国官房に隣接する新総統官邸の中庭で焼却された。

時計の針が午後六時を示した時、燃えさかる焔《ほのお》に包まれたベルリンの中心部は、総統の死を弔うかのような激しい轟音《ごうおん》に包まれた。シュプレー川の北に布陣した第3打撃軍の支援砲撃が開始され、凄まじい数の砲弾が旧帝国議事堂めがけて叩き込まれたのである。

破壊的な威力を持つ重榴弾に加え、カチューシャのロケット弾が、残っていたドイツ軍の抵抗拠点を全て吹き飛ばした。シャトィロフ少将の第150狙撃兵師団は、議事堂の西にあるケーニヒス広場を横切り、午後一〇時五〇分頃、第756狙撃兵連隊第1大隊に所属する兵士数人が、旧帝国議事堂の屋根を飾る彫刻飾りの横に、大きな赤旗を掲げた。

これにより、ベルリン市内での掃討戦は事実上の決着をみたのである。

◆無条件降伏の受諾と独ソ戦の終結

四月三十日の夜、ソ連第8親衛軍の司令部に、ドイツ軍参謀総長クレープスの代理が白

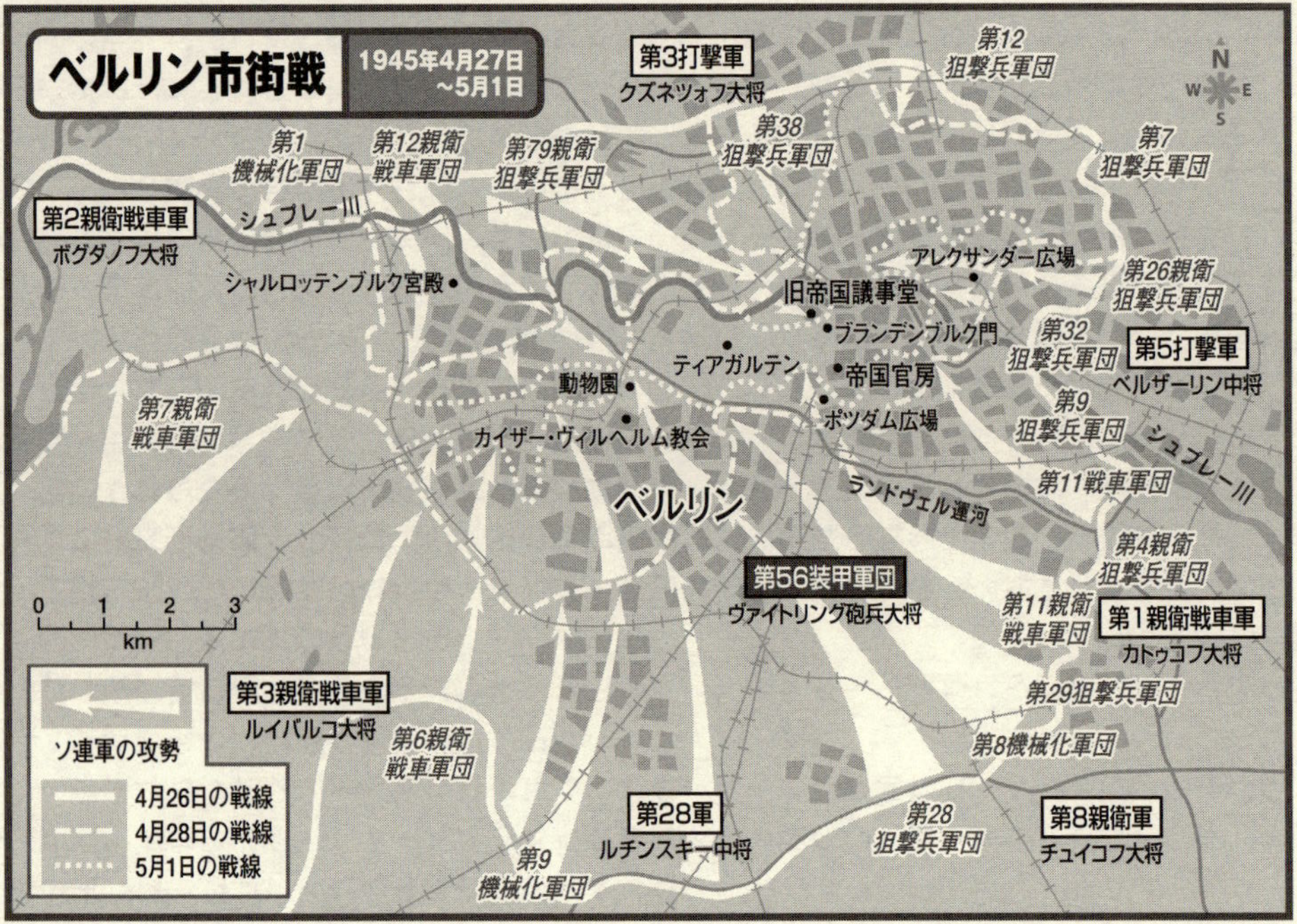
ベルリン市街戦
1945年4月27日
～5月1日
第3打撃軍
クズネツォフ大将
第12
狙撃兵軍団
第1
機械化軍団
第12親衛
戦車軍団
第79親衛
狙撃兵軍団
第38
狙撃兵軍団
第7
狙撃兵軍団
第2親衛戦車軍
ボグダノフ大将
シュプレー川
シャルロッテンブルク宮殿
アレクサンダー広場
第26親衛
狙撃兵軍団
旧帝国議事堂
ブランデンブルク門
第32
狙撃兵軍団
第5打撃軍
ベルザーリン中将
ティアガルテン
帝国官房
動物園
第7親衛
戦車軍団
ポツダム広場
第9
狙撃兵軍団
カイザー・ヴィルヘルム教会
シュプレー川
第11戦車軍団
ベルリン
ランドヴェル運河
第4親衛
狙撃兵軍団
第56装甲軍団
ヴァイトリング砲兵大将
第11親衛
戦車軍団
第1親衛戦車軍
カトゥコフ大将
0
1
2
3
km
第3親衛戦車軍
ルイバルコ大将
第29狙撃兵軍団
第6親衛
戦車軍団
ソ連軍の攻勢
第8機械化軍団
4月26日の戦線
4月28日の戦線
5月1日の戦線
第28軍
ルチンスキー中将
第28
狙撃兵軍団
第8親衛軍
チュイコフ大将
第9
機械化軍団
N
W
E
S

旗を掲げて接触してきたとの報告が伝えられた。

翌五月一日の未明、クレープスはソ連側の代表者と面会し、降伏条件についての話し合いを提案した。だが、モスクワから届けられたスターリンの回答は、いかなる解釈も必要ないほど断固とした姿勢を示していた。

「我々が交渉に応じられるのは、ドイツがソ連・アメリカ・イギリスの三国に対して無条件降伏を受諾する場合のみである」

停戦に失敗して絶望したクレープスは、帝国官房の地下で自ら命を絶った。首相代行のゲッベルスも家族と共に自殺し、残る政府高官は、地下鉄の線路を利用して逃亡した。

五月一日の夜中、第56装甲軍団の参謀長ダフィング大佐は改めてソ連側へと出向き、ベルリン守備隊の降伏を申し出た。数時間後、ベルリン防衛軍司令官ヴァイトリングはソ連側の前線指揮所で、ベルリン市内に立て籠もるドイツ兵に向けた命令書を起草した。

「一九四五年四月三十日、総統は自殺を遂げ、彼に忠誠を誓った全ての者は、今やその誓いから解放された。ドイツ将兵諸君は、総統の命令を忠実に守り、弾薬尽き果てて、これ以上の抵抗は無意味とすら思える状況の中で、なおも勇敢な戦いを続けてきた。私はここに、全ての抵抗を即時放棄することを命令する」

ヴァイトリングは、自分でこの声明を読み上げてテープに吹き込み、ラウドスピーカーを搭載したソ連軍の街宣車が市内を巡回して、生き残ったドイツ兵に投降を呼びかけた。

間もなく、あちこちの廃墟から白旗を掲げた将兵が現れ、ソ連兵に武器を手渡した。

ベルリンの戦いは終わった。ヒトラーから後継者に指名されたカール・デーニッツ海軍元帥は、残ったドイツ軍部隊を可能な限り西側へと移動させつつ、軍集団ごとに個別で降伏させる手筈を整えた。ポツダムから敗走したヴェンクの第12軍は、五月二日の朝に包囲陣から脱出してきたブッセ率いる第9軍の残存兵約四万人と合流した後、さらに西方へと移動を続け、五月七日にアメリカ第9軍の戦線へとたどり着いた。

一九四五年五月八日の午後一一時四五分、ベルリン郊外のカールスホルストで、カイテル元帥はドイツ第三帝国を代表して、米英仏ソ四国に対する無条件降伏文書に署名した。そして、孤立した拠点で最後の抵抗を続けていたドイツ兵の多くは、翌五月九日までにはラジオなどを通じて政府の降伏を知り、銃を地面に置いて両手を掲げた。

こうして、一九四一年六月二十二日から一九四五年五月八日までの丸四年間にわたる独ソ戦は、ようやく最後の時を迎えた。ドイツ本国では、進駐したソ連軍の将兵による略奪と暴行が日常的に繰り広げられたが、砲撃や爆撃を受ける心配はもう存在しなかった。

一九四一年六月から一九四五年五月までの、約四年間にわたる独ソ戦の期間中、ドイツ軍は概算で三九〇万四〇〇〇人（全ての戦域）、枢軸同盟国軍（ルーマニア・ハンガリー・フィンランド・イタリア）が九五万九〇〇〇人、ソ連軍が一一二八万五〇〇〇人を戦死・行方不明者として失い（いずれも戦傷者は含まず）、さらに独ソ両国と東欧諸国では一五〇〇万人を超える民間人の生命が、戦火の中で失われたと言われている。

合計すると、約三一一五万という数字となるが、これを戦争の日数（一四一六日）で単純に割ると、一日当たり二万二〇〇〇人近い人間が死に追いやられた計算となる。

第二次世界大戦における独ソ両国の激突は、紛れもなく近現代で最大規模の全面戦争であったのと同時に、人類史上でも稀にみるほど、苛酷で無慈悲な災厄に他ならなかった。

そして、ドイツの首都ベルリンをはじめ、旧ソ連や東欧諸国の都市に建つ石造建物の壁面には、終戦から七十年以上を経た今もなお、大小無数の弾痕が、戦争で生命を失った人々の嘆きを我々に語りかけるかのように、生々しく刻み込まれているのである。

あとがき

独ソ戦が勃発した一九四一年は、本書が刊行される二〇一六年から数えて、ちょうど七十五年前に当たる。

この戦争が終結したあと、世界の大半は東西冷戦と呼ばれる二極体制（アメリカとソ連の二大超大国とその陣営による対立構造）下に置かれ、米ソの利害衝突と結びついた多くの「代理戦争」が引き起こされた。だが、独ソ戦のような大国同士の全面戦争は一度も起こらず、地球を二分した冷戦構造も、一九八九年の「ベルリンの壁崩壊」から一九九一年の「ソ連崩壊」に至る二年間で、事実上解消された。

独ソ戦当時のソ連は、最も広大な領土と人口を有するロシア共和国を中心に、現在のバルト三国（北からエストニア、ラトヴィア、リトアニア）とベラルーシ（当時の一般的な呼称では白ロシア）、ウクライナ、モルドバ（モルダヴィア）、ジョージア（グルジア）、アルメニア、アゼルバイジャン、カザフスタン、ウズベキスタン、トルクメニスタン、タジキスタン、キルギスから成る巨大な連邦国家で、レーニンとスターリンの時代に構築された共産党の一党独裁体制が長らく続いていた。

昨年（二〇一五年）五月九日、ロシア連邦の首都モスクワで、第二次世界大戦の対独戦勝七十周年を記念する、大規模な軍事パレードが行われた。

初登場の新型主力戦車「T14アルマータ」や新型戦闘機「Su30」と「Su35」をはじめ、新旧の様々な兵器が登場したこのパレードは、ドイツが連合国への降伏文書に署名した一九四五年五月八日（ドイツ時間で同日深夜、モスクワ時間で翌九日未明）に合わせて毎年盛大に行われる恒例行事で、赤の広場を勇壮に行進する軍人の隊列には、開催国のロシア軍だけでなく、アゼルバイジャン軍、アルメニア軍、ベラルーシ軍、カザフスタン軍、キルギス軍、タジキスタン軍の外国軍兵士も参加していた。

この「顔ぶれ」が示す通り、第二次大戦の対独戦勝記念の行事は、一九九一年末の「ソ連崩壊」によって誕生した現在の「ロシア連邦」ではなく、一九四五年当時の「ソヴィエト連邦」が他の連合国と共にナチス・ドイツを降伏させたことを顕彰するイベントなのである。ただし、バルト三国やウクライナ、ジョージア、ウズベキスタンなど、現在ロシアとの関係が良好ではない国は、この式典には自国の軍人を派遣しなかった。

一方、敗戦と共に東西の二国に分割されたドイツは、一九九〇年の再統合までの四十五年間、東ドイツと西ドイツの住民の行き来が制限され、経済面での大きな格差が生じた。統合後のドイツは、新たな国家共同体としての欧州連合（EU）で強い発言力と存在感を示す「ヨーロッパの大国」へと返り咲いたが、戦前・戦中への深い反省から、かつてのような「軍事大国」を目指す動きは見られず、穏健な民主主義国として歩んでいる。

二〇一六年一月八日、ドイツのミュンヘンにある現代史研究所（ＩＦＺ）は、一九四五年以来ドイツ国内で発売禁止となっていたヒトラーの著書『わが闘争』を、七十年ぶりに刊行した。同書の著作権は、ミュンヘンを州都とするバイエルン州が管理していたが、ヒトラーの死後七十年が経過して著作権が消失したことから、国内の一部に今も残る「ヒトラー崇拝者」が肯定的な意味づけで復刻することを阻止するため、専門家による批判的な注釈を三五〇〇か所に付けた「学術書」として世に出された。

今では、実体験として苛酷な戦争を経験した世代もきわめて少ない状況となったが、独ソ戦および第二次大戦は、ヨーロッパでは今なお政治的影響を色濃く残す、重大な歴史的事件であり続けているのである。

本書は、この独ソ戦の全体的な流れと主要な会戦の実相を俯瞰できる、コンパクトな概説書である。歴史学を専攻する学者ではなく、一般読者を対象とした本なので、読みやすさを優先して、文中の情報に出典の脚注を記載することはしなかったが、歴史上重要な意味を持つ箇所や、従来知られていた事実（通説）と大きく異なる箇所については、根拠を示す必要があると思われるので、以下に主な記述についての出典を明示する。

【独ソ不可侵条約締結に至る双方の動きについて】

不可侵条約締結前後の独ソおよび英仏ソ交渉についての記述は、主に米国務省編纂『大戦の秘録──独外務省の機密文書より』とヴェルナー・マーザー『独ソ開戦──盟約から破約へ』、アレグザンダー・ワース『戦うソヴェト・ロシア』の情報を参考にした。『大戦の秘録』は、終戦後にアメリカがドイツ外務省から押収した外交文書や電報類を集めた史料集の邦訳版で、独ソ交渉の発端から独ソ開戦に至るまでのドイツ外務省内部での動きが詳細に網羅された貴重な情報源。

【ドイツ側の戦争計画案と軍の内情について】

ドイツ軍内部の戦争計画案と軍の内情については、主にバリー・リーチ『独軍ソ連侵攻』、本郷健『バルバロッサ 対ソ戦役計画の研究』『運命の決断──第二次大戦インサイドストーリー』の第二章（ブルーメントリット将軍が執筆した「モスクワ」）、George E. Blau "German Report Series: The German Campaign in Russia - Planning and Operations 1940-1942" などを参考にした。

【ソ連側の戦争計画案と軍の内情について】

ソ連軍内部の戦争計画案と軍の内情については、デビッド・グランツ、ジョナサン・ハウス『詳解 独ソ戦全史』、マクシム・コロミーエツ、ミハイル・マカーロフ『バルバロッサのプレリュード』、David M. Glanz "Stumbling Colossus" など、ソ連崩壊後の研究書を中心に、いくつかの冷戦期の文献（John Erickson "The Road to Stalingrad"、ゲオルギー・

ジューコフ『ジューコフ元帥回想録』など）の情報を加味して記述した。『バルバロッサのプレリュード』には、西部国境沿いの四個軍管区に配属されていた大量の新型戦車（KVやT34）の多くが、適切な乗員訓練もなされずに放置され、奇襲攻撃の混乱の中で真価を発揮しないまま失われたという、悲惨としか評しようのない事実が詳しく述べられている。

また、東部戦線史を研究されている方ならご存知のとおり、グランツ退役大佐は、ソ連崩壊後の数年間、分厚い「鉄のカーテン」で隠されていた膨大なソ連赤軍の情報を西側へともたらしてくれた最大の功労者であり、コロミーエッツ氏とグランツ氏の研究成果がなければ、本書が現在のような情報量を含んだ形で出版されることは不可能だった。

【「ソ連側の先制攻撃計画」について】

日本ではヴェルナー・マーザー『独ソ開戦――盟約から破約へ』で初めて日本に紹介された「ソ連側の先制攻撃計画」だが、この説を提唱した最初の文献は、Victor Suvorov（スヴォーロフ）の"Icebreaker: Who started the Second World War ?"だった。

後者の文献は、当時のソ連軍内部の不可解な動きに光を当て、その全てを「ソ連側はドイツへの先制攻撃の準備をしていた」という仮説に結びつけており、読み物としては興味深い反面、軍事史研究の視点で見ると疑問符を付けたくなる箇所がいくつか存在する。

例えば、Suvorov はソ連軍の先制攻撃の主目標をルーマニアのプロエシュチ油田からハンガリーに至るカルパチア山脈であったとしているが、本文中のソ連第2ウクライナ方面軍によるハンガリー方面への進撃（323ページ）を見ればわかるとおり、カルパチア山脈とは最も攻勢に不適な戦場の一つであり、とりわけ当時の陸戦で決定的な威力を持っていた戦車部隊の効果が半減させられる地形でもある。

また、Suvorovによるとソ連側の先制攻撃は、ソ連第9軍と第12軍、第18軍の山岳狙撃兵師団が中核となって行われる予定とされていたが、山岳狙撃兵師団とは狙撃兵師団から重砲を取り除いた軽装備の徒歩部隊であり、大攻勢の先陣を担えるような火力も、迅速に敵の後方へと進出できる機動力も有してはいなかった。

第二次大戦中に実施された大規模な攻勢作戦のほとんどは、戦車部隊を中核に据えるのが常識であった事実（ソフィン戦争の後半ですら、ソ連軍は戦車旅団を集中投入することでフィンランド軍の陣地「マンネルハイム線」の突破に成功）を考えれば、山岳狙撃兵主体の大攻勢という説は説得力が薄いように思える。

ちなみに、題名の"Icebreaker"とは砕氷船という意味で、スターリンはヒトラーのドイツを「砕氷船」として利用し、ヒトラーに欧州の秩序をいったん破壊させた上で、バラバラになったヨーロッパの各国をひとつずつ併呑することがスターリンの遠大な計略だった、というのが、Suvorovの本の全体を通じた主題となっている。

スターリンが独裁者として君臨する前のソ連の最高指導者レーニンも、ドイツと英仏という実質的な帝国主義国同士を噛み合わせ、ヨーロッパの既存秩序を打ち砕いてバラバラにする戦略を「砕氷船」になぞらえて説明したことがあった。

戦後の東欧が完全にソ連の勢力範囲に入ったという結果から考えれば、この説にも一見もっともな部分があるように見えるが、しかし独ソ戦でスターリン体制が崩壊するリスクについては、ほとんど触れられておらず、その点がやや物足りなく感じられる。

一方、マーザーの著書は、上記の Suvorov 説を踏まえた上で、ヴァシレフスキーの個人用金庫から発見された「攻撃計画の草案」を重要な裏付けと見なし、この草案は「ジューコフとティモシェンコが署名した上でスターリンに提出された」と断定している。しかし、同書に収録された「手書きの草稿」をよく見ると、末尾に記された「ジューコフとティモシェンコの署名」というのはヴァシレフスキー自身の筆跡であり、書類としての体裁を整えるための「ダミー」と考えるのが妥当ではないかと思われる。

実際、この書類に示された「ジューコフの署名」と、筆者の手許にあるソ連赤軍の人事命令書類（第139狙撃兵師団第506榴弾砲連隊）に記されたジューコフ本人の青インクによる署名を見比べれば、両者の筆跡が全く異なるものであることは明らかである。

いずれにせよ、仮にソ連側がドイツに対する先制攻撃計画を立案して、その実行準備を進めていたとしても、ドイツ側はそのような計画とは無関係に対ソ侵攻計画を進めていたわけで、「ソ連側の先制攻撃計画の存在」を過大評価するのは危険だろう。

独ソ開戦以前の第二次大戦初期には、イギリスとフランスの両国政府が、ソ連から（独ソ不可侵条約で蜜月関係にあった時期の）ドイツへの石油供給を絶つ目的でバクー（カフカス）の油田地帯に対する爆撃計画を立案し、実行の一歩手前まで進んでいた事実は、戦史研究家の間ではよく知られており、この種の「実行されなかった侵攻計画」は枢軸軍のみならず連合軍（米英）側においても、無数に存在していたからである。

ソ連側が先制攻撃を意図していようがいまいが、ドイツ側が先制攻撃を行って対ソ戦争を始めたという厳然たる事実を変えることはできない。そして、プロの軍隊が、隣国との戦争や先制攻撃を多角的に研究することには何の不思議もないが、先制攻撃を「立案・研究すること」と、それを「実行に移すこと」の間には、国際法的な視点においても、天と地ほどの違いがあることは改めて述べるまでもないと思う。

【独ソ開戦直後のスターリンの動向について】

独ソ戦史の研究では長い間、ドイツ軍の侵攻にショックを受けたスターリンが呆然自失の状態となり、丸々一週間近くも指導部の実務から離れていたと信じられてきた。

これは、スターリンの政治的後継者であるフルシチョフが「スターリン批判」の文脈で述べた説明を、多くの歴史家がそのまま鵜《う》呑《の》みにした結果だったが、ソ連崩壊後に進んだ研究により、そのような説明は全く事実に反するものであることが確認された。

例えば、パヴェル・スドプラトフ、アナトーリー・スドプラトフ『ＫＧＢ衝撃の秘密工作』の巻末には、一九四一年六月二十一日から二十八日のクレムリンへの要人来訪を記した公式記録が収録されているが、スターリンは独ソ開戦の六月二十二日以降も、なぜか表舞台には出ないよう配慮しながら、党要人や軍の最高幹部に応対し、各方面からの報告を受けるなどの実務をこなしていたことが確認できる。
六月二十九日にスターリンが国防人民委員部に乗り込み、ティモシェンコとジューコフ相手に罵声《ばせい》を浴びせるくだりは、Constantine Pleshakov "Stalin's Folly: The Tragic First Ten Days of WWII on the Eastern Front" や斎藤勉・産経新聞『スターリン秘録』を参考にした（後者は当時のソ連政府要人ミコヤンの回想録などに基づいている）。

【ドイツ側での戦略目標の変転について】

独ソ開戦からモスクワ会戦に至る、主にドイツ中央軍集団の動向に関する戦略目標の変転と、その過程については、Franz Halder "The Halder War Diary 1939-1942"、Fedor von Bock "The War Diary 1939-1945"、George E. Blau "German Report Series: The German Campaign in Russia - Planning and Operations 1940-1942"、Albert Seaton "The Battle for Moscow"、バリー・リーチ（岡本雷輔訳）『独軍ソ連侵攻』、ハインツ・グデーリアン（本郷健訳）『電撃戦』などを参考にした。
バルバロッサ作戦の期間中、ドイツ軍の戦略目標が二転三転し、最終的にドイツ軍はモスクワへと到達できなかった史実はよく知られている。しかし、この戦略上の不統一は、一般的には「独裁者ヒトラーの気まぐれ」が原因と考えられてきたが、当時のドイツ軍上層部における発言や動きを調べると、決してヒトラーだけに失敗の全責任を押し付けられるものではなかったことがわかる。

とりわけ陸軍参謀総長ハルダーと陸軍参謀本部は、戦略目標の設定や兵站管理など、非常に重要な問題に関して充分に研究・準備しないまま「見切り発車」で戦争開始を迎えており、その点では責任重大であったと考えられる。

【モスクワ前面でヒトラーが下した「死守命令」について】

ヒトラーがモスクワ攻防戦の最終局面で下した「死守命令」の経緯については、アメリカ陸軍の戦史編纂部がハルダー参謀総長の戦時日誌を英語に全訳（Presidio社から刊行された"The Halder War Diary 1939-1942"は抄訳）した文書である"The Private War Journal of Generaloberst Franz Halder"や、当時のドイツ中央軍集団司令官ボックの戦時日誌"The War Diary 1939-1945"などを参考にした上で、新版で加筆した。

バルバロッサ作戦が、一九四一年冬の攻勢失敗によって事実上の失敗に終わったあと、モスクワ前面で防勢に転じたドイツ軍は、一転して全面潰走（算を乱した敗走）の危機に直面した。この時、ヒトラーが下した死守命令により、ソ連軍の反攻作戦は局所的な成果しか得られないまま失敗に終わったことから、なんとか戦線は維持されたが、この死守命令はヒトラーの思いつきや衝動で下されたものではなかった。

ヒトラーは当初、崩壊した戦線を後方の「防御に適した線」で立て直すとの前提で、前線部隊の撤退を容認し、「防御に適した線」の選定は、陸軍総司令官ブラウヒッチュに任せた。ところが、高齢のブラウヒッチュはこのような苛酷な局面に耐えられる指揮統率力や健康状態を備えておらず、時間だけが無為に過ぎ去っていった。

ブラウヒッチュは、国防軍総司令部総監カイテル元帥のような「ヒトラー追従者」ではなかったが、かといって陸軍内部に渦巻くヒトラーの戦争指導に対する疑問や懸念を、明確な論理でヒトラーに直言する度胸や信念を持ち合わせてもいなかった。陸軍参謀本部のエリート街道を順調に進んでトップに昇りつめた彼には、独自の視点で物事を考える気質に欠ける一面があった。

もともと、ブラウヒッチュは性格的な真面目さと温厚さから、陸軍にもナチ党にも敵がおらず、その人畜無害とも言えるキャラクターをヒトラーに「高く評価された」結果として、ナチ党との政争に敗れて失脚した前任者フリッチュの後任として、一九三八年二月に陸軍総司令官へと就任した人物だった。

だが、平時では「美徳」とされることもある、ブラウヒッチュの穏やかで協調性を重んじる性格は、一個軍集団が壊滅の危機に瀕するという、一刻を争う「有事」にあっては、軍全体の機能を麻痺させる効果しか持たなかった。陸軍参謀総長のハルダーですら、いざという時に全く頼りにならない、陸軍の最高責任者であるブラウヒッチュの不甲斐なさに失望し、十二月七日の戦時日誌では次のような言葉で酷評していた。

「陸軍総司令官〔ブラウヒッチュ〕は、今やただの〔ヒトラーの〕使い走りの小僧に成り下がってしまった」

そんなブラウヒッチュが、いつまでたっても、ドイツ中央軍集団の前線部隊が目指すべき「防御に適した線」を打ち出そうとしないことに業を煮やしたヒトラーは、遂に陸軍総司令官ブラウヒッチュを見限る決断を下した。

十二月十六日の会議において、ヒトラーはブラウヒッチュが十二月七日に提出していた辞表を受理することを決定するのと同時に、陸軍総司令部を通じて「現在位置から一歩も退いてはならない」との命令を、前線の野戦軍司令官に下達したのである。

【第二次ハリコフ会戦について】

スターリングラード戦以前における独ソ両軍の決定的な能力差が浮き彫りとなった「第二次ハリコフ会戦」については、マクシム・コロミーエッツ『ハリコフ攻防戦』と David M. Glanz "Kharkov 1942" の二冊が、非常に有益な情報を提供してくれた。

【第三次ハリコフ会戦について】

東部戦線史の中で、知名度は低いものの戦略的な重要性の高い『第三次ハリコフ会戦』については、David M. Glanz "From the Don to the Dnepr"、Dana V. Sadarananda "Beyond Stalingrad"、Earl F. Ziemke "Stalingrad to Berlin"、エリッヒ・フォン・マンシュタイン『失われた勝利』などに基づいて記述した。

第三次ハリコフ会戦におけるソ連軍の破滅的な敗北については、前線部隊に無理な攻勢継続を要求したのはスターリンであったとして、彼一人に責任を負わせるような文献がいくつか見受けられるが、当時のソ連赤軍の内情を仔細に調べると、攻勢継続は南西方面軍司令官ヴァトゥーティンの主導で進められていた上、参謀総長ヴァシレフスキーをはじめ赤軍参謀本部内においても戦況を楽観視する空気が蔓延《まんえん》しており、ドイツ軍の反撃で膨大な損失を招いた最大の責任は、赤軍参謀本部にあったように思われる。

【クルスク会戦について】

ドイツ軍のクルスク攻勢の計画や、ソ連側の準備、クルスク南北における戦いの経過などについては、David M. Glanz, Jonathan M. House "The Battle of Kursk"、David M. Glanz, Harold S. Orenstein (ed./trans.) "Kursk 1943: The Soviet General Staff Study"、Frank Kurowski "Operation Zitadelle"、Steven H. Newton (ed./trans.) "Kursk: The German View"、Mark Healy "Zitadelle: The German Offensive against the Kursk Salient, 4-17 July 1943" などの情報を参考にした。

独ソ戦における天王山とも言えるこの戦いについては、二〇一四年に光人社NF文庫から刊行された拙著『クルスク大戦車戦』で、より詳細な分析と記述を行っているので、関心のある方はそちらも参照されたい。

【ヒトラーがクルスク攻勢に固執した理由について】

グデーリアンの回想録『電撃戦』には、彼がヒトラーにクルスク攻勢へ固執する理由について問いただしたところ、国防軍総司令部総長のカイテル元帥から「我々は、政治的理由から、攻勢を実行しなくてはならんのだ！」と遮られたとの記述がある。また、この会談の最後に、ヒトラーが彼に向き直り「君の言うことは、全くもって正しい。この攻勢計画のことを考えると、私自身も胃がひっくり返りそうになるのだ！」という謎めいた言葉を口にした話もよく知られている。

ここでカイテル元帥の言う「政治的理由」とは何なのか、私が調べた限りの文献では、明確な説明を見つけることができなかった。そのため、私はクルスク戦前後の事実関係から類推して「トルコに対する政治的メッセージ」であったとの解釈で、この部分の記述を進めた。とりわけ私が重視したのが、「ツィタデレ」作戦の開始を九日後に控えた一九四三年六月二十六日、ビエルゴロドの近郊で行われたティーガーIの戦術演習を、トルコ軍参謀総長のトイデミル大将らに観閲させたという出来事だった。

このトルコ軍参謀の「前線視察」については、ヤヌツ・ピカルキヴィッツ『クルスク大戦車戦』をはじめ、いくつかの文献では簡単に「そういう事実があった」ことのみ触れられている。今回の新版では、Dr. Franz-Wilhelm Lochmann, Richard Freiherr von Rosen, and Alfred Rubbel “The Combat History of German Tiger Tank Battalion in World War II” などを基に、演習の内容とその後に行われたドイツ軍とトルコ軍の将校たちの「親睦会」について少し加筆した。

だが、本文でも述べた通り、この演習が実施された時点では「ツィタデレ」作戦の開始予定日は七月三日（実際の攻勢開始日「七月五日」に延期されたのは七月一日）で、正確に言えば「攻勢発動予定日のわずか一週間前」に、ヒトラーは東部戦線の命運を決する大攻勢の「予行演習」を、同盟国でもないトルコ軍首脳に披露したことになる。

一体、この「演習視察（および親睦会）」は何を目的としたものだったのか？　ヒトラーはいかなる理由で、トルコ軍の将校団にこのような特別待遇を許可したのか？

第二次世界大戦の期間中には、枢軸軍・連合軍共に、戦略的に重要な意義を持つ軍事作戦を数多く実施したが、大規模な攻勢作戦開始の一週間前に中立国の軍高官をその攻勢の開始予定地点に招き、来るべき攻勢で主役を演じる兵器の演習を見せるという、機密漏洩の危険を冒す不用意な行動をとった事例は、このクルスク攻勢時のドイツ軍以外には一つも見つけることができない。戦史的に、きわめて異例な状況だったと言える。

この疑問に直接答えるものではないが、Helmut Heiber, David M. Glantz (ed) “Hitler and his Generals: Military Conferences 1942-1945” によると、一九四三年五月以降、ドイツ軍首脳部の定例会議で何度かイギリスとトルコの接近が話題となっており、イギリスからトルコへの軍事援助の可能性についても論じられていた。

また、クルスク戦後の第四次ハリコフ会戦（一九四三年八月）やニコポリ橋頭堡の放棄（一九四四年二月）、そしてクリミア半島の放棄（一九四四年四月）など、重要拠点からの撤退をマンシュタインに迫られるたびに、ヒトラーは同じ言葉──「トルコに対する政治的影響」への懸念──を口にして、当該地点の死守を命令していた。

そうした事実（Earl F. Ziemke “Stalingrad to Berlin”、パウル・カレル〈パウル・シュミ

ット〉『焦土作戦』など多くの文献に記載）を考えれば、一九四三年の春から秋にかけての時期、ヒトラーはトルコの連合軍側からの参戦という可能性に対し、極端に神経を尖らせていたと考えられる。

一九四一年夏のバルバロッサ作戦でも、一九四二年夏の「青」作戦でも、ヒトラーは戦略を立案する際、軍の上層部が重視する軍事的合理性とは別の、経済的・政治的側面により大きな比重を置いていた事実を考えれば、一九四三年夏のクルスク戦でも、同様の思考形態で作戦の意義を捉えていたと解釈するのが自然であろうと思われる。

ただし、先に述べた通り、ヒトラーがクルスクへの攻勢を強行した理由（の一つ）として「トルコに対する政治的メッセージ」であったと文書等で実証している文献は、私の知る限り一冊もない。本書の内容は、全て何らかの文献における記述に基づき、慎重に情報の取捨選択を行ったつもりだが、ヒトラーやスターリンが特定の判断を下した「動機」については、最も合理的と思われる記述で戦史上の「空白」を埋めるために、やむを得ず状況証拠に基づいて類推した箇所もあることを念のために述べておきたい。

【ドイツ軍が行った対ソ戦略爆撃について】

独ソ戦の期間中、ドイツ空軍がソ連に対して戦略爆撃を実施した事実は、あまり知られていないが、東部戦線の航空戦全般を網羅した研究書であるリチャード・ムラー『東部戦線の独空軍』には、これらの戦略爆撃についての詳細な記述がある。

【両軍の部隊指揮官名と階級について】

特定の時期における独ソ両軍部隊の司令官／指揮官名と階級については、ドイツ軍については Wolf Keilig "Das Deutsche Heer 1939-1945" と拙著『ドイツ軍名将列伝』、ソ連軍については "Velikaya Otechestvennaya voina 1941-45: Entsiklopediya" で最終的な確認を行った。

戦争序盤のソ連側における方面軍および総軍の関係、あるいは末期におけるドイツ軍の軍集団司令部の変遷は、ややわかりづらいものだが、本文中では混乱のないよう私なりに工夫して記述した。

【その他】

過去の独ソ戦研究においては、ソ連側の公刊戦史である『大祖国戦争史（全一〇巻）』（弘文堂）と、フルシチョフの回想録（邦訳はタイム・ライフ・ブックス『フルシチョフ回想録』、河出書房新社『フルシチョフ 最後の遺言』、草思社『フルシチョフ 封印されていた証言』の三分冊）を参考文献に挙げるのが慣例となっていたが、本書ではこの二種類の書物は書斎の棚に置いたまま、ほとんど参照しなかった。

その理由は、両者とも政治的意図に基づく事実の歪曲や曲解、無視、粉飾などがはなはだしく、既に別の研究によって否定されている部分も多いからである。

前者は、実際に戦った部隊の名称や指揮官名など、断片的なデータは参考になるが、後者は著者による「つくり話」と事実の見極めが難しく、とりわけスターリンの戦争指導についての記述や、第二次ハリコフ戦で自らが果たした役割についての弁明などは、他の研究者による実証的研究でほぼ否定されていることもあり、執筆中は混乱を避けるために、これらの文献は仕事机から遠ざけていた。

もちろん、ジューコフやマンシュタインなど、他の人物による回想録にも、不可抗力的な偏向や誇張、主観に基づく解釈や自己正当化などは見られるが、可能な限り他の研究書などで裏付けをとるよう努力し、バランスのとれた記述を心掛けた。

また、ソ連側公刊戦史の原著である"Istoriya Velikoi Otechectvennoi voiny Sovietskogo Soyuza 1941-45(全五巻+付録一巻)"には、完成度の高い精密な戦況図が多数収録されており、本書に収録した戦況図を制作する上で大いに活用した。

最後に、朝日新聞出版書籍編集部の長田匡司・渡辺彰規の両氏と、本書の編集・製作・販売業務に携わって下さった全ての人に対して、心からの感謝の気持ちと共に、お礼を申し上げておきたい。

そして、本書を執筆するに当たって参考にさせていただいた全ての書物の著者・訳者・編者の方々にも、敬意と共にお礼を申し上げたい。

２０１６年9月　山崎雅弘

参考文献

◆米国務省編纂『大戦の秘録——独外務省の機密文書より』読売新聞社　1948年
◆ヴェルナー・マーザー（守屋純訳）『独ソ開戦——盟約から破約へ』学習研究社　2000年
◆ヴォルフガング・レオンハルト（菅谷泰雄訳）『裏切り——ヒットラー＝スターリン協定の衝撃』創元社　1992年
◆セイモア・フライデン、ウイリアム・リチャードソン共編（岩間雅久訳）『運命の決断——第二次大戦インサイドストーリー』原書房　1983年
◆バリー・リーチ（岡本雷輔訳）『独軍ソ連侵攻』原書房　1981年
◆本郷健『バルバロッサ　対ソ戦役計画の研究』朝雲新聞社　1970年
◆本郷健『キエフ会戦の研究　史上最大の全周包囲会戦』朝雲新聞社　1971年
◆本郷健『レニングラードへの突進　独北方軍集団の作戦』朝雲新聞社　1972年
◆マーティン・ファン・クレヴェルト『補給戦』原書房　1980年
◆守屋純『ヒトラーと独ソ戦争』白帝社　1983年
◆山下竜二「War in the East」（『タクテクス』誌連載）ホビージャパン　1985年〜1987年

◆加登川幸太郎『史伝──ソ連軍の建設と独ソ戦』陸戦学会　1995年
◆アレグザンダー・ワース（中島博・壁勝弘訳）『戦うソヴェト・ロシア（上・下）』みすず書房　1967年
◆ニコライ・トルストイ（新井康三郎訳）『スターリン　その謀略の内幕』読売新聞社　1984年
◆ドミートリー・ヴォルコゴーノフ（生田真司訳）『勝利と悲劇　スターリンの政治的肖像（上・下）』朝日新聞社　1992年
◆斎藤勉・産経新聞『スターリン秘録』産経出版社　2001年
◆デビッド・グランツ、ジョナサン・ハウス『詳解　独ソ戦全史』学習研究社　2003年
◆マクシム・コロミーエツ、ミハイル・マカーロフ（小松徳仁訳）『バルバロッサのプレリュード』大日本絵画　2003年
◆マクシム・コロミーエツ（小松徳仁訳）『モスクワ防衛戦』大日本絵画　2004年
◆マクシム・コロミーエツ（小松徳仁訳）『ハリコフ攻防戦』大日本絵画　2003年
◆マクシム・コロミーエツ（小松徳仁訳）『クルスクのパンター』大日本絵画　2003年
◆マクシム・コロミーエツ、アレクサンドル・スミルノーフ（小松徳仁訳）『ドン河の戦い』大日本絵画　2004年

◆マクシム・コロミーエッツ、ユーリー・スパシブーホフ（小松徳仁訳）『カフカスの防衛』大日本絵画　2004年
◆マクシム・コロミーエッツ（小松徳仁訳）『死闘ケーニヒスベルク』大日本絵画　2005年
◆『ドイツ装甲部隊全史Ⅰ・Ⅱ・Ⅲ』学習研究社　2000年
◆『ドイツ陸軍全史』学習研究社　2002年
◆『ソヴィエト赤軍全史Ⅰ・Ⅱ・Ⅲ』学習研究社　2001年
◆廣瀬榮一、高井三郎、ヴィルホ・トバルスマキ『ソ芬戦争』陸戦研究　1977年
◆パヴェル・スドプラトフ、アナトーリー・スドプラトフ（木村明生監訳）『KGB衝撃の秘密工作（上・下）』ほるぷ出版　1994年
◆J・マーダー、G・シュフリック、H・ペーネルト（植田敏郎訳）『ゾルゲ諜報秘録』朝日新聞社　1967年
◆セルゲイ・ゴリャコフ、ウラジーミル・パニゾフスキー（寺谷弘壬監訳）『ゾルゲ　世界を変えた男』パシフィカ　1980年
◆NHK取材班、下斗米伸夫『国際スパイ　ゾルゲの真実』角川文庫　1995年
◆アンソニー・リード、デイヴィッド・フィッシャー（井上寿郎訳）『スパイ軍団〈ルーシイ〉を追え』サンケイ出版　1982年
◆パウル・カレル〈パウル・シュミット〉（松谷健二訳）『バルバロッサ作戦』学習研究社

１９９８年
◆パウル・カレル〈パウル・シュミット〉（松谷健二訳）『焦土作戦』学習研究社　１９９８年
◆ゲオルギー・ジューコフ（清川勇吉・相場正三久・大沢正訳）『ジューコフ元帥回想録』朝日新聞社　１９７０年
◆ハインツ・グデーリアン（本郷健訳）『電撃戦』フジ出版　１９７４年
◆エリッヒ・フォン・マンシュタイン（本郷健訳）『失われた勝利』中央公論新社　２０００年
◆ハリソン・ソールズベリー（大沢正訳）『攻防９００日』早川書房　１９７２年
◆デイヴィッド・アーヴィング（赤羽龍夫訳）『ヒトラーの戦争（上・下）』早川書房　１９８３年
◆ヒュー・トレヴァー＝ローパー編（滝川義人訳）『ヒトラーの作戦指令書』東洋書林　２０００年
◆ジェフレー・ジュークス（加登川幸太郎訳）『モスクワ攻防戦』サンケイ新聞社　１９７２年
◆ジェフレー・ジュークス（加登川幸太郎訳）『スターリングラード』サンケイ新聞社　１９７１年
◆ジェフレー・ジュークス（加登川幸太郎訳）『クルスク大戦車戦』サンケイ新聞社

１９７２年
◆アントニー・ビーヴァー（堀たほ子訳）『スターリングラード：運命の攻囲戦』朝日新聞社　２００２年
◆アントニー・ビーヴァー（川上洸訳）『ベルリン陥落　１９４５』白水社　２００４年
◆ホルスト・シャイベルト（富岡吉勝訳）『奮戦！　第６戦車師団』大日本絵画　１９８８年
◆F.W.フォン・メレンティン（矢島由哉・光藤亘共訳）『ドイツ戦車軍団（上・下）』朝日ソノラマ　１９８７年
◆ヤヌツ・ピカルキヴィッツ（加登川幸太郎訳）『クルスク大戦車戦』朝日ソノラマ　１９８９年
◆菊池晟「知られざるクルスク戦：第52パンサー大隊の死闘」（『タミヤニュース』Ｖｏｌ．397〜421）田宮模型　２００２〜２００４年
◆リチャード・ムラー（手島尚訳）『東部戦線の独空軍』朝日ソノラマ　１９９５年
◆ワシリー・チュイコフ（小城正訳）『第三帝国の崩壊』読売新聞社　１９７３年
◆コーネリアス・ライアン（木村忠雄訳）『ヒトラー最後の戦闘』朝日新聞社　１９６６年
◆ヴォルフガング・パウル（松谷健二訳）『最終戦』フジ出版社　１９７９年
◆アール・ジームキー（加登川幸太郎訳）『ベルリンの戦い』サンケイ出版　１９７２年

◆福島克之『ヒトラーのいちばん長かった日』光人社ＮＦ文庫　１９９７年
◆Gabriel Gorodetsky “Grand Delusion” Yale University Press　１９９９年
◆George E. Blau “German Report Series: The German Campaign in Russia - Planning and Operations 1940-1942” The Naval and Military Press　初版発行年不明 (reprint: ２００３年)
◆Victor Suvorov “Icebreaker: Who started the Second World War ?” Hamish Hamilton　１９９０年
◆Constantine Pleshakov “Stalin’s Folly: The Tragic First Ten Days of WWII on the Eastern Front” Houghton Mifflin　２００５年
◆David E. Murphy “What Stalin Knew: The Enigma of Barbarossa” Yale University Press　２００５年
◆David M. Glanz “Stumbling Colossus” University Press of Kansas　１９９８年
◆David M. Glanz “Colossus Reborn” University Press of Kansas　２００５年
◆David M. Glanz “Slaughterhouse: The Handbook of the Eastern Front” The Aberjona Press　２００５年
◆David M. Glanz “Before Stalingrad” Tempus　２００１年 (reprint: ２００３年)
◆David M. Glantz “The Siege of Leningrad 1941-1944” MBI　２００１年
◆David M. Glanz “Kharkov 1942” Sarpedon　１９９８年

◆David M. Glanz “From the Don to the Dnepr” Cass　１９９１年

◆David M. Glanz, Jonathan M.House “The Battle of Kursk” University Press of Kansas　１９９９年

◆David M. Glanz, Harold S. Orenstein（ed./trans.）“Kursk 1943：The Soviet General Staff Study” David M. Glanz　１９９７年

◆Brian I. Fugate “Operation Barbarossa” Presidio　１９８４年

◆Franz Halder “The Halder War Diary 1939-1942” Presidio　１９８８年

◆Fedor von Bock “The War Diary 1939-1945” Schiffer　１９９６年

◆Sergei Shtemenko “The Soviet General Staff at War 1941-1945” Progress　１９８１年

◆“Velikaya Otechestvennaya voina 1941-45: Entsiklopediya” Sovetskaya Entsiklopediya　１９８５年

◆“Istoriya Velikoi Otechectvennoi voiny Sovietskogo Soyuza 1941-45（全五巻＋付録一巻）” Voenizdat　１９６０年〜１９６５年

◆G. F. Krivosheev (ed.) “Grif Sekretnosti snyat” Voenizdat　１９９３年

◆Voenno-Nauchnoe Upravlenie Generalnogo Shtaba “Voevoi Sostav Sovetskoi Armii 1941-1945” Voenizdat　１９６３年〜１９９０年

◆John Ellis “World War II: The Encyclopedia of Facts and Figures” The Military Book Club　１９９３年（reprint: １９９５年）

◆Samuel W. Mitcham "Hitler's Legions: German Army Order of Battle" Leo Cooper １９８５年
◆Wolf Keilig "Das Deutsche Heer 1939-1945" Podzun １９５６年
◆Werner Haupt "Heeresgruppe Nord 1941-1945" Podzun １９６６年
◆Werner Haupt "Die Schlachten der Heeresgruppe Mitte 1941-1944" Podzun １９８３年
◆Werner Haupt "Die Schlachten der Heeresgruppe Süd" Podzun １９８５年
◆Konstantin Rokossovsky "A Soldier's Duty" Progress １９８５年
◆John Erickson "The Road to Stalingrad" Westview １９７５年（reprint: １９８４年）
◆John Erickson "The Road to Berlin" Westview １９８３年
◆Earl F. Ziemke, Magna E.Bauer "Moscow to Stalingrad" Military Heritage Press １９８８年
◆Earl F. Ziemke "Stalingrad to Berlin" Dorset １９６８年
◆Janusz Piekalkiewicz "Moscow 1941" Arms & Armor Press １９８５年
◆Janusz Piekalkiewicz "Stalingrad" Bartelsmann １９８５年
◆W. Victor Madeja "Russo-German War: Autumn 1941" Valor １９８８年
◆W. Victor Madeja "Russo-German War: Summer-Autumn 1943" Valor １９８７年
◆W. Victor Madeja "Russo-German War: Winter-Spring 1944" Valor １９８８年
◆W. Victor Madeja "Russo-German War: 25 January to 8 May 1945" Valor １９８７年
◆Albert Seaton "The Battle for Moscow" Castle Books １９７１年（reprint: ２００１年）

◆Alfred Turner "Disaster at Moscow" Cassell　１９７０年
◆Aleksandr Samsonov "Moskva, 1941 god" Moskovskii Rabochii　１９９１年
◆Aleksandr Samsonov "Stalingradskaya Bitva" Nauka　１９８９年
◆William Craig "Enemy at the Gates" Reader's Digest Press　１９７３年
◆Vasily Chuikov "The Battle for Stalingrad" Holt, Rinehart & Winston　１９６４年
◆Manfred Kehrig "Stalingrad: Analyse und Dokumentation einer Schlacht" Deutsch Verlags-Anstalt　１９７６年
◆Hans Doerr "Der Feldzug nach Stalingrad" E.S.Mittler & Sohn　１９５５年
◆Walter Goerlitz "Paulus and Stalingrad" The Citadel Press　１９６３年
◆Heinz Schroeter "Stalingrad" Ballantine　１９５８年
◆Joachim Wieder, Heinrich Graf von Einsiedel "Stalingrad: Memories and Reassessments" Arms & Armor Press　１９９３年
◆Dana V. Sadarananda "Beyond Stalingrad" Praeger　１９９０年
◆Frank Kurowski "Operation Zitadelle" J. J. Fedorowicz Publishing　２００３年
◆Steven H. Newton (ed./trans.) "Kursk: The German View" Da Capo Press　２００２年
◆Will Fowler "Kursk: The Vital 24 Hours" Spellmount Ltd　２００５年
◆Helmut Heiber, David M. Glantz (ed) "Hitler and his Generals: Military Conferences 1942-1945" Enigma　２００３年

◆Ivan Konev “Year of Victory” Progress　１９８４年
◆Tony Le Tissier “The Battle of Berlin 1945” Jonathan Cape　１９８８年
◆Tony Le Tissier “Zhukov at the Oder” Praeger　１９９６年
◆Richard Lakowski “Seelow 1945” Brandenburgisches　１９９６年
◆Anthony Read, David Fisher “The Fall of Berlin” Norton　１９９２年

【新版追加分】

◆Aleksandr Vasilevsky “A Lifelong Cause” Progress　１９８１年
◆Franz Halder “The Private War Journal of Generaloberst Franz Halder” vols.VI, VII Special Staff U. S. Army Historical Division　１９５０年
◆David Stahel “Operation Barbarossa and Germany’s Defeat in the East” Cambridge University Press　２００９年
◆David Stahel “Operation Typhoon” Cambridge University Press　２０１３年
◆David Stahel “The Battle for Moscow” Cambridge University Press　２０１５年
◆Steven H. Newton “Hitler’s Commander: Field Marshal Walther Model” Da Capo Press　２００６年
◆Mark Healy “Zitadelle: The German Offensive against the Kursk Salient, 4-17 July 1943” The

History Press　２００８年
◆Niklas Zetterling, Anders Frankson "Kursk 1943 : A statistical analysis" Frank Cass　２０００年
◆Valeriy Zamulin (ed./trans. by Stuart Britton) "Demolishing the Myth: The Tank Battle at Prokhorovka, Kursk, July 1943" Helion　２０１１年
◆George M. Nipe "Blood, Steel and Myth: The II. SS-Panzer-Korps and the road to Prokhorovka, July 1943" RZM Publishing　２０１１年
◆Dr. Franz-Wilhelm Lochmann, Richard Freiherr von Rosen, and Alfred Rubbel "The Combat History of German Tiger Tank Battalion in World War II" Stackpole Press　２０００年
◆Anthony Tucker-Jones "Stalin's Revenge: Operation Bagration & The Annihilation of Army Group Centre" Pen & Sward　２００９年
◆Rolf Hinze "East Front Drama - 1944" J. J. Fedorowicz　１９９６年
◆Steven Zaloga "Bagration 1944" Osprey　１９９６年
◆Philippe Guillemot "Hungary 1944-45: The panzer's last stand" Histoire & Collections　２０１０年
◆Georg Maier "Drama Between Budapest and Vienna" J. J. Fedorowicz　２００４年
◆山崎雅弘『ドイツ軍名将列伝』学研　２００９年

［新版《しんぱん》］独《どく》ソ戦史《せんし》
ヒトラーvs.スターリン、死闘《しとう》1416日《にち》の全貌《ぜんぼう》
朝日文庫
2016年12月30日　第1刷発行

著　者　山崎《やまざき》雅弘《まさひろ》

発行者　友澤和子
発行所　朝日新聞出版
〒104-8011　東京都中央区築地5-3-2
電話　03-5541-8832（編集）
03-5540-7793（販売）
印刷製本　大日本印刷株式会社

ISBN978-4-02-261884-9